淮河流域农作物旱涝灾害
损失精细化评估

马晓群　马玉平　葛道阔　陈晓艺　刘忠阳 等　著

气象出版社
China Meteorological Press

内 容 简 介

本书主要介绍了淮河流域三大粮食作物(冬小麦、玉米和水稻)的旱涝灾害损失评估技术。全书共分 11 章,在概述淮河流域基本情况和农业旱涝灾害特征、旱涝灾害损失评估研究现状和发展趋势的基础上,重点介绍了淮河流域农业旱涝灾害损失评估技术,包括数理统计评估指标和模型、作物生长模型评估指标和评估方法、精细化的区域旱涝灾害损失评估方法、旱涝灾害损失的综合评估方法,以及基于作物生长模型的农作物旱涝灾害损失评估计算机软件系统,最后针对淮河流域的区域特征,阐述了农业旱涝的适应性对策和灾后补救措施。

本书适合农业气象科技人员和农业防灾减灾人士阅读,可供相关政府部门在旱涝灾害防御决策中参考,也可供高等院校农业气象和自然灾害等学科领域教学参考。

图书在版编目(CIP)数据

淮河流域农作物旱涝灾害损失精细化评估/马晓群

等著.--北京:气象出版社,2016.3

ISBN 978-7-5029-6197-8

Ⅰ.①淮… Ⅱ.①马… Ⅲ.①淮河-流域-作物-旱灾-损失-评估②淮河-流域-作物-水灾-损失-评估

Ⅳ.①S42

中国版本图书馆 CIP 数据核字(2016)第 038161 号

出版发行:气象出版社

地 址:北京市海淀区中关村南大街 46 号   **邮政编码**:100081

电 话:010-68407112(总编室) 010-68409198(发行部)

网 址:http://www.qxcbs.com   **E-mail**:qxcbs@cma.gov.cn

责任编辑:陈 红 林雨晨   **终 审**:黄润恒

责任校对:王丽梅   **责任技编**:赵相宁

封面设计:博雅思企划

印 刷:北京中新伟业印刷有限公司

开 本:787 mm×1092 mm 1/16   **印 张**:17.5

字 数:445 千字

版 次:2016 年 3 月第 1 版   **印 次**:2016 年 3 月第 1 次印刷

定 价:70.00 元

序

　　淮河流域是我国重要的农业区,也是我国自然灾害灾情最为严重的地区之一,其中旱涝灾害是主要灾害。进入 21 世纪以来,随着气候变暖的加快,淮河流域旱涝灾害呈增多趋势,已成为制约该区农业和国民经济可持续发展的重要障碍因素。

　　安徽省气象科学研究所长期以来致力于农业气象应用研究,取得多项研究成果,由该所主持,江苏省农业科学院、中国气象科学研究院等四家单位参加的科技部公益性(气象)行业专项"淮河流域主要农作物旱涝损失精细化评估技术"旨在将本省的农业旱涝灾害评估研究成果推广到淮河流域,并联合国内相关专业同行开展淮河流域农业旱涝灾害损失精细化评估技术的合作攻关,以增强淮河流域应对农业旱涝灾害的气象服务能力。通过几年的努力,项目组取得多项成果,实现了数理统计模型、作物生长模型对淮河流域农作物旱涝灾害损失区域尺度、格点水平的精细化评估和综合评估,形成了完整的流域性高分辨率旱涝灾损评估技术。

　　本书是该项目研究成果的集中展示,也是全面介绍淮河流域旱涝概况及其评估技术研究的专著,填补了淮河流域农业旱涝灾害评估研究的空白。它的出版将为淮河流域农业旱涝趋利避害提供科学依据,对流域各级政府有计划有步骤地制定减灾规划和减灾决策,有效防御旱涝灾害,实现经济与减灾协调发展具有积极意义。

于波

2016 年 2 月

前　言

　　淮河流域地处我国东部，位于长江和黄河两流域之间，东经 111°55′—121°25′，北纬 30°55′—36°36′，面积约 27 万 km²。它西起桐柏山、伏牛山，东临黄海，南以大别山、江淮丘陵、通扬运河及如泰运河南堤与长江流域分界，北以黄河南堤和泰山为界与黄河流域毗邻。淮河流域是我国的粮食主产区和重要的农产品基地之一，自古以来就有"江淮熟，天下足"的美誉，在我国农业和经济发展中占有十分重要的地位。但是由于该流域地处南北气候过渡带，气候变异突出，导致降水时空变率大，稳定性差，加之破碎的地表和地貌类型以及水系不对称式的南北差异，构成了淮河流域旱涝易发的脆弱生态环境，是我国旱涝灾害发生最为频繁的地区之一。在当前气候变化背景下，该区域旱涝灾害呈增多趋势，加上经济发展水平不高，导致对灾害的管理能力不足，频发的旱涝灾害已成为制约该区域农业和国民经济可持续发展的重要障碍因素。认识和掌握农业旱涝灾害规律，开展农业旱涝灾害损失定量评估，对于政府有计划有步骤地制定减灾规划和减灾决策，有效防地御旱涝灾害，实现经济与减灾协调发展具有重要意义。

　　科技部公益性（气象）行业专项"淮河流域主要农作物旱涝损失精细化评估技术"（GYHY201006027）针对淮河流域频发的农业旱涝灾害，以气象、农业、社会经济和地理资料为基础，采用田间试验、数理统计模型、作物生长模拟和 GIS 空间分析模型等方法，开展淮河流域主要粮食作物旱涝灾害损失精细化定量评估。该项目是中国气象局《应用气象研究计划（2009—2014）》中农业气象重点领域"气候变化背景下的粮食安全预测与评估"的重点优先主题，并符合《国家中长期科学和技术发展规划纲要（2006—2020 年）》总体部署的重点领域及其优先主题中农业领域"农业精准作业与信息化"、公共安全重点领域"重大自然灾害监测与防御"优先主题支持方向。是落实《气象科学和技术发展规划纲要（2006—2020）》急需科技支撑的重点领域中生态和农业气象领域两个优先主题"生态气象监测、评估和预测"和"农业气象灾害监测预警"的体现。

　　该项目由安徽省气象科学研究所主持，江苏省农业科学院、中国气象科学研究院、河南省气象科学研究所和山东省气候中心参加。项目组成员精诚团结、密切合作，经过三年多的共同努力，取得多项具有创新性和应用性的科研成果。本书是在项目研究成果的基础上形成的，凝聚了项目组全体成员的贡献。此外，根据研究期间收集的流域资料，增加了概述（淮河流域概况、农业旱涝的概念和灾害损失评估研究进展）、淮河流域旱涝及其对农业的影响以及淮河流域主要农作物水分盈亏状况等内容，以提高本书的系统性和可读性。本书结构和内容由项目主持人、专题负责人和主要完成人多次集体讨论确定。

　　各章作者（含主要贡献者）如下：

　　第 1 章：马晓群、高金兰。

　　第 2 章：陈晓艺、王晓东、岳伟、姚筠、许莹、马晓群。

　　第 3 章：许莹、王晓东、张浩。

　　第 4 章：刘忠阳、李德、葛道阔、马玉平、马晓群、齐斌、孙琳丽、范里驹、胡程达、江仁、杜子璇、崔兆韵、房稳静、吴骞。

第5章：姚筠、张建军、许莹、张宏群、张浩、刘瑞娜、马晓群、吴文玉、陈晓艺、陈金华。

第6章：葛道阔、马玉平、曹宏鑫、孙琳丽、刘忠阳、李德、齐斌、李秉柏、刘岩。

第7章：马玉平、葛道阔、孙琳丽、李秉柏、吴玮。

第8章：马玉平、马晓群、曹雯、葛道阔、陈金华、吴文玉、王晓东、张宏群、孙琳丽、吴玮。

第9章：马晓群、陈金华、马玉平、葛道阔、张宏群、王晓东、陈晓艺。

第10章：葛道阔、马玉平、曹宏鑫、俄有浩。

第11章：岳伟、曹雯。

全书由马玉平、陈晓艺统稿，马晓群、张爱民审稿，书中各类旱涝灾损评估分布图由张宏群统一绘制。

在项目研究和书稿撰写、出版的过程中，得到了多方的大力帮助和支持。安徽省宿州市气象局、安徽省寿县气象局、河南省郑州农业气象试验站、河南省信阳市农业气象试验站、河南省驻马店市气象局、山东泰安市农业气象试验站、江苏省农业科学院兴化试验基地为项目承担了大量的、基础性的田间水分控制试验工作；中国气象局固城生态与农业气象试验站提供了部分夏玉米试验数据；中国气象科学研究院王石立研究员对项目研制和书稿全文审阅给予了悉心指导并做了大量工作；河南省气象科学研究所朱自玺研究员对项目研制方案、田间试验设计和实施提出了很多宝贵意见；安徽省气象局和安徽省气象科学研究所、中国气象科学研究院农业气象研究所、河南省气象科学研究所、山东省气候中心，以及江苏省农业科学院农业经济与信息研究所的领导对项目开展给予了积极支持；安徽省气象局局长于波热情为本书作序；安徽省气象科学研究所所长吴必文为书稿撰写、出版工作提供了诸多便利条件；所内同仁对本书的出版亦关心有加，积极提出意见和建议。此外，江苏省农业科学院研究生张文宇、张伟欣以及南京理工大学研究生杨余旺、汪文娟参加了相关专题的部分研究工作。在此一并致以最诚挚的感谢！

《淮河流域农作物旱涝灾害损失精细化评估》适合淮河流域境内各级气象部门农业气象科技人员和农业防灾减灾人士阅读，可供相关政府部门在旱涝灾害防御决策中参考，也可供高等院校农业气象和自然灾害等学科领域教学参考。但是由于农业旱涝影响涉及面广，评估技术也在不断发展中，加之作者水平有限，本书难免存在不够完善和不足之处，恳请广大读者批评指正。谢谢！

作者

2016 年 1 月

目　　录

第1章　概　述

　　农业旱涝灾害是由水分供给异常导致作物生长环境和体内水分失衡,引起生长受阻、产量降低甚至绝收的农业气象灾害。农业旱涝的致灾因素包括自然因素和人为因素,比如降水异常偏少或偏多,农作物对水分的敏感性、生态环境的脆弱性,以及农田水利设施等抗灾能力等。农业旱涝灾害损失评估是指以主要旱涝致灾因子、作物水分敏感性以及环境脆弱性等因子为评估指标,对旱涝灾害造成的损失程度进行评估,为各级政府制定防灾减灾规划、减轻灾害影响提供依据。基于此,本章在概述淮河流域的地形地貌、农业气候资源、农业水资源以及农业生产状况等的基础上,概要地分析淮河流域农业旱涝的环境脆弱性和致灾因子的风险性;并介绍农业旱涝的概念,阐述农业旱涝灾害损失评估的意义,探讨研究现状和发展趋势,作为全书的基础。

1.1　淮河流域概况

1.1.1　自然地理条件

1.1.1.1　地形地貌

　　淮河流域地处我国东部,位于长江和黄河两流域之间,东经111°55′—121°25′,北纬30°55′—36°36′,面积约为27万km²。流域西起桐柏山、伏牛山,东临黄海,南以大别山、江淮丘陵、通扬运河及如泰运河南堤与长江分界,北以黄河南堤和泰山为界与黄河流域毗邻。

　　淮河流域地形大体由西北向东南倾斜,淮南山丘区、沂、沭、泗山丘区分别向北和向南倾斜,呈现出明显的不对称性。西、南、东北部为山区和丘陵区,约占总面积的三分之一;其余为平原、湖泊和洼地。西部的伏牛山、桐柏山区,一般高程200~500m(1985国家高程标准,下同),沙颍河上游石人山高达2153m,为全流域的最高峰;西南部大别山区高程在300~1774m;东北部沂蒙山区高程在200~1155m。丘陵区主要分布在山区的延伸部分,西部高程一般为100~200m,南部高程为50~100m,东北部高程一般在100m左右。淮河干流以北为广大冲、洪积平原,高程一般15~50m;淮河下游苏北平原高程为2~10m;南四湖湖西为黄泛平原,高程为30~50m。流域内除山区、丘陵和平原外,还有为数众多、星罗棋布的湖泊、洼地。

　　淮河发源于河南桐柏山,沿大别山、皖山余脉山前逶迤向东,经豫、皖、苏三省,在三江营入长江,全长1000km,总落差200m。淮河流域以废黄河为界,分淮河及沂、沭、泗河两大水系,流域面积分别为19万km²和8万km²,有京杭大运河、淮沭新河和徐洪河贯通其间。洪河口以上为上游,长360km,地面落差178m,流域面积3.06万km²;洪河口以下至洪泽湖出口中渡为中游,长490km,地面落差16m,中渡以上流域面积15.8万km²;中渡以下至三江营为下游入江水道,长150km,地面落差约6m,三江营以上流域面积为16.46万km²。同地形分布相适应,淮河较稳定的河床严重南偏,将流域分为淮北、淮南两片极不对称的水系区域(图1-1)。淮南支流源短、比降陡、洪水急;淮北面积大,支流源长、比降缓、易洪涝并发。可见,淮河流域破碎的地表和地貌类型为水土流失提供了坡度条件和可能的巨量物质来源,加之水系不对称式的南北差异,导致了淮河流域旱涝频发的生态环境脆弱性因子(叶正伟,2007)。

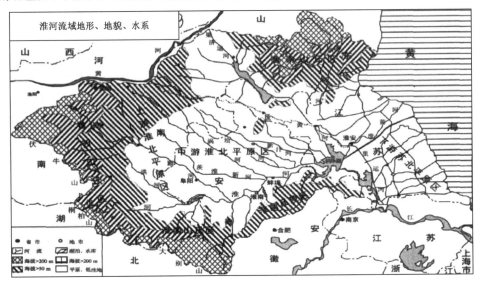

图1-1　淮河流域地形地貌水系图(叶正伟,2007)

1.1.1.2　土壤植被

(1)土壤类型和分布

土壤是农作物赖以生存和生长的基础。在自然因素和人为因素的共同作用下,淮河流域形成了各种不同的土壤类型和土壤环境。据调查,淮河流域的土壤类型有13个,其中面积最大的是潮土、砂姜黑土和水稻土(表1-1)(胡续礼等,2007)。

表 1-1　淮河流域土壤类型及比例(胡续礼等,2007)

土壤名称	面积(hm²)	比例(%)	土壤名称	面积(hm²)	比例(%)
酸性棕壤	325529	1.2	水稻土	3569483	13.4
棕壤	1041819	3.9	潜育土	91925	0.3
褐土	1842837	6.9	盐土	553913	2.1
黄棕壤	1366288	5.1	紫色土	111763	0.4
黄褐土	1546094	5.8	石质土	194191	0.7
潮土	10217247	38.5	粗骨土	1851854	7.0
砂姜黑土	3842384	14.5	合计	26555327	100

各土壤类型的区域分布为:西部伏牛山区主要为棕壤和褐土,是暖温带与北亚热带的地带性土类,土层深厚,质地疏松,易受侵蚀冲刷;丘陵区主要为褐土。淮南山区主要为黄棕壤(黄棕壤是黄红壤与棕壤之间过渡性土类),其次为棕壤和水稻土;丘陵区主要为水稻土,其次为黄

棕壤。沂蒙山丘区多为粗骨性褐土和粗骨性棕壤。淮北平原北部主要为黄潮土,是淮河流域的主要土壤类型,该土壤除少数为黏质和壤质外,多数质地疏松,肥力较差,并在其间零星分布着小面积的盐化潮土和盐碱土;淮北平原中部和南部主要为砂姜黑土,以安徽淮北平原分布的面积为最大,砂姜黑土也是一种古老的耕种土壤,质地比较黏,没有明显的沉积层理;淮河下游平原水网区为水稻土,土壤肥沃;苏鲁两省滨海平原新垦地多为滨海盐土(刘顺生,2012)。

淮河流域的土壤环境问题主要表现在以下三个方面,一是土壤侵蚀严重,造成土地退化、河湖淤积,并进一步影响流域防洪体系的建设与其功能的有效发挥(胡续礼,2007)。水土流失以水力侵蚀为主,在黄泛平原风沙区和滨海地区存在部分风力侵蚀和风、水复合侵蚀,局部地区有少量重力侵蚀发生(刘顺生,2012)。二是环境污染日益突出,随着农业投入的不断增大,化肥、农药的用量呈明显的上升趋势,污水灌溉的数量及面积也在逐年上升,严重影响了土壤、水环境和农副产品的质量(余国忠,1996)。三是砂姜黑土亟待治理,砂姜黑土有机质含量低,土壤结构不良,有效持水量低,加之地下水位高、地势低平,甚至为封闭洼地,以及河道排水标准偏低,沟渠少且不配套等问题,横向地下水运行迟缓,最易发生涝渍灾害(张俊民等,1981;李燕等,2012)。

(2)植被分布

淮河流域地处南北气候过渡带,植被分布具有明显的地带性特点。偏北的泰沂山区、伏牛山北麓及黄淮平原属于暖温带落叶阔叶林与针叶松林混交林;中部低山丘陵一般为落叶阔叶林—常绿阔叶混交林;南部大别山区主要为常绿阔叶林、落叶阔叶林和针叶松林混交林,并夹有竹林。该区域森林覆盖率较低,在桐柏山区、大别山为30%,伏牛山区为21%,沂蒙山区则仅为12%(叶正伟,2007;刘顺生,2012)。

在淮河中上游山地和丘陵地区,其天然植被近些年来受到了较好的保护。同时,由于扶贫开发工作对部分山地和丘陵的有些植被进行了一些改造,发展了一定数量的人工经济林。特别是自1990年以来,山区各地实行了封山育林政策,使得各种天然次生林得到了较好的发育。目前,该区发育有针叶林、阔叶林、竹林、灌丛、草丛和人工植被,其植被覆盖率各地不等,河南商城县达47%,安徽金寨县达64%(沈显生等,2001)。

1.1.2　农业气候资源

淮河流域地处我国暖温带和北亚热带两大气候带的过渡区,属半湿润季风气候,光、热、水资源丰富,四季分明、雨热同季,有利于农作物生长发育。但是由于气候的过渡性和不稳定性特征,导致降水等气候要素时空变率大,加之高低纬度和海陆相过渡带的重叠效应,形成"无降水旱、有降水涝、强降水洪"的典型区域旱涝特征。

1.1.2.1　光能资源

太阳辐射:一般以太阳总辐射(直接辐射和散射辐射之和)分析一个区域太阳辐射量的多少。淮河流域全年太阳辐射总量为 $4600\sim5400MJ/m^2$,由南而北增加,山地少于平原(王又丰,2001)。年内分布为夏季最多,为 $1.6\times10^5\sim1.8\times10^5J/cm^2$,占全年总辐射量的33%～34%;冬季总辐射量最小,为 $8.0\times10^4\sim8.4\times10^4J/cm^2$,占年总辐射的16.0%～16.5%;春秋两季介于夏冬季之间,分别为 $1.4\times10^5\sim1.6\times10^5J/cm^2$ 与 $1.0\times10^5\sim1.2\times10^5J/cm^2$。20世纪90年代以来,淮河流域太阳总辐射均有随年代下降趋势(陈晓艺等,2009)。

日照时数:是指当地日照时间的长短,一般用小时数来表示。淮河流域年日照时数平均值为2177h,其空间分布为北多南少,平原多于山区,呈现由东北向西南逐渐递减的空间分布特征。日照时数的年内分布特征与总辐射一致,也为夏季最多,春、秋季次之,冬季最少。年日照时数的时间变化亦呈随年代减少趋势,以夏季日照时数减少幅度最大,秋、冬季次之,春季日照时数无显著时间变化。

1.1.2.2　热量资源

热量资源一般以年平均气温、最热月气温、农业界限温度累积、无霜期等要素表征。最低气温、平均极端最低气温则用以反映冬季温度状况。

(1)气温:淮河流域年平均气温为14.4℃。呈由北向南逐步递增的纬向分布特征。气温的年内变化是1月最低,7月最高,秋季气温略高于春季气温。近50年来,淮河流域年平均气温呈现明显的升高趋势($P<0.01$),气候倾向率为0.21℃/10a,升温幅度的区域分布为东部大致高于西部;季节分布则以冬季最大,其次是春秋季,夏季无明显的升温趋势。淮河流域年平均最高气温变化趋势不明显;年平均最低气温的升温幅度最大,气候倾向率达到0.35℃/10a,且冬季较春秋升温显著。流域的极端高温、极端低温事件日数整体均呈下降趋势(田红等,2012)。

(2)农业界限温度:农作物的生长发育要求一定的温度条件,不同作物或同一作物不同的生长发育期对温度的要求也有明显的差异。农业界限温度是对农作物生长发育、农事活动以及物候现象有特定意义的日平均温度值。某一界限温度内逐日平均气温的累积值简称为"积温",用度·日(℃·d)表示。通常用不同农业界限温度的开始日期、终止日期、持续日数和其间的积温评价一个地区的热量条件和衡量气候生产力高低。淮河流域多年稳定通过0℃、10℃、15℃和20℃界限温度的平均初终日期、持续日数和积温见表1-2。区域分布为,稳定通过各界限温度的初日自南向北推迟,以0℃的规律性最强,南部出现在1月底2月初,北部为2月中下旬;10℃、15℃和20℃的区域分布规律减弱,杞县、涡阳、固镇一线以西地区几乎没有什么差异,东部受海洋影响,呈经向分布,越往东越迟;稳定通过界限温度的终日,也以0℃的规律性最强,以北偏东最早,越往南偏西越迟,南北差异达20d以上,10℃、15℃和20℃的南北分布规律减弱,南北差异大体为10d左右。受初终日数分布影响,界限温度持续日数0℃的南北差异有20d,10℃、15℃和20℃的南北仅差10d左右。说明淮河流域春季升温快,对春播作物出苗与苗期生长极为有利;而秋季降温速度也快,在农业上应注意秋季降温和初霜对粮食作物生产的影响。稳定通过0℃的积温为4640~5781℃·d,稳定通过10℃的积温为4162~5085℃·d,自北向南增加(图1-2)。15℃和20℃的积温数值减小,趋势相同(田红等,2012)。

表1-2　淮河流域界限温度起止日期、持续日数和积温平均值(1961—2007年)(田红等,2012)

界限温度(℃)	初日	终日	持续日数(d)	积温(℃·d)
0	2月7日	12月21日	317	5312
10	3月31日	11月5日	219	4720
15	4月25日	10月13日	171	4035
20	5月20日	9月16日	119	3053

淮河流域农业界限温度的时间变化以增温趋势为主,各界限温度初日提前,终日推迟,持续日数和累积温度增加,以0℃的变化最显著,其次是10℃和15℃,20℃的变化最不显著。从区域分布看增温趋势东部地区强于西部地区(图略)。

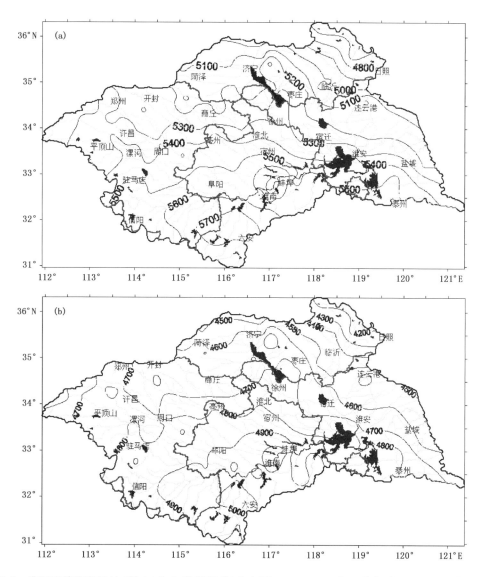

图 1-2 淮河流域稳定通过 0℃(a)和 10℃积温(b)分布图(1961—2007 年)(单位:℃·d)(田红等,2012)

(3)无霜期:农业气象上的无霜期实际上是指无霜冻期,即一年中春季终霜冻日与秋季初霜冻日之间持续的日数,通常用地面最低温度大于 0℃的终、初日期间的天数表示。无霜冻期常被认为是喜温作物的生长期,因此无霜期的长短是农业生产上的重要热量指标(程纯枢等,1986)。淮河流域平均初霜出现在 10 月下旬到 11 月下旬,南迟北早、山地早于平原;平均终霜期出现在 3 月中旬到 4 月中旬,南早北迟、平原早于山地。平均无霜期为 200~250d,南长北短,南部为 220~250d,中部为 220~240d,北部在 200d 左右。无霜期的年际变化较大,达 40~60d。随着平均气温升高,无霜期日数总体呈增加趋势。

1.1.2.3 降水资源

淮河流域多年平均降水量为 850mm,空间分布呈现南部多于北部、山区多于平原的特点。流域南部地区信阳—六安以南一带降水量最多,达到 1100mm 以上;北部许昌—菏泽—济宁一线以北降水量最少，为 650mm 以下。淮河流域降水量主要集中在汛期(6—9 月)，汛期降水量占年降水量的 50%～80%，春、秋季次之，冬季(12 月—翌年 2 月)最少。

区域年平均降水量没有明显的时间变化趋势，但年际波动较大，近 50 年(1961—2010 年)来，年平均降水量以 1966 年最少，为 511mm；2003 年最多，达 1284mm，二者相差 2.5 倍。不过进入 21 世纪之后，年降水量呈现随时间上升趋势。各季节降水量也没有显著的时间变化趋势，但从 20 世纪 90 年代开始，秋季降水量呈随时间减少趋势，夏季降水量却随时间明显增加，2001—2008 年夏季多年平均降水量高达 546mm。

年降水日数随时间的变化趋势表现为在波动中略有减少，自 20 世纪 90 年代以后下降趋势趋于显著。分季节看，春季和秋季降水日数呈显著下降趋势($P<0.05$)，其气候倾向率分别为 $-1.3d/10a$ 和 $-1.6d/10a$，而夏季和冬季则无明显变化趋势(田红等，2012)。

淮河流域降水年内分配不均，其中北部降水的不均匀性和集中度大于南部，加之降水量相对较少，进一步加重了北部地区的干旱；流域年内降水集中期自南向北逐步推后，从豫南到黄河以南需要 20d 左右，降水集中期与主汛期时间一致；降水分配的不均匀性存在明显的年际变化，上游大于下游，南北变化趋势不一致，变化幅度不同；降水集中期年际变化南部大于北部，表明北部的汛雨期比较稳定，而南部汛雨期出现时间变化比较大；淮河流域大部地区的气候旱涝与降水集中度有明显相关(顾万龙等，2010)。

以上分析表明，淮河流域降水分布特征导致该区夏季水旱交替，其余季节干旱严重；越往北干旱风险越增大，越往南涝渍风险越突出。农作物生长发育存在全生育期或季节性水分亏缺，降水资源变化趋势导致北旱南涝程度加重。因此致灾因子方面，降水分配不均匀是淮河流域旱涝灾害的主要原因。

1.1.3　农业水资源

一个地区的水资源总量主要由地表水和地下水两部分组成。其中地表水资源量是指河流、湖泊等地表水体中由当地降水形成的、可以逐年更新的动态水量，即天然河川径流量；地下水资源量是指由降水和地表水体入渗补给地下含水层的动态水量。水资源总量为地表水资源量与地下水资源量之和扣除二者中的重复部分。农业水资源是可为农业生产使用的水资源。

淮河流域 1956—2000 年平均地表水资源量 595 亿 m^2，相应年径流深 221mm；1980—2000 年平均地下水资源量($M\leqslant2g/L$)338 亿 m^2。水资源总量 794 亿 m^2(王浩，2007；褚德义，2012)。淮河流域属于资源型严重缺水地区，人均水资源量和亩均水资源量分别处于全国十大水资源评价片中的第九和第八位(许朗等，2012)。

1.1.3.1　地表水资源

淮河流域地表水资源可利用量 231.7 亿 m^3，可利用率为 39.0%。淮河水系可利用量 161.6 亿 m^3，可利用率 35.7%。沂、沭、泗水系可利用量 70.1 亿 m^3，可利用率 49.1%(汪跃军，2005)。淮河流域径流量主要以降水补给，由于降水的时空变化很大，因此淮河流域径流量很不稳定。

淮河流域年径流量空间分布呈现山区大、平原小、南部大、北部小、沿海地区大、内陆小的变化趋势。年径流深变幅为 50～1000mm，自南向北递减，南北相差 10～20 倍。东西相差仅 1.6 倍多(王浩，2007)。

淮河流域径流年内分配不均匀。主要表现在汛期十分集中、最大与最小月径流相差悬殊。年径流的大部分主要集中在汛期 6—9 月份,各地区汛期径流量占全年径流量的 50%～88%,最大月径流量占年径流量的 14%～40%,区域分布均为自南向北递增;最小月径流量仅占年径流量的 1%～5%,区域分布变化不大(王浩,2007)。

淮河流域径流年际变化较大。主要表现在最大与最小年径流量倍比悬殊、年径流变差系数较大和年际丰枯变化频繁等。本区各控制站最大与最小年径流量的比值一般在 5～30 之间。年径流变差系数(C_v)与年降水量变差系数相比,不仅绝对值大,而且在地区分布上变幅也大,呈现由南向北递增、平原大于山区的规律(王浩,2007)。

年径流量的时间变化趋势,流域内周口、蚌埠、大官庄、阜阳、横排头、临沂、鲁台子、明光、蒙城、王家坝等 10 个主要水文站天然年径流量的观测数据分析结果表明,仅除明光站呈现一定的增加趋势,其他各站都呈减少趋势,但是仅蒙城、临沂通过显著性检验(陈耀斌,2011)。

1.1.3.2　地下水资源

淮河流域农业灌溉和农村生活用水的主要来源是浅层地下水,占地下水供水总量的 80%。从地下水资源空间分布看,多年平均地下水资源量以淮河中游区最大,为 170.91 亿 m^3/a;其次是沂、沭、泗河区,为 102.48 亿 m^3/a;再次是淮河上游区,为 44.56 亿 m^3/a;淮河下游区最小,为 26.81 亿 m^3/a。在淮河流域平原区浅层地下水的各补给项中,降水入渗是最主要的补给源,其水量占地下水总补给量的 80% 以上,其次是地表水体入渗补给,占地下水总补给量的 10% 以上;其他山前侧向流入量和井灌回归补给量等之和占总补给量比例不到 10%(赵晖等,2010)。

淮河流域地下水质量状况总体优良,94.7% 的地下水资源可作为生活饮用水及工农业供水。山区地下水水质优于平原区,山前及山间平原地下水质优于滨海区地下水,深层地下水质优于浅层地下水,人类活动集中地区地下水水质较差(赵晖等,2010)。

1.1.3.3　农业用水现状

淮河流域供水工程包括地表水源和地下水源两大类型。2006 年淮河流域年供水能力为 606 亿 m^3,其中蓄水、引水、提水和调水工程(地表水)供水能力 457 亿 m^3,占供水总能力的 75%;机电井(浅层地下水)供水能力 149 亿 m^3,占供水总能力的 25%(褚德义,2012)。

1999—2009 年期间,淮河流域年均农业用水量为 335.4 m^3,最大年农业用水量为 397.5 亿 m^3(2001 年)。以 2003 年为分界点,之前流域农业用水比例一直维持在 70% 以上,之后基本稳定在 65% 左右,这可能是随着社会经济的发展,水资源逐渐转向其他行业和部门以及农业生产水平提高的结果。截至 2006 年末,淮河流域共有地下水开采井 142.7 万眼(不包括农村土井)。平均密度为 6.2 眼/km^2。流域内不同区域的农业用水情况存在较大差异,流域北部地区主要依赖地下水,在富水性较强的地区,机井密度大,可达 10～20 眼/km^2;而流域南部地表水丰富,地下水开发利用较少,在富水性弱的地区机井密度小,仅为 0.5～3 眼/km^2,有些地区甚至没有机井。省际之间差异也较大,江苏和山东两省农业用水比例 2003 年以后一直维持在 70% 左右;而河南和安徽农业用水比例则仅在 50%～60% 之间徘徊(赵晖等,2010;许朗等,2012)。

1.1.3.4　农业用水问题

(1)水资源总量不足,农业旱灾严重。淮河流域是我国主要的粮食生产基地之一,耕地面积占全国耕地面积的 10% 以上,水资源却仅占全国水资源总量的 3.3%,随着时间的推移,农业用水比例降低,特别是干旱年份,农业供水量不足,旱灾有加重的趋势(许朗等,2012)。目前,流域内各类水利工程的年总供水能力平均约为 500 亿 m^3。平水年份缺水 12 亿 m^3,中等干旱年份缺水 40 亿 m^3,特枯年份缺水高达 114 亿 m^3。从 1980 年到 1998 年,人均地表水资源量已由 495m^3 锐减到 360m^3,仅为世界人均水资源量的 1/20,已经远远低于世界公认的严重缺水地区人均 500m^3 的标准,尤其是拥有全流域 80% 人口和耕地的淮北地区,人均水资源量甚至不足 300m^3(郭鹏等,2011;许朗等,2012)。

(2)水资源分布不均,调蓄能力差。降水是流域内水资源的最主要来源,由于淮河流域降水量全年分布不均衡,导致径流量年内分配极度不均,是水资源开发利用最为不利的因素。在需水量大的春耕季节,降水量仅占全年降水量的 13%;同时由于降水量年际变化很大,在少雨年份会发生大面积的干旱,而在多雨年则会导致全流域的洪涝灾害。此外,淮河流域地势西高东低,南北高、中间低,但是流域内水资源分布情况则是周边山丘区多,中部平原区少。大中型蓄水工程主要修建在山丘区,控制的流域面积比较有限,而占流域面积 2/3 的平原区又缺少修建大型蓄水工程的地形条件。因此,流域内的蓄水工程调蓄径流的能力差(吴立,2008;郭鹏等,2011)。

(3)农业用水效率不高,浪费严重。淮河流域农业用水量比较大,但用水效率较低。近年来虽然在流域内推广了节水灌溉技术,但推广速度极其缓慢,2002—2008 年间,节水灌溉面积的年均增长率仅在 3% 左右,至 2008 年,节水灌溉面积仅占耕地面积的 20.29%。流域内农田灌溉大多采用漫灌、浇灌等粗放的方式,灌溉水利用率仅为 30%,有 1/2 以上的水资源未被很好利用。粗放的用水模式进一步加剧了水资源的紧张状况(王凌河等,2009;郭鹏等,2011;褚德义,2012;许朗等,2012)。

(4)水资源基础设施建设滞后,开发过度与开发不足并存。工程老化失修,供水和水源结构不合理。区域间水资源开发利用程度差别大。灌溉水井完好率不足 60%,蓄水工程配套不足 70%。淮北平原、南四湖地区水资源开发利用程度已接近或超过其开发利用的极限,淮河以南及上游山丘区尚有一定的潜力,但进一步开发利用的难度和代价很大(褚德义,2012)。

(5)水污染问题突出,农业供水和生态环境安全受威胁。全流域 186 个国家重点水质监测站 V 类及劣 V 类水占 51.1%,46 个跨省河流省界断面 V 类及劣 V 类水占 54.4%。过度用水、盲目围垦使湖泊容积减少,萎缩消失,局部地区地下水严重超采,出现地面沉降和大面积漏斗;河道有水无流的现象比较普遍,河湖干涸的现象也时有发生,由此造成的水土流失、土地沙化、盐碱化等生态环境问题日趋严重(郭鹏等,2011;褚德义,2012)。

1.1.4 农业生产概况

淮河流域是我国的粮食主产区和重要的农产品基地之一,自古以来就有"江淮熟,天下足"的美誉,在我国农业和经济发展中占有十分重要的地位。淮河流域面积约为 27 万 km^2,仅占全国陆地国土面积的 2.8%,但由于该区域气候温和、日照丰富、无霜期长以及土地质量高等优越的自然条件,其耕地面积占到了全国耕地面积的 10% 以上。流域内的淮北平原、苏北平原以及南四湖平原等平原地区水热条件较好,土地资源丰富,适合多种农作物的生长,种植的主要农作物包括小麦、水稻、玉米、大豆、薯类、花生、棉花和油菜等。

1.1.4.1　农作物种植制度

淮河流域农业气候资源丰富,配合也较好,基本光热水同季,形成了多样的种植制度。在
20 世纪 80 年代的《中国农作物种植制度气候区划》(韩湘玲等,1986)中,该区为一年两熟农业
气候带,黄淮海水浇地二熟与旱地一熟二熟区,其中北部地区冬小麦属弱冬性兼春性混合区,
有的在收麦后可复种一茬夏作物(玉米、大豆)等,但产量仍受旱涝影响。旱地以玉米、高粱、甘
薯、棉花等一作为主。淮河流域的主体部分为水浇地旱地中晚二熟区,种春性冬小麦品种,麦
后可复播中熟(中晚熟)秋作物(玉米、大豆);南部可用较强春性品种,春后可复种晚熟秋作物
玉米、大豆、甘薯等,除水浇地外,旱地也可实行一年二熟,也有少量的二年三熟。该区是我国
棉花、烟叶、夏大豆的重要产区,麦棉套种比例较大。苏北及沿淮区有大面积麦—稻两熟栽培。
复种指数平均为 150%,愈北愈接近 100%,愈南愈接近 200%(王又丰等,2001)。

在气候变暖背景下,淮河流域热量资源呈增加趋势(见 1.1.2.2)。热量资源的增多有利
于两熟制的多样化组合,从而有利于提高复种指数和增加产量。北部的山东区域玉米由二年
三熟制演变为一年两熟制,棉花种植制度也出现了间作、套种、复种、轮作等多种形式,复种指
数有了明显的提高(王建源,2006)。中部的安徽省淮北地区玉米生产也由夏玉米—冬小麦一
年两熟逐步取代了春玉米一年一熟(刘胡祥,2005)。

1.1.4.2　粮食生产特征

淮河流域耕地面积占全国总耕地面积的比重大,粮食作物的播种面积和产量占全国总播
种面积和总产量的比重更大。近年来,淮河流域耕地面积基本稳定在 1250 万 hm² 左右,而粮
食播种面积自 2003 年以后呈增长趋势,使得在维持耕地面积基本稳定的情况下粮食总产量增
加显著。统计数据表明,2008 年流域耕地面积占全国总耕地面积的 10.4%,而粮食播种面积
占了全国粮食播种总面积的 14.6%,粮食总产量接近全国粮食总产的 20%,其中小麦产量更
是接近全国小麦总产的一半。但是该区农业生产不稳定特征也很明显,当流域粮食总产量发
生变动时,无论是产量的增长还是下降,与全国粮食变率相比,其变动幅度都远大于后者(表
1-3),这说明流域内农业的地位重要性和环境的脆弱性(许朗等,2012)。

表 1-3　淮河流域主要农业数据(2008 年)(许朗等,2012)

	耕地面积 (万 hm²)	粮食播种 面积(万 hm²)	粮食产量 (万 t)	小麦产量 (万 t)	1999—2003 年 粮食产量 年均减产率 (%)	2004—2008 年 粮食产量 年均增长率 (%)
淮河流域	1 261.4	1 555.2	10 548.5	5 143.45	−8.3	16.1
全国	12 171.6	10 679.3	52 870.9	11 246.4	−3.8	4.6
所占比例(%)	10.4	14.6	20.0	45.7		

数据来源:2009 年《中国统计年鉴》和《治淮汇刊》(年鉴)。

1.1.4.3　农业气象灾害的影响

淮河流域的主要气象灾害有干旱、涝渍、低温冷害、高温热害、冰雹、台风等。受过渡性气
候特征和特定的下垫面条件共同影响,淮河流域是我国旱涝灾害发生最为频繁的地区之一(李
茂松等,2003)。气候变化使气象灾害呈现加重趋势,淮河流域实际上已经成为以旱涝灾害为

主,其他灾害并发的生态环境脆弱带(陈远生,1995)。全区几乎每年各地非旱即涝,或是既旱又涝,再加上经济发展水平不高,制约了对灾害的管理能力,因此淮河流域粮食生产能力受到严峻挑战。

淮河流域旱涝灾害特征具有区域分异性。流域北部以旱灾为主,春旱比例最大,其次是夏旱和秋旱,20 世纪 80 年代以后,夏季干旱比例显著增大,旱涝并存,但范围较大的涝灾仅为 1984 年和 1993 年,受涝程度也较以前减轻(于旭东,2002);而流域中南部地区由于夏季降水急剧增加,2003 年、2005 年和 2007 年相继出现连续极端强降水过程,给国民经济和农业生产带来重大危害,夏季洪涝灾害发生形势较过去 50 年更加严峻(马晓群等,2009)。

旱涝灾害对粮食作物产量影响显著。中等以上旱涝灾害即对农作物产量构成影响。据分析,大涝年冬小麦产量损失率可占平均粮食产量的 6%～12%,大旱年占到 10%～20%(张爱民等,2002),秋收作物受旱涝灾害影响的减产幅度大于冬小麦,安徽淮北地区 1994 年干旱,1982 年、1991 年、2003 年、2007 年的夏季洪涝导致玉米和大豆等秋收作物受灾减产,减产率最高达到 30%以上(马晓群,2009)。

1.1.5　主要农作物气候分区

淮河流域地理跨度大、地貌类型多样,作物品种和产量水平等均具有明显的地理分异性,为了满足精细化评估的要求,综合考虑地理条件、气候特征、作物品种生态类型和产量等因素,对淮河流域作物冬小麦、夏玉米和一季稻进行了农业气候区域划分。

1.1.5.1　冬小麦农业气候分区

冬小麦淮河流域全区均有种植,种植品种自北向南冬性程度降低。选择对品种分布有决定意义的冬季负积温(平均气温≤0℃的累积温度)指标,结合降水量,以及地形、作物品种、单产水平等因素将流域冬小麦分为 4 个区,分别为东北丘陵半冬性小麦适宜区(Ⅰ区)、北部平原冬性半冬性小麦适宜区(Ⅱ区)、中部平原半冬性小麦适宜、春性小麦次适宜区(Ⅲ区)和西部及沿淮半冬性、春性小麦适宜区(Ⅳ区)(图 1-3)。其中Ⅰ区与Ⅱ区的区分依据主要是海拔高度,Ⅰ区高程为 50～1155m,Ⅱ区的高程大部分为 35～100m;Ⅱ区与Ⅲ区的分区依据主要是反映越冬条件差异的冬季负积温指标。Ⅱ区与Ⅲ区冬季负积温平均值的分界线为,西部−50℃·d,中部−60℃·d,东部−70℃·d(图 1-4),Ⅲ区与Ⅳ区也以冬季负积温作为分区的主要因子,其分界线,中西部为−40℃·d,东部为−50℃·d。自北向南雨量也显著增多(Ⅰ区与Ⅱ区冬小麦生育期间降水量分别为 225mm 和 234mm,而Ⅲ区和Ⅳ区的降水量则分别为 314mm 和 345mm);全流域冬小麦产量水平以Ⅱ区和Ⅲ区最高,Ⅰ区主要受海拔较高影响,Ⅳ区则受海拔和冬小麦品种等因素的共同影响,产量水平低于Ⅱ区和Ⅲ区(表 1-4)。

1.1.5.2　夏玉米农业气候分区

淮河流域夏玉米主要分布在淮河以北地区,沿淮区种植面积不大,产量水平也不高,因此夏玉米的旱涝灾害损失评估区域不包括沿淮各县。由于气温不是限制因素,因此根据年雨量、地理条件、作物品种等因素将夏玉米分为 3 个评估区,分别为东北丘陵夏玉米降水适宜区(Ⅰ区)、北部平原夏玉米降水适宜区(Ⅱ区)和中部平原夏玉米降水适宜偏多区(Ⅲ区)(图 1-5)。Ⅰ区的范围和冬小麦的Ⅰ区一致,Ⅱ区南缘为枣庄、夏邑、平顶山一线,Ⅰ区和Ⅱ区的分区指标主要考虑高程;Ⅲ区南缘为泌阳、阜阳、泗洪、滨海一线,Ⅱ区和Ⅲ区分指标主要考虑年降水量,中西部为 750mm，东部为 800mm（图 1-6）。产量水平 I 区为 5700～5800kg/hm²，略高于 II 区和 III 区（表 1-5）。

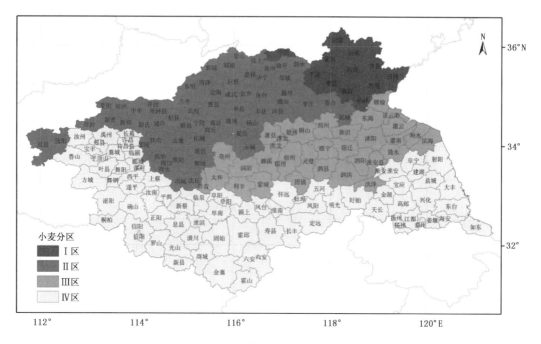

图 1-3　淮河流域冬小麦农业气候分区图

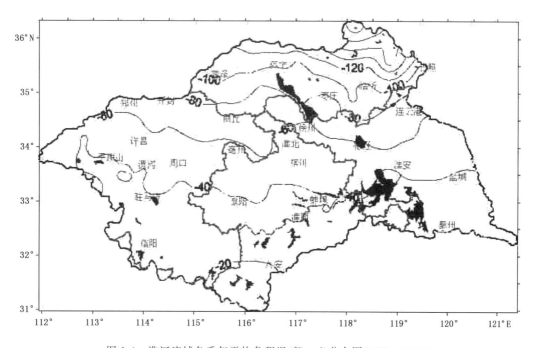

图 1-4　淮河流域冬季年平均负积温（℃·d）分布图（1971—2010）

表 1-4　淮河流域冬小麦分区依据一览表

区号	分区名	海拔高度 （m）	冬季负积温 （℃·d）	品种	单产水平 （kg/hm²）
I	东北丘陵半冬性小麦适宜区	50～1155	＞-100	半冬性、冬性均适宜	4684
II	北部平原冬性半冬性小麦适宜区	35～100	西部＞-50、中部＞-60、东部＞-70	北部冬性，中南部半冬性	5545
III	中部平原半冬性适宜、春性小麦次适宜区	＜30，东部沿海仅0～5	中西部＞-40，东部＞-50	半冬性适宜、春次适宜	5013
IV	西部及沿淮半冬性、春性小麦适宜区	西部山区为50～2000以上，沿淮＜50	中西部≤-40，东部≤-50	春性、半冬性均适宜	4547

表 1-5　淮河流域夏玉米分区依据一览表

区号	分区名	海拔高度 （m）	年雨量 （mm）	单产水平 （kg/hm²）
I	东北山区丘陵夏玉米降水适宜区	50～1155	中西部≤750，东部≤800	5846
II	北部平原夏玉米降水适宜区	西部山区＞20，中东部平原30～60	中西部≤750，东部≤800	5725
III	中部平原夏玉米降水适宜偏多区	西部山区＞100，中东部平原≤40	中西部＞750，东部＞800	5784

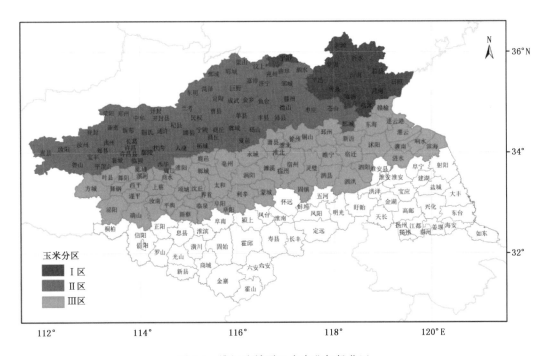

图 1-5　淮河流域夏玉米农业气候分区

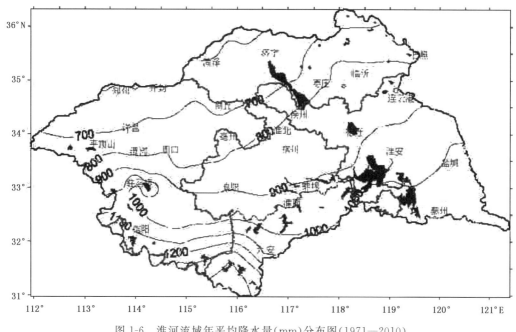

图 1-6 淮河流域年平均降水量(mm)分布图(1971—2010)

1.1.5.3 一季稻农业气候分区

受水资源影响,淮河流域一季稻基本分布在沿淮地区,因此不再分区。由于水分条件是影响水稻北移的主要限制因子,因此评估稻区的北缘依据种植面积和年雨量确定,入选各县的水稻种植面积均在 10 khm² 以上。北缘中东部与年降水量 900mm 雨量线基本一致,西部达到 1000mm 以上(图 1-7)。

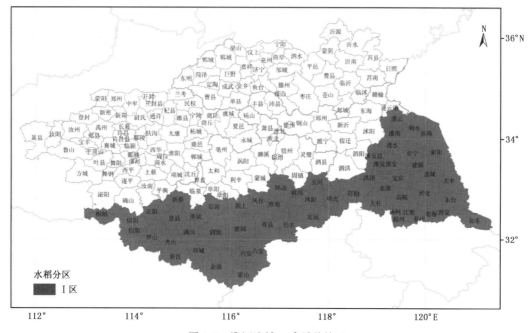

图 1-7 淮河流域一季稻种植区

1.2 农业旱涝的概念及灾害损失评估

1.2.1 什么是农业旱涝

1.2.1.1 农业干旱

农业干旱是指干旱缺水对农业生产造成的灾害。致灾原因是降水量持续异常偏少,引起空气干燥,土壤水分下降,致使作物体内水分亏缺,生理过程受阻,影响正常生长发育和产量形成。严重干旱可导致产量大幅度降低甚至绝收。农业干旱涉及大气、作物、土壤和人类对自然资源的利用等多方面的因素,不仅是一种物理过程,而且也与生物过程和社会经济密切相关(霍治国等,2009)。因此,农业干旱的发生与发展有着极其复杂的机理。

造成作物缺水的原因很多,按其原因可将农业干旱分为土壤干旱、大气干旱和生理干旱。土壤干旱是指土壤含水量少,作物根系吸水阻力增大,当作物吸水量减少到不能满足体内各种生理过程的需求,影响各种生理生化过程时,就会对作物产生危害。因此农业干旱是从作物根系不能从土壤中获得足够的水分时开始,是根据土壤含水量而不是降水量确定的;土壤干旱是指作物根层土壤水分达到限制作物生长和产量形成的情况;大气干旱则是指在有些情况下即使土壤不缺水,但是因太阳辐射强烈、温度高、空气湿度低、风大,大气蒸发力强,导致作物蒸腾旺盛,根系从土壤中吸收的水分不抵蒸腾量,发生作物体内水分亏缺,如冬小麦"干热风";另一种情况是当土壤环境不良,如含盐量过高、温度过高或过低、水分过多、氧气不足,导致作物根系吸水困难,造成体内水分失调,这就是生理干旱(霍治国等,2009)。

1.2.1.2 农业涝灾和渍害

农业涝灾和渍害是指由于降水过于集中或降水时间过长,导致农田地表积水或土壤水分长期处于饱和状态对农业生产造成的灾害(程纯枢等,1986;霍治国等,2009)。致灾原因涝灾主要是由于降水时间过长或降水过于集中,造成农田积水,使农作物受淹,当受淹持续时间超过作物的耐淹能力后而造成作物生长发育受阻、产量降低甚至绝收;渍害则是指长期阴雨(降水强度不一定大)使得地下水位升高,或洪涝灾后排水不良,或早春积雪迅速融化,在土壤尚未化通时水分下渗受阻等,使作物根层土壤持续处在过湿状态,导致作物根系长期缺氧,影响正常生长发育而造成作物减产。

造成涝灾的直接原因是降水过多和过于集中,尤其是连续性大范围的暴雨和特大暴雨天气常常导致大范围的洪涝灾害,但是受灾的严重程度受当地的地理地形条件、水文因素、土壤质地以及水利设施的排涝能力等的影响。汇水面积大的江河下游、洼地,以及黏贴和有不透水层的土壤易遭受涝渍灾害,江河水位偏高以及河道不畅等因素都将导致农田土壤水分饱和缺氧,加重作物涝渍危害。

涝灾和渍害虽然从概念上可以明确划分,但实际发生时涝渍往往很难区分,在水网圩区、平原洼地、山区谷地等既易涝又易渍,往往一次降水过程可能导致涝渍共存,因此,二者常常统称为涝渍(霍治国等,2009)。

1.2.1.3 农业旱涝对作物影响的复杂性

从生物过程来说,每个作物由于生态适应性的差异而具有不同的耐旱耐涝性,不同的作物种类、同类作物的不同品种,以及作物的不同发育阶段对水分异常的敏感度都存在较大差异。长期生活在干旱气候下的作物品种其形态结构和生理特征具有较强的耐旱性,能够忍受较长时间的干旱;湿生作物则有独特的形态结构和生理特征,适应于渍水环境;而其他旱涝中间型的作物,其形态结构和生理特征也介于这两类作物之间。在同一作物的不同发育期中,缺水和水分过多对作物的危害也不同,这是因为作物在不同的发育阶段对水分的敏感性存在差异。一般来说,在作物播种期、水分临界期以及产量形成期水分异常对产量影响较严重。

1.2.2 灾害损失评估

农业旱涝属于自然灾害,具有自然灾害的共性。因此本节以自然灾害为主,兼顾旱涝灾害,阐述灾害和灾情的关系、灾害评估的意义和方法。

1.2.2.1 灾害和灾情

自然灾害是对人类社会(生命、财产、经济、政治等)引起破坏的事件,灾情则是自然灾害对于人类的影响后果。因此自然灾害是某些自然变异活动作用于人类社会,并造成一定程度的、有明显危害表现的现象或过程。灾害事件的总体称为灾害系统,其基本要素分为孕灾环境、致灾因子和承灾体三个方面(高庆华等,2007)。灾情是由孕灾环境、致灾因子、承灾体之间相互作用形成的,其轻重取决于孕灾环境的脆弱性、致灾因子的风险性及承灾体的敏感性(史培军,1996)。致灾因子是灾害形成的必要条件,在同一致灾强度条件下,灾情则随着脆弱性的增强而扩大(Blaikic等,1994)。

就农业旱涝来说,灾害主要由降水异常引起,致灾因子的强弱取决于降水偏离常态的程度;孕灾环境的脆弱性则可以理解为农业生产系统易于遭受或敏感于旱涝威胁和损失的性质与状态(商颜蕊,1998),即农业生产对旱涝灾害的敏感性和适应能力的综合体现,它受到一个区域的自然系统、社会系统及其组合关系的影响。影响农业旱涝脆弱性的自然环境因素主要有降水量、地貌和水系特征、植被和土壤状况等,社会经济因素有人口密度、农民人均收入、水利化程度、机械化程度等。不同的因素在灾害脆弱性形成中有不同的影响,同一种因素的影响在不同区域又存在明显的差异,造成了农业旱涝脆弱性的区域差异(高庆华等,2007)。因此,同一强度的旱涝灾害在不同的时间、不同的区域环境下所造成的灾情(即农业损失)有较大差异。

1.2.2.2 灾害评估的意义

中国是个自然灾害多发的国家。近50多年来,全国有1.5亿～3.5亿人口、25%～30%的农作物受灾,20世纪90年代以后,每年突发性自然灾害造成的直接经济损失已达2000亿人民币以上。自然灾害使自然环境遭到了严重破坏,人类生命财产受到巨大损失,影响了社会经济发展和安全(高庆华等,2007)。淮河流域是我国重要的农业区,也是我国自然灾害灾情最为严重的地区之一(刘燕华等,1995),其中旱涝灾害是主要灾害,成为制约该区农业和国民经济可持续发展的重要障碍因素。

灾害评估就是对自然灾害的灾情,包括强度、规模、损失和影响进行评价和估算。自然灾害损失评估既是自然科学灾害研究的基础,也是自然科学灾害研究直接为社会服务的途径和成果,具有广泛而重要的意义。自然灾害评估为政府有关部门合理安排筹措和分配救灾资金、保险部门进行灾后损失理赔提供依据,有利于防灾减灾和灾后重建科学化;灾害评估还是灾害风险区划的基础,可为灾害预测提供重要的理论依据和现实参考;其中由于旱涝灾害与合理使用水资源关系密切,因此旱涝灾害评估对水资源评价和开发利用具有重要参考价值;此外,灾害评估还有利于使政府和人民正确认识灾害,了解灾情,提高灾害意识,推动减灾事业发展(高庆华等,2007)。

1.2.2.3 灾害损失评估的基本方法

灾害损失评估是灾害评估的重要内容之一,是对一次灾害事件或一个地区的自然灾害所造成的危害,即损失程度进行的评估。可分为单类灾害危害性评估和综合灾害危害性评估。灾害危害性评估一般是在危险性评估的基础上进行的。为了进行灾害危害性评估,还必须进行人口密度以及经济受灾体易损性评估和抗灾能力评估(高庆华等,2007)。农业旱涝灾害损失评估在仅针对旱灾或涝灾时,属于单类灾害危害性评估,当评估旱涝灾害的综合损失时又属于综合灾害危害性评估。

按照自然灾害的孕育和发展过程,灾害损失评估分阶段进行,一般可划分为三类,即灾害发生之前的预评估、灾害发生过程的监测性评估和灾害发生之后的实测性评估。

灾前预评估或称风险评估,即根据致灾因子预测、历史灾害规律研究、承灾体性质和易损性分析,以及防灾能力评价等,在灾前对未来灾害可能达到的强度与频度以及可能发生的灾害损失做出预估。这是制定防灾规划和经济建设规划的重要依据。

灾中监测性评估或称跟踪评估,即随着灾害的发展,及时对已经造成的灾害损失和将要造成的灾害损失进行评估。这是抗灾救灾和灾害应急的重要依据。

灾后实测性评估,即在灾后进行实地考察、统计分析后评定灾害损失。这是灾情统计和灾害善后的重要依据。

由于自然灾害种类繁多,承灾体千差万别,孕灾环境的构成也十分复杂,评估的分类和性质多样,因此如何进行灾害损失评估,意见尚不统一。但是总的来说,评估的内容主要包括两个方面,一是建立评估的指标体系,二是给出评估方法(高庆华等,2007)。

灾前预评估方法,主要根据灾害风险的定义(张继权,2006),即

自然灾害风险度=危险性(度)×暴露(受灾财产价值)×脆弱性(度)×防灾减灾能力

对旱涝灾害来说,即是利用气象预报的旱涝灾害的强度概率,结合收集到的区域暴露性、脆弱性和抗灾能力等数据构建风险评估模型,通过风险评估指标评估即将到来的灾害风险。

灾中和灾后的灾害损失评估方法根据评估对象和用途而异。有快速的调查累计评估、抽样调查统计评估和遥测遥感评估等方法;也有定量化的模型评估方法,即根据灾害损失评估的要求和准则、指标体系、目标和层次建立数学模型(高庆华等,2009)。其中,搜集尽可能全面的建模指标数据和灾情资料、获得尽可能详细的灾情调查信息是提高模型评估准确性和时效性的关键因素。

1.3 农业旱涝灾害损失评估研究现状和发展趋势

20世纪80年代以来,我国学者以人工控制条件和大田试验以及灾害资料统计分析为基础,形成了农业干旱指标体系,并以此为基础进行农业干旱影响研究,90年代以后,随着灾害系统理论的逐步深化、作物模型的日趋成熟以及3S技术[3S技术是遥感技术(Remote Senescing,RS)、地理信息系统(Geographical Information System,GIS)、全球定位系统(Global

Positioning System,GPS)这三种技术名词英文缩写中最后一个字母的集合,为这三种技术统称。]的广泛应用,农业干旱影响评估中的脆弱性因素得到加强,机理性研究逐步深入,学科间数据和方法的融合和渗透不断拓展,使得评估指标和评估方法逐步向多样化和综合性发展,评估结果的时空精细化程度不断提高。

相对于干旱灾害的研究,我国对洪涝灾害损失评估的研究起步较晚,20 世纪 80 年代末,随着"国际减灾十年"活动在我国的逐步开展,洪灾经济损失调查评估研究工作,才引起我国政府和学术界的广泛关注(蒋尚明等,2011)。由于洪涝灾害包括洪灾、涝灾和渍害等性质不同又互相联系的内容,因此在洪涝灾害的研究中形成不同的侧重,其中洪灾因其突发性和影响的广泛性而受到重视,而对农作物生长影响严重的涝灾和渍害损失评估研究在深度和广度方面都不够,不过近年来我国南部地区的涝渍灾害对农业影响的研究逐步得到重视(马晓群等,2003;盛绍学等,2008;房稳静等,2008)。

1.3.1　农业旱涝灾害损失评估的研究现状

1.3.1.1　农业旱涝灾害损失评估指标

(1)旱涝强度指标

农业气象指标。直接反映供水状况的指标有降水量、连续无降水日数、降水距平百分率等。这些指标资料容易获得、直观性好,在农业生产实际中得到广泛应用,特别是对于地下水位较深而又无灌溉条件的旱地农业区是一种有用的评价农业干旱的指标(朱自玺等,2003);水分供求差或水分供求比指标反映了某段时间可供水量与作物需水量的关系,比仅用降水量指标更合理;此外,还有以从土壤—植物—大气系统出发,以反映作物生长与水分利用关系的物理量作为农业干旱指标,如相对蒸散(实际蒸散和潜在蒸散比)、作物干旱指数(实际蒸散和潜在蒸散差)等(王石立等,1998;韩宇平等,2013)。针对涝渍灾害的特征构建的 Q 指数和 Q_w 指数,因指标中含有降水量、降水日数和日照时数等气象要素,可以更好地描述涝渍灾害的特征(黄毓华等,2000;霍治国等,2009)。

土壤水分指标。土壤水分亏缺情况是决定农业干旱程度的关键。有土壤相对湿度(土壤含水量占田间持水量的比值)、土壤有效水分存储量(土壤某一厚度层中存储的能被植物根系吸收的水分)等指标,其优点除简便、直观、资料容易获得外,还在于可基于农田水量平衡原理,方便地建立起土壤—大气—植物三者之间的水分交换关系或土壤水分模型(康绍忠,1994)。土壤含水量(土壤相对湿度)指标是目前研究比较成熟,且能较好地反映作物旱情状况的可行指标。

淹没深度和持续时间。涝灾的危害程度随着淹水深度和持续时间增加而加重,常用淹水深度和持续时间的乘积作为涝灾胁迫强度指标,而渍害胁迫强度指标则主要用渍水的持续时间表示。作为涝灾和渍害指标的设置,涝灾淹水深度有 5cm、10cm、30cm 等绝对度量,也有作物株高的 50%、75%、100%(没顶)等相对度量,持续时间有 1d、3d、5d、7d,或 2d、4d、8d 等(李香颜等,2011;刘祖贵等,2013);渍害则通常将土壤水分控制在相对湿度的 90% 以上,土壤表面或有 1~2cm 浅层积水,持续时间通常设置为 10d、20d 等(李金才等,2000)。设置时段因作物或研究目的而异,一般选择作物的不同发育期,特别是需水关键期,比如冬小麦和玉米分别在拔节期和抽穗(雄)期。水利部门的涝渍指标常用淹水后地下水位维持在一定埋深水平的时间,并以地表累计水深与地下超标准累计水深作为描述涝害与渍害的指标(钱龙等,2013)。

遥感指标。农业干旱程度可以通过遥感监测获取,主要有可见光—近红外、热红外和微波遥感三大类型。可见光—近红外方法借助于土壤反射率随土壤水分增加而降低的特点,综合考虑植被生长状况和水分胁迫状况估算土壤含水量,比较常用的指数有归一化植被指数(NDVI)、植被状态指数和植被温度状态指数(VTCI);热红外遥感方法依据水分平衡与能量平衡的基本原理,通过土壤表面发射率(比辐射率)和地表温度之间的关系估算土壤水分;微波遥感方法则是基于土壤介电常数、后向散射系数和土壤水分含量之间的关系估算土壤水分(张俊等,2011)。

综合指标。农业干旱的发生受到多种因素的综合影响,利用单因素旱情指标很难全面反映干旱对作物光合作用、干物质产量以及籽粒产量等的影响。综合类指标因其概念明确,考虑因素多,具有广泛的理论和实用价值。基于农田水分平衡方程的综合干旱指数——帕尔默干旱强度指数(Palmer Drought Severity Index,PDSI)由于能够对异常干旱和异常潮湿做出反映,已成为美国各州政府机构启动干旱救助计划的依据(商彦蕊,2004)。安顺清等对 PSDI 指数进行了修正,使之更为适应中国的实际情况(安顺清等,1985;刘巍巍等,2004)。

(2)旱涝敏感性和脆弱性指标

自然因素指标。首先是农作物水分敏感性指标,不同作物或作物的不同发育阶段对水分的敏感性不同,导致在同样的旱涝灾害强度下的损失差异;地形地貌特征和植被覆盖度决定了降水的重新分配;土壤质地的差异决定了土壤稳水保墒能力的高低等(何艳芬等,2008)。

社会经济因素指标。社会经济因素有数量型和价值量型两类。数量型指标包括耕地面积、农作物播种面积、有效灌溉面积,经济密度、耕作制度等;价值量型指标包括粮食产量等(姚玉璧等,2013)。社会经济因素决定了农业系统对水分异常的调节和缓解能力。

(3)旱涝灾情指标

作物形态指标。利用作物长势、长相作为作物缺水诊断的指标,可用于小范围内作物旱灾灾情诊断。但这些形态症状是作物受到水分亏缺时生理生化过程改变的后果,表现出来时可能已影响到作物正常生长发育,另外由于它属于定性指标,不能量化,难免带有主观性,一般不易掌握好,难以应用于大范围的旱情诊断(王密侠等,1998)。

作物生理指标。有叶水势、气孔导度、细胞汁液浓度、冠层温度等,是目前国内外普遍认为可直接反映作物水分供应状况的最灵敏的指标。由于其中多数存在一些尚待解决的问题,如作物不同生育期对水分亏缺反应的差异、指标测定比较困难、代表性差等,目前仅停留在研究、示范阶段,但是通过卫星监测而获得的,反映农田水分平均状况的冠层温度,已成为一种判别作物旱情状态的重要指标(王密侠等,1998)。

减产率指标。旱涝灾害对农作物的最终影响是导致产量降低,因此减产率是最直接的评估指标。通常用当年作物单产与前一年或前几年作物单产平均值比较的相对减产率作为影响指标,或通过对历史实际产量的趋势处理,获得相对气象产量,从而得到由气象因素造成的作物减产率。宫德吉等(1999)提出的"期望产量"概念,即减产率参照的对象是"在作物生长的各阶段特别是关键生育期气候正常,无气象灾害发生时的作物产量",也在灾害损失评估中得到广泛应用(徐为根等,2002;刘静等,2004;陈素华,2007)。在作物生长模型的干旱影响研究中则通过引入水分修正因子,采用生物量距平作为评估水分胁迫的生物量损失指标(张黎等,2005;刘骁月等,2013,曹阳等,2014)。

1.3.1.2　农业旱涝灾害损失评估方法

(1)灾害风险评估

国外对自然灾害风险评估的研究始于 20 世纪 20 年代,最初的研究多局限于关注致灾因子发生的概率,即自然灾害发生的可能性(包括时间、强度等),而对孕灾环境的脆弱性研究不多(Hewitt,1998)。随着自然灾害对社会影响的不断增强和灾害研究的不断深入,20 世纪 70 年代以后,灾害风险评估发展为更加关注致灾因子作用的对象,与社会经济条件的分析结合起来。20 世纪 90 年代,自然灾害风险评估又考虑了孕灾环境的暴露度和敏感性,从这一时期开始,灾害风险评估转变为包括致灾因子、暴露度(敏感性)和脆弱性的分析及其它们之间的相互作用分析(姚玉璧等,2013)。

农业气象灾害风险评估在中国大致开始于 20 世纪 90 年代,前期以灾害风险分析技术方法探索研究为主,探讨了以风险分析技术为核心的农业自然灾害风险分析的理论、概念、方法和模型,对危险性因子考虑比较充分,而对脆弱性和抗灾能力因子考虑较少或间接考虑。后来逐步发展到以灾害影响评估的风险化、数量化技术方法为主,构建灾害风险分析、跟踪评价、灾后评估、应变对策的技术体系(王石立,1997;霍治国等,2003;王素艳等,2005;陈怀亮等,2009)。由于在区域灾害危险性评价中往往难以得到准确全面的数据,近年来,一种优化利用不完备信息进行评估的模糊信息扩散技术在自然灾害风险评估中得到了越来越广泛的应用(黄崇福等,1998;杜晓燕等,2009;李芬等,2011)。

(2)灾害损失评估

田间试验。由于旱涝灾害是以田间水分亏缺或饱和受淹为特征,因此模拟作物受灾情景的田间水分控制试验是旱涝影响评估的基础。通过设置不同水平的干旱或涝渍处理,同步观测农作物生长发育状态、生物量和产量,一方面可以直接进行灾害影响评估,另一方面,试验数据和指标可以作为统计模型和作物生长模型的构建基础数据。

数理统计评估模型。对于干旱灾损评估,20 世纪 90 年代之前,大多数数理统计评估模型研究侧重降水量与作物需水量的关系、降水量与产量的关系等,所用指标缺乏农业生产过程中的非气象因素,如生产结构和经营管理投入,防灾减灾行为等,而这些非降水因素对农作物承灾体的脆弱性起着重要的作用,可对干旱起到缓解或强化作用,进而影响最终灾情(商彦蕊,2004)。随着研究的不断发展和深入,目前干旱影响评估多从灾害强度、灾害覆盖度、作物对灾害的敏感度、抗灾能力以及社会生产力水平等因素入手,构建灾害评估指标体系;采用回归分析、模糊数学方法、层次分析法等多种数学方法,构建干旱评估模型,进行农业气象灾害定性或定量评估(宋莉莉等,2001;干莲君等,2001;马晓群等,2010;廖玉芳等,2013)。还有采用作物水分生产函数——Jensen 模型,建立土壤水分状况与作物产量水平之间的某种定量关系,通过对土壤水分变化的描述动态评估农业干旱程度(尹正杰等,2009),提高了统计模型评估的机理性。

在涝灾损失评估方面,除了和干旱灾损相似的评估方法外,还有专门针对涝渍灾害特点的评估模型,例如,邵光成等(2010)基于试验数据建立了涝渍连续抑制天数与小麦相对气象产量之间的 CSDI 关系模型,得出抽穗开花期涝渍对小麦光合速率、气孔导度、蒸腾速率有明显的抑制作用,最终导致产量降低。钱龙、叶阳等(2013,2014)尝试开展了将涝渍胁迫指标替换水分亏缺条件下土壤水分状况指标,将适用于干旱胁迫的作物水分生产函数改进为亦适用于涝渍胁迫条件,研究淹水胁迫条件下玉米全生育期生育性状、产量要素的响应规律,动态评估涝渍胁迫对作物的影响。

作物生长评估模型。我国作物生长模拟和模式研究始于 20 世纪 80 年代,90 年代以来在稻、麦、棉等主要农作物生长模型方面取得明显进展(张养才等,2001)。作物生长模型以气象、作物和土壤等要素为环境驱动因子,动态地模拟气候等环境因子影响下作物的生长发育过程,估算水分胁迫对作物生长发育及产量形成的影响。作物生长模型在农业干旱评估中的优势在于机理性强,可以较好地反映出作物生育进程、产量与各生育阶段温度、降水量以及土壤水分动态的关系,近年来在农业干旱影响定量评估方面取得长足进步(王石立等,1998;张建平等,2013;吴玮,2013)。但是由于通过常规手段难以准确获得大面积土壤水分含量、灌溉量以及土壤水文常数等变量和参数,作物生长模拟模型在区域应用方面还存在一定难度。目前一些学者采取利用遥感反演得到的作物或土壤水分信息调整作物模型,或利用遥感数据直接估算作物水分胁迫系数等方法,实现区域尺度水分限制条件下作物生长发育及产量形成模拟,取得一定进展(张黎等,2005;王治海,2013)。

涝渍对作物生长影响评估的核心是分析土壤水分过多条件下对作物生理和产量影响的过程。石春林等(2003)在 WCSODS(小麦模拟优化决策系统)中增加了过量土壤水对小麦光合作用、干物质分配、叶片衰老等影响模块,实现了渍害条件下对冬小麦生长和产量的模拟,胡继超等(2004)在考虑渍水持续时间长短和不同生育阶段对渍水敏感性差异的基础上,研制了支持作物生长模型的渍水胁迫影响因子算法。在玉米涝渍害模拟方面,杨京平(2001)、陈杰(2003)等在 MACROS 模型的土壤水分平衡模块中新增了连续渍水时间变量,引入了渍水对光合速率、干物质分配以及发育速率延迟等系列参数,构建了水分过多情形下叶片及根系死亡速率的线性函数和敏感系数,增强了渍水条件下玉米生长的模拟能力。

1.3.2　农业旱涝灾害损失评估研究中存在的问题

旱涝灾害损失评估研究虽然取得了长足的进展,但是仍然存在一些不足。旱涝灾害的形成是一个复杂的过程,既与地球运动和全球气候变化有关,也与社会的响应有关,因此它既具有自然属性也具有社会属性,涉及的因子除了气象条件外,还包括很多自然因素和社会经济因素。但是目前的评估指标多数只考虑一类或几类因素的影响,尤其是对社会经济因素考虑不足,一些指标机理性不强,定量化和客观化程度不高,遥感监测间接估算土壤水分的精度还不够。模型研究方面,目前,灾害风险评估主要是以大尺度研究为主,对次区域及其区域内不同尺度干旱灾害风险实证研究较少;在农业灾害风险评估中,缺乏适用于某种作物的针对性风险评估。对不同尺度干旱灾害风险评估在数据获取、研究方法、风险表达和结果精度、尺度效应和耦合应用方面尚不够。灾损评估的数理统计模型多数是静态的,大多只能在灾害发生后进行评估,不能适应现代农业气象发展的需要,作物生长模型还没有形成成熟的定量化评估方法,诸多生理生态过程仍需要深入研究并进一步完善(高庆华等,2009;陈怀亮等,2009;余卫东,2009;韩宇平等,2013;姚玉璧等,2013)。

1.3.3　农业旱涝灾害损失评估研究的发展趋势

农业旱涝是我国发生广泛、危害严重、形成和影响因子复杂的气象灾害。其影响评估的发展趋势将是从宏观和微观角度全面评估灾害的发生发展,提高评估的准确性、时效性和精细化程度。

在评估指标方面,田间模拟试验和指标(阈值)的研究至关重要(谢立勇等,2014),由于脆弱性在灾情中的重要作用,要更加注重脆弱性中的社会经济因素指标的研究、提高指标的综合性、机理性和系统性,比如涝渍指标需要进一步以土壤水分平衡为核心,考虑地下水位、土壤质地、作物品种、田间管理等对灾情的影响,建立综合考虑作物生长发育、农田蒸散、降水、径流等因素的作物涝渍指标(陈怀亮等,2009;余卫东等,2013);与此同时,要提高指标的客观准确性,比如将干旱指数与农业灾情的实际统计资料统一起来,更好地验证建立的干旱指数,将是农业干旱指数研究未来的一个重点关注方向(张俊等,2011)

在评估方法方面,集 3S 技术一体的高时空分辨率的灾害评估体系将成为未来业务应用的重点,定量化、动态化的评估技术将向精细化方向发展。为此要重视灾害基础研究,包括灾害基础理论的深化和发展、灾情的定量估算方法、社会经济因素对灾情的影响,以及旱涝灾害影响机理的数值模拟;深入探讨并解决传统评估方法和新技术结合中的关键技术问题,加强综合及整体评估的方法研究。由于旱涝灾害评估的牵涉面广,需要丰富的基础数据支持,因此要提高基础数据共享度,注重不同源数据的比较和匹配等的研究;形成旱涝灾前预评估、灾中应急评估、灾后综合评估的干旱评估指标体系和方法体系,才能获得更好的评估结果(王春乙等,2005;李芬等,2011;张俊等,2011)。

1.4　本章小结

(1)淮河流域地处我国东部,农业气候资源丰富,雨热同季,是我国重要的农业生产基地。但是由于气候的过渡性和不稳定性特征,导致降水时空变率大,稳定性差,加之破碎的地表和地貌类型以及水系不对称式的南北差异,构成了淮河流域旱涝易发的脆弱生态环境,是我国旱涝灾害发生最为频繁的地区之一,加上经济发展水平不高,对灾害管理能力薄弱,已成为制约该区农业和国民经济可持续发展的重要障碍因素。

(2)农业旱涝灾害是由水分供给异常导致作物生长环境和体内水分失衡,引起作物生长发育受阻、产量降低甚至绝收的农业气象灾害。旱涝对农作物影响的严重程度是由孕灾环境、致灾因子、承灾体之间相互作用形成的,其轻重取决于孕灾环境的脆弱性、致灾因子的风险性及承灾体的敏感性。灾害评估有利于使政府和人民正确认识灾害,了解灾情,提高灾害意识,推动减灾事业发展。

(3)农业旱涝灾害损失评估的对象是农作物,评估技术主要包括建立评估指标体系和确定评估方法两方面。旱涝灾害强度指标主要有农业气象指标、土壤湿度指标以及针对干旱和涝渍的特定指标,灾情指标有作物的形态、生理和减产率。评估方法主要有数理统计方法和作物模拟模型方法。提高评估的准确性和精细化程度是发展目标,加强旱涝灾害的社会属性和机理性研究是重点研究方向,传统评估方法和新技术结合是必然的发展趋势。

参考文献

安顺清,邢久星.1985.修正的帕默尔干旱指数及其应用[J].气象,**11**(12):17-19.

曹阳,杨婕,熊伟,等.2014.1961—2010 年潜在干旱对我国夏玉米产量影响的模拟分析[J].生态学报,**34**(2):421-429.

陈怀亮,张红卫,刘荣花,等.2009.中国农业干旱的监测、预警和灾损评估[J].科技导报,**27**(11):82-92.

陈杰,杨京平.2003.玉米渍水模拟模型研究及验证[J].作物学报,**29**(3):436-440.

陈素华.2004.干旱对内蒙古粮食产量的影响及其评估方法的建立[J].华北农学报,**19**(增刊1):81-84.

陈晓艺,马晓群,岳伟.2009.安徽省淮河流域的气候变化及其对农业生产的影响//高原山地气象研究暨西南区域气象学术交流会论文集[C].成都:成都高原气象研究所:390-393.

陈耀斌.2011.淮河流域气候变化及其对河流水质水量的影响[D].郑州大学硕士论文.

陈远生.1995.淮河流域洪涝灾害与对策[M].北京:中国科学技术出版社:1-3.

程纯枢,冯秀藻,刘明孝,等.1986.中国农业百科全书·农业气象卷[M].北京:农业出版社:260,324.

褚德义.2012.红线约束下的淮河流域水资源利用现状与未来[J].治淮,(7):4-6.

杜晓燕,黄岁樑,赵庆香.2009.基于信息扩散理论的天津旱涝灾害危险性评估[J].灾害学,**24**(1):22-25.

房稳静,武建华,陈松,等.2008.驻马店市渍涝灾害灾损影响因子及损失评估研究[J].安徽农业科学.**36**(33):14729-14730,14761.

干莲君,项瑛,田心茹.2001.江苏旱涝灾害对农作物经济损失评估的探讨[J].气象科学,**21**(1):122-126.

高庆华,马宗晋,张业成,等.2007.自然灾害评估[M].北京:气象出版社.

宫德吉,陈素华.1999.农业气象灾害损失评估方法及其在产量预报中的应用[J].应用气象学报,**10**(1):66-71.

顾万龙,王纪军,朱业玉,等.2010.淮河流域降水量年内分配变化规律分析[J].长江流域资源与环境,**19**(4):426-431.

郭虎,王瑛,王芳.2008.旱灾灾情监测中的遥感应用综述[J].遥感技术与应用,**23**(1):111-116.

郭鹏,邹春辉,王旭.2011.淮河流域水资源与水环境问题及对策研究[J].气象与环境科学,**34**(增刊1):96-99.

韩湘玲.1986.中国农作物种植制度气候区划[J].耕作与栽培,2-18.

韩宇平,张功瑾,王富强.2013.农业干旱监测指标研究进展[J].华北水利水电学院学报,**34**(1):74-78.

何艳芬,张柏,刘志明.2008.农业旱灾及其指标系统研究[J].干旱地区农业研究,**26**(5):239-244.

胡继超,曹卫星,罗卫红,等.2004.小麦水分胁迫影响因子的定量研究Ⅱ.模型的建立与测试[J].作物学报,**30**(5):460-464.

胡续礼,姜小三,潘剑君,等.2007.GIS支持下淮河流域土壤侵蚀的综合评价[J].土壤,**39**(3):404-407.

黄崇福,刘新立,周国贤,等.1998.以历史灾情资料为依据的农业自然灾害风险评估方法[J].自然灾害学报,**7**(2):1-9.

黄毓华,武金岗.2000.高苹淮河以南春季三麦阴湿害的判别方法[J].中国农业气象,(1):23-26.

霍治国,李世奎,王素艳,等.2003.主要农业气象灾害风险评估技术及其应用研究[J].自然资源学报,**18**(6):692-703.

霍治国,盛绍学,柏秦凤.2009.QX/T 107—2009冬小麦、油菜涝渍等级[S].北京:气象出版社.

霍治国,王石立,等.2009.农业和生物气象灾害[M].北京:气象出版社.

蒋尚明,王友贞,汤广民,等.2011.淮北平原主要农作物涝渍灾害损失评估研究[J].水利水电技术,**42**(8):63-67.

康绍忠,熊运章.作物缺水状况的判别方法与灌水指标的研究[J].水利学报,1991.(1):34-39.

李芬,于文金,张建新,等.2011.干旱灾害评估研究进展[J].地理科学进展,**30**(7):891-897.

李金才,魏凤珍,余松烈,等.2000.孕穗期渍水对冬小麦根系衰老的影响[J].应用生态学报,**11**(5):723-726.

李茂松,李森,李育慧.2003.中国近50年旱灾灾情分析[J].中国农业气象,**24**(1):7-10.

李香颜,刘忠阳,李彤霄.2011.淹水对河南省不同地区夏玉米生长及产量的影响[J].安徽农业科学,**39**(32):19849-19851.

李燕.2012.淮河中游易涝洼地涝灾特性及成因研究[J].水利水电技术,**43**(6):93-96.

廖玉芳,李超,彭嘉栋,等.2013.湖南水稻干旱评估方法研究[J].中国农学通报,**29**(9):16-24.

刘胡祥,陈若礼,朝金华.2005.淮北地区夏玉米生育期气候资源的配置与提高单产的措施[J].玉米科学,**13**

（增刊）：120-121.

刘静，王连喜，马力文，等.2004.中国西北旱作小麦干旱灾害损失评估方法研究[J].中国农业科学,37(2)：201-207.

刘顺生.2012.淮河流域水土保持监测分区研究[D].山东农业大学硕士论文.

刘巍巍,安顺清,刘庚山,等.2004.帕默尔旱度模式的进一步修正[J].应用气象学报,15(2):207-216.

刘骁月,王鹏新,张树誉,等.2013.基于作物模型模拟年际生物量变化的冬小麦干旱监测研究[J].干旱地区农业研究,31(1):212-218.

刘燕华,李钜章,赵跃龙.1995.中国近期自然灾害程度的区域特征[J].地理研究,14(3):14-25.

刘祖贵,刘战东,肖俊夫,等.2013.苗期与拔节期淹涝抑制夏玉米生长发育、降低产量[J].农业工程学报,29(5):44-52.

马晓群,陈晓艺,盛绍学.2003.安徽省冬小麦渍涝灾害损失评估模型研究[J].自然灾害学报,12(1):158-159.

马晓群,陈晓艺,姚筠.2009.安徽淮河流域各级降水时空变化及其对农业的影响[J].中国农业气象,30(1):25-30.

马晓群,姚筠,许莹.2010.安徽省农作物干旱损失动态评估模型及其试用[J].灾害学,25(1):13-17.

钱龙,王修贵,罗文兵,等.2013.涝渍胁迫条件下 Morgan 模型的试验研究[J].农业工程学报,29(16):92-101.

商彦蕊.2004.农业旱灾研究进展[J].地理与地理信息科学,20(4):101-105.

邵光成,俞双恩,刘娜,等.2010.以涝渍连续抑制天数为冬小麦排水指标的试验[J].农业工程学报,26(8):56-60.

沈显生,周忠泽.2001.淮河中上游山地和丘陵的植被改造[J].山地学报,19(3):285-288.

盛绍学,石磊,李彪.2008.安徽省油菜涝渍灾害孕灾环境特征及其指标研究[J].安徽农业科学,36(30):13099-13101,13189.

石春林,金之庆.2003.基于 WCSODS 的小麦渍害模型及其在灾害预警上的应用[J].应用气象学报,14(4):462-468.

史培军.1996.再论灾害研究的理论与实践[J].自然灾害学报,5(4):104-114.

宋丽莉,王春林,董永春.2001.水稻干旱动态模拟及干旱损失评估[J].应用气象学报,12(2):226-233.

田红,高超,谢志清,等.2012.淮河流域气候变化影响评估报告[M].北京:气象出版社.

汪跃军.2005.淮河流域地表水资源可利用量估算成果分析[J].治淮,(6):19-21.

王春乙,王石立,霍治国,等.2005.近 10 年来中国主要农业气象灾害监测预警与评估技术研究进展[J].气象学报,63(5):659-671.

王浩.2007.淮河流域农业节水措施研究[D].河海大学硕士论文.

王建源.2006.气候变暖对山东省农业的影响[J].资源科学,28(1):163-168.

王凌河,赵志轩,黄站峰,等.2009.黄淮海地区农业水问题及保障性对策[J].生态学杂志,28(10):2094-2101.

王密侠,马成军,蔡焕杰.1998.农业干旱指标研究与进展[J].干旱地区农业研究,16(3):119-124.

王石立,娄秀荣,庄立伟.1998.相对蒸散在冬小麦干旱宏观评估中的应用[J].气象学报,56(1):104-111.

王石立,娄秀荣.1997.华北地区冬小麦干旱风险评估的初步研究[J].自然灾害学报,6(3):63-68.

王石立.1998.冬小麦生长模式及其在干旱影响评估中的应用[J].应用气象学报,9(1):15-23.

王素艳,霍治国,李世奎,等.2005.北方冬小麦干旱灾损风险区划[J].作物学报,31(3):267-274.

王又丰.2001.淮河流域农业气候资源条件分析[J].安徽农业科学,29(3):399-403.

王雨,杨修.2007.黑龙江省水稻气象灾害损失评估[J].中国农业气象,28(4):457-459.

王治海.2013.基于遥感信息的区域农业干旱模拟技术研究[D].中国气科院硕士学位论文.

吴立,刘红叶,张智玲.2008.淮河流域水资源环境与可持续利用[J].资源开发与市场,24(3):270-271.

吴玮.2013.基于 GECROS 模型的黄淮海地区夏玉米旱涝灾害评估研究[D].南京信息工程大学:1-2.

谢立勇,李悦,徐玉秀,等.2014.气候变化对农业生产与粮食安全影响的新认知[J].气候变化研究进展,10

(4):235-239.

徐为根,高苹,张旭晖,等.2002.农业气象灾害对江苏淮北地区冬小麦产量的影响分析[J].灾害学,17(1):
　　41-46.

许朗,欧真真.2012.淮河流域农业用水问题及保障性对策分析[J].水利发展研究,(2):43-47.

杨京平,陈杰.2001.计算机模拟渍水时期及持续时间对春玉米生长及产量的影响[J].生物数学学报,16(3):
　　353-361.

叶阳,王矿.2014.淮河流域玉米受淹胁迫试验研究[J].治淮,(11):19-20.

叶正伟.2007.基于生态脆弱性的淮河流域水土保持策略研究.[J].水土保持通报,27(3):141-145,156.

尹正杰,黄薇,陈进.2009.基于土壤墒情模拟的农业干旱动态评估[J].灌溉排水学报,28(3):5-8.

于旭东,樊景豪.2002.菏泽市近20年气候变化及其对农业生产的影响[J].菏泽师专学报,24(4):48-50.

余卫东,等.2013.玉米涝渍灾害研究进展与展望[J].玉米科学,21(4):143-147.

张继权,冈田宪夫,多多纳裕一.2006.综合自然灾害风险管理——全面整合的模式与中国的战略选择[J].自
　　然灾害学报,15(1):29-37.

张家诚,安顺清,朱自玺,等.1991.作物水分胁迫与干旱研究[M].郑州:河南科学技术出版社.

张建平,赵艳霞,王春乙,等.2013.基于WOFOST作物生长模型的冬小麦干旱影响评估技术[J].生态学报,
　　33(6):1762-1769.

张俊,陈桂亚,杨文发.2011.国内外干旱研究进展综述[J].人民长江,42(10):65-69.

张俊民,过兴度.1981.砂姜黑土生态系统的特点和综合治理问题[J].安徽农业科学,(3):36-42.

张黎,王石立,马玉平.2005.遥感信息应用于区域尺度水分限制条件下作物生长模拟的研究进展[J].应用生
　　态学报,16(6):1156-1162.

张养才,王石立,李文,等.2001.中国亚热带山区农业气候资源研究[M].北京:气象出版社:23-26.

赵晖,刘淼,李瑞.2010.淮河流域地下水资源调查评价与利用研究[J].地下水,32(3):44-47.

朱自玺,刘荣花,方文松,等.2003.华北地区冬小麦干旱评估指标研究[J].自然灾害学报,12(1):145-150.

Blaikic P, Cannon T, Davis I, Wisner B. 1994. At Risk: Natural Hazard, People's Vulnerability and Disas-
　　ters[M]. London: Routledge: 73-76,141-156.

Hewitt K. 1998. Excluded perspectives in the social construction of disaster// Quarantelli E L. What Is a Dis-
　　aster Perspectives on the Question[C]. New York: Routledge.

第 2 章　淮河流域旱涝及其对农业的影响

淮河流域是我国旱涝灾害最为频繁的区域之一,自古有"大雨大灾,小雨小灾,无雨旱灾"的说法。新中国成立后淮河流域虽然新建了大量的水利工程,形成了比较完善的防洪、除涝、灌溉、供水等工程体系,但旱涝灾害仍然是淮河流域农业生产的重大阻碍。降水的多寡是旱涝灾害发生的直接原因,土壤墒情的好坏可直接判别旱涝及其严重程度,旱涝给淮河流域农业生产带来了严重危害也制约了该区的农业气候生产潜力。本章利用观测资料分析淮河流域降水和土壤墒情的时空变化特征以及淮河流域历史旱涝灾害实况,并分析降水变化对农作物气候生产潜力的影响。

2.1　淮河流域降水的时空变化特征

2.1.1　分析方法

利用 1971—2010 年淮河流域 171 站降水量逐日观测数据,采用趋势系数、降水变率、降水集中度等指标分析降水量、降水日数(降水量≥0.1mm 的日数)、持续 3d 以上降水日数、持续 3d 以上无降水日数和暴雨日数(降水量≥50.0mm 的日数)的时空分布特征。分析时段有全年、主要生长季(4—10 月)和冬小麦生长季(10 月—翌年 5 月)。

(1)时间变化趋势

气候趋势系数(r)为 n 年气候要素序列与自然数列之间的相关系数,反映了气候要素随时间变化趋势(任国玉等,2000)。公式为

$$r = \frac{\sum\limits_{i=1}^{n}(x_i - \bar{x})(i - t)}{\sqrt{\sum\limits_{i=1}^{n}(x_i - \bar{x})^2 \sum\limits_{i=1}^{n}(i - t)^2}} \qquad (2\text{-}1)$$

$$t = (n + 1)/2$$

式中,x_i 为某时间段内第 i 年的气象要素值,n 为年数,$\bar{x}$ 为 n 年要素平均值。当 r 为正(负)时,表示要素有随自然数列线性增加(减少)的趋势。

n 的变数 $t = r\sqrt{n-1}/\sqrt{1-r^2}$ 服从自由度为 $n-2$ 的 t 分布,可用 t 分布检验这两个变量是否真正相关,及其相关程度的显著性水平。

(2)年际波动

降水变率是用于表示降水量变动程度的统计量。分降水绝对变率和降水相对变率两种。一般说来,降水相对变率比绝对变率更具有意义,也常用降水变率代指降水相对变率。降水相对变率的计算公式(么枕生,1958)为

$$C_v = \frac{1}{\overline{B}} \times \frac{\sum\limits_{i=1}^{n} |(B_i - \overline{B})|}{n} \times 100\% \qquad (2-2)$$

式中，C_v 为降水变率，B_i 为每年的降水量，$\overline{B}$ 为多年降水均值，n 为统计的年数。

降水变率的大小反映了降水的稳定性或可靠性。某一地区或某一时段降水变率越大，表明该区或该时段降水越不稳定，旱涝风险越大；反之，降水变率越小，则降水的稳定性越高，水资源的利用价值也越高。

（3）年内分配特性

降水的年内分配特性以降水集中度（precipitation concentration degree，PCD）和降水集中期（precipitation concentration period，PCP）两个指标表示。降水集中度是一种度量降水量年内非均匀分配的方法，能够很好地反映年总降水量的年内非均匀分配的特性（张天宇等，2007；顾万龙等，2010）。公式为

$$CN_i = \sqrt{R_{xi}^2 + R_{yi}^2} / R_i \qquad (2-3)$$

$$D_i = \arctan(R_{xi}/R_{yi}) \qquad (2-4)$$

$$R_{xi} = \sum_{j=1}^{N} r_{ij} \times \sin\theta_j$$

$$R_{yi} = \sum_{j=1}^{N} r_{ij} \times \cos\theta_j$$

式中，CN_i 和 D_i 分别为某年的降水集中度（PCD）和降水集中期（PCP），R_i 为某站年内总降水量，r 为年内某旬的降水量，θ_j 为年内各旬对应的方位角（整个研究时段的方位角设为 $360°$），i 为年份（$i=1971,1972,\cdots,2010$ 年），j 为研究时段内的旬序（$j=1,2,\cdots,N$）。

CN_i 和 D_i 的数值在 $0\sim1$ 之间，数值越大表示降水的集中度越高。

（4）暴雨特征分析

根据降水级别的定义，将日降水量达到和超过 50mm 的降水称为暴雨。从淮河流域 171 站降水量逐日降水数据中，挑选并统计各站逐年日降水量≥50mm 的雨量和雨日，进行时空变化特征分析（荣艳淑等，2007）。

2.1.2　降水量的时空变化特征

2.1.2.1　降水量的空间分布

（1）年降水量。淮河流域近 40a（1971—2010 年，下同）平均年降水量为 $600\sim1400$mm，呈明显的南多北少纬向分布特征。年降水最少的区域位于流域北部平原区，为 $600\sim800$mm；东北部山区丘陵地区普遍为 $700\sim900$mm；中部平原区为 $800\sim1000$mm；流域西部及沿淮以南地区年降水量则普遍在 900mm 以上。其中流域西南部的大别山区为淮河流域年降水量的最大值区，普遍在 1100mm 以上，其中霍山和金寨等地超过 1300mm（图 2-1）。

（2）主要生长季降水量。淮河流域主要生长季（4—10 月，下同）降水量 40a 平均值为 $500\sim1100$mm，占年降水量的 80% 左右。虽与年降水量的分布特征相似，也呈北少南多的纬向分布，但是由于该时段处于雨季，各地降水量均较多，除大别山区外，降水量的南北差异较小。流域北部平原地区降水量多为 $500\sim700$mm；东北部山区丘陵至中部平原区为 $600\sim800$mm；西部及沿淮以南地区普遍在 800mm 以上，其中西南部的大别山区为主要生长季降水量的最大

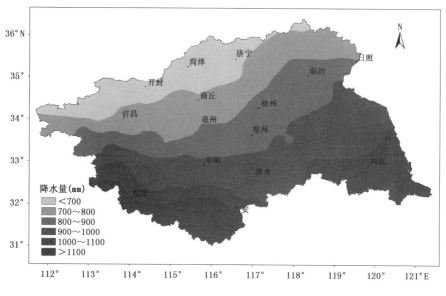

图 2-1　淮河流域平均降水量空间分布(1971—2010 年)

值区,普遍在 1000mm 以上。主要生长季的降水量能够满足作物生长发育要求,但是由于夏季降水变率大,旱涝风险均很高(图 2-2a)。

(3)冬小麦生长季降水量。淮河流域冬小麦生长季(10 月—翌年 5 月,下同)降水量多年平均值为 120～500mm。由于冬小麦生长季处于流域非雨季时段,降水量较少。降水量的北少南多纬向分布特征更加明显。流域北部平原区及东北部山区丘陵地区降水量普遍不足 250mm,中部平原区普遍为 200～300mm,均为冬小麦水分不足区;流域南部地区降水量为 350～500mm,为淮河流域冬小麦水分基本适宜区(图 2-2b)。

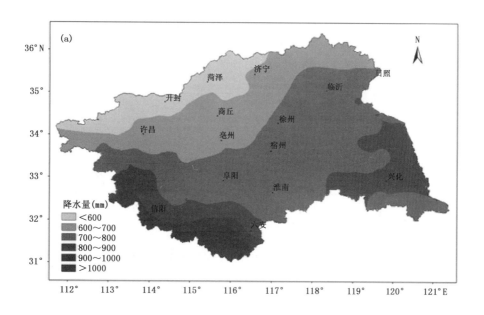

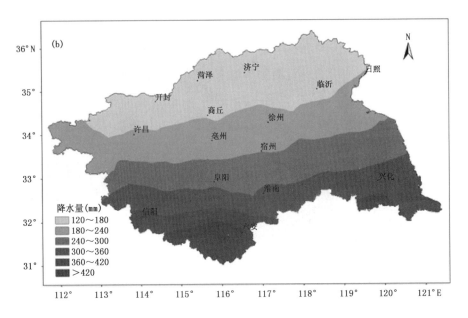

图 2-2　淮河流域主要生长季(a)和冬小麦生长季(b)降水量空间分布特征

2.1.2.2　降水量的时间变化

淮河流域多年降水量的区域平均值均没有显著的时间变化趋势。其中年降水量和主要生长季降水量随年代变化呈不显著的增加趋势(图 2-3a、图 2-3b),冬小麦生长季降水量则随年代呈不显著的递减趋势(图 2-3c)。

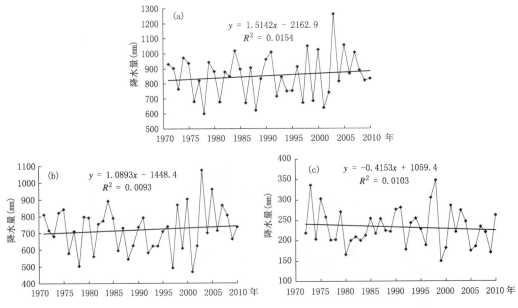

图 2-3　淮河流域降水量时间变化特征

(a)全年;(b)生长季;(c)冬小麦生长季

2.1.2.3　降水变率的空间分布

（1）年降水变率。淮河流域各站近 40a 降水变率为 15％～25％，全流域平均值为 19.3％。降水变率高值区位于流域的西部和东北部，普遍在 20％以上；低值区位于流域的西北部和中部，普遍为 15％～18％，其他大部分地区的年降水变率为 18％～21％（图 2-4）。

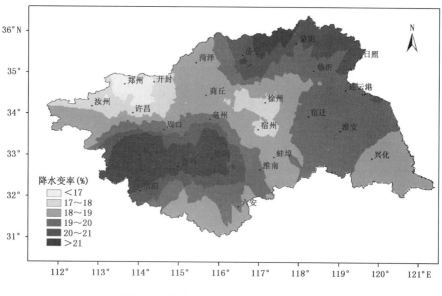

图 2-4　淮河流域年降水变率分布特征

（2）主要生长季降水变率。淮河流域 40a 主要生长季降水变率平均值为 21.7％。其空间分布特征与年降水变率相似，高值区主要位于流域的西部地区，普遍在 25％以上，局部达到 29％；低值区位于流域的北部、中部和东南部等地，普遍在 20％以下，局部接近 17％，流域大部分地区主要生长季的降水变率在 20％～24％（图 2-5a）。

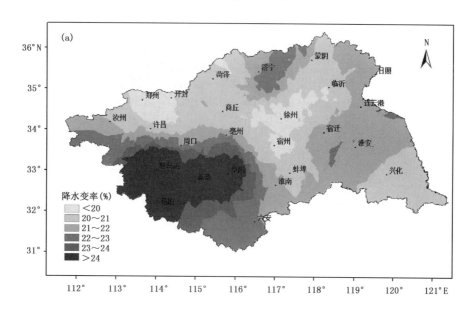

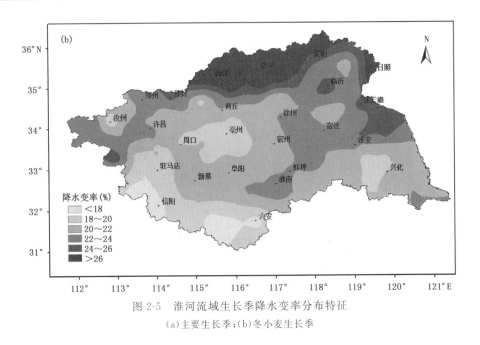

图 2-5　淮河流域生长季降水变率分布特征
(a)主要生长季;(b)冬小麦生长季

(3)冬小麦生长季降水变率。淮河流域 40a 冬小麦生长季降水变率平均值为 22.4%,呈现一定的纬向分布特征,随着纬度的升高,降水变率有增大趋势。降水变率高值区位于流域的北部地区,普遍在 26% 以上,局部地区超过 30%;低值区主要位于流域的西南部,普遍在 18% 以下,流域其他大部分地区的降水变率在 20%~24%(图 2-5b)。

2.1.2.4　降水量的年内分布

淮河流域年内降水集中度近 40a 平均值为 0.35~0.65,呈明显的纬向分布特征,随着纬度的升高,年内降水集中程度增大。降水集中度最大的区域位于流域的东北部地区,其值普遍在 0.6 以上,而流域南部地区则普遍不足 0.4(图 2-6a)。年内降水集中度的时间变化呈微弱的上升趋势。

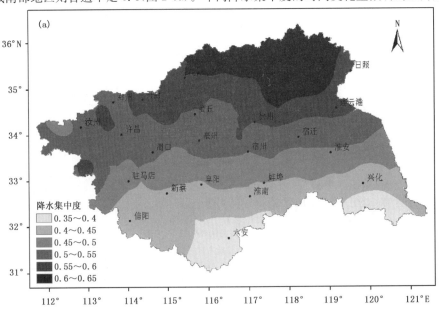

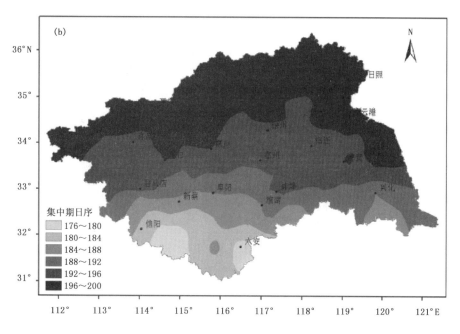

图 2-6　淮河流域降水集中度(a)和降水集中期(b)分布图(1971—2010 年)

淮河流域各站年内降水集中期自南向北先后处于 6 月下旬至 7 月中旬。随着梅雨、雨季的自南向北推进,降水集中期也呈明显的纬向分布特征;随着纬度的升高,降水集中期推迟。流域西南部大别山区的降水集中期普遍出现在 6 月下旬后期,而流域北部的降水集中期则普遍出现在 7 月中旬末(图 2-6b)。淮河流域年内降水集中期没有显著的时间变化趋势。

2.1.3　降水日数的时空变化特征

2.1.3.1　年降水日数

淮河流域近 40a 年降水日数平均值为 70～140d,呈明显的纬向分布特征。年降水日数最少的区域位于淮河流域北部,普遍不足 80d;流域西南部和东南部等地是年降水日数的高值区,其值为 120～140d;其余大部分地区为 80～120d(图 2-7)。年降水日数平均值没有显著的随年代变化趋势(图 2-8)。

淮河流域各站逐旬平均雨日的年内分布呈现明显的夏季多,冬季少的分布规律。雨日较多的时间段集中在 6 月下旬至 8 月下旬(18～24 旬),其平均旬雨日普遍在 3.5d 以上,其中 7 月份为一年中雨日最多的时间段,其各旬平均旬雨日均超过 4d(图 2-9)。

2.1.3.2　持续降水日数

淮河流域年持续降水日数 3～5d 出现的频次 40a 平均值为 8～16 次,其空间分布呈现南多北少的纬向分布特征。流域南部地区为出现频次的高值区,为 14～16 次,出现频次最少的区域位于流域北部平原地区,普遍不足 8 次,其余大部分地区的频次为 8～14 次(图 2-10a)。

淮河流域年持续降水日数>5d 出现的频次 40a 平均值为 1～5 次,其空间分布也呈南多北少的纬向分布特征。流域西南部是持续降水日数>5d 出现频次的高值区,其值为 4～5 次,出现频次最少的区域位于流域北部平原地区,普遍不足 2 次,其余大部分地区为 2～4 次(图2-10b)。

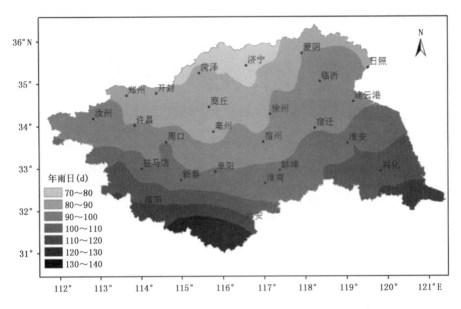

图 2-7　淮河流域年降水日数空间分布特征(1971—2010 年)

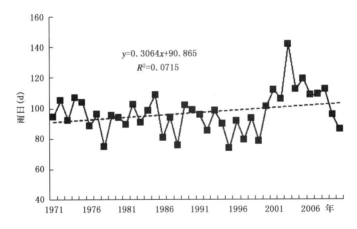

图 2-8　淮河流域年降水日数时间变化特征(1971—2010 年)

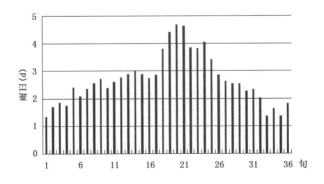

图 2-9　淮河流域近 40 年年内雨日分布(1971—2010)

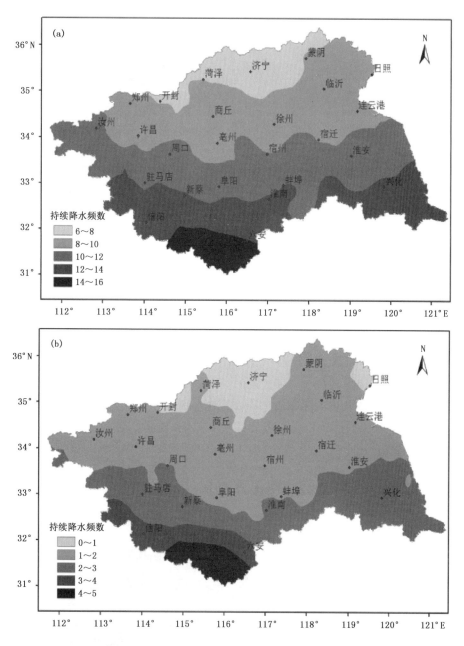

图 2-10　淮河流域年持续降水日数(3～5d)(a)和(＞5d)(b)出现频次分布图

　　淮河流域年最长持续降水日数分布特征呈现北部短、南部长并叠加东西部长、中部短的区域特征。其北部地区多在 13d 以下,南部多在 15d 以上,尤其是流域中东部部分地区最长持续降水日数为 21～23d,西部部分地区达到 19～21d,而中部地区最长持续降水日数只有 11～13d,经向差异大于纬向(图 2-11)。年最长持续降水日数分布表现出的区域特征说明,极端降水除了受纬度影响外,更多地受到地形、地势的影响,山区和沿海地区的极端降水多于中部地区。

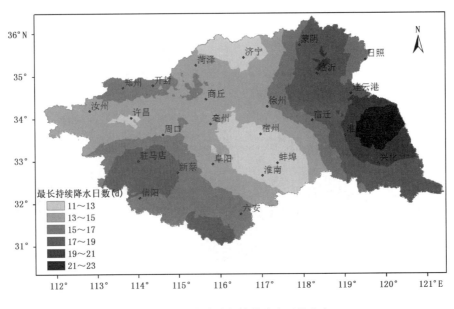

图 2-11　淮河流域最长持续降水日数分布

2.1.3.3　持续无降水日数

淮河流域年持续无降水日数 3～5d 出现的频次 40a 平均值为 10～16 次,其空间分布呈现南多北少的分布特征。流域东南部等地是持续无降水日数 3～5d 出现频次的高值区,其值为14～16 次,出现频次最少的区域位于流域北部平原地区,普遍不足 12 次,其余大部分地区为12～14 次(图 2-12a)。

淮河流域年持续无降水日数 5～10d 出现的频次 40a 平均值为 8～10 次,空间分布特征与持续无降水日数 3～5d 相似,也为南多北少,但数值的区域差异小于后者。北部部分地区为

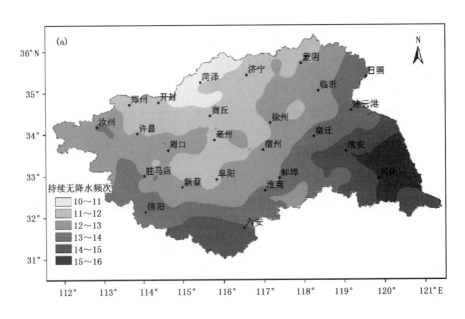

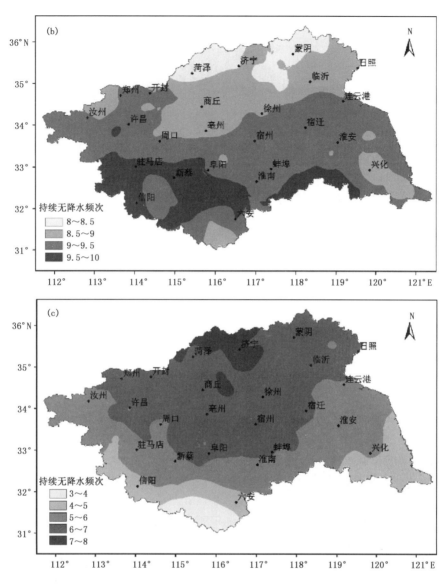

图 2-12　淮河流域年持续无降水日数出现频次分布图

(a)3～5d;(b)5～10d;(c)＞10d

8.5 次以下,西南部高值区为 9.5～10 次,其他地区在 8.5～9.5 之间(图 2-12b)。

淮河流域年持续无降水日数＞10d 出现的频次 40a 平均值为 3～8 次,空间分布则体现为北多南少的纬向分布特征,出现频次最多的北部地区多于 7 次,最少的西南部少于 4 次,其他地区为 4～7 次(图 2-12c)。

最长持续无降水日数的空间分布呈北长南短的分布特征。流域北部的最长持续无降水日数普遍超过 55d,局部超过 65d,而南部地区普遍不到 45d(图 2-13)。

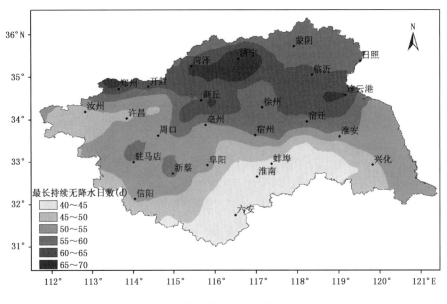

图 2-13　淮河流域最长持续无降水日数分布

2.1.4　暴雨的时空分布特征

2.1.4.1　暴雨量

年暴雨量。淮河流域年累积暴雨量 40a 平均值为 233mm,除了呈一定的纬向分布特征外,还叠加着经向区域差异,东西部地区年暴雨量显著多于中部地区。其中流域西南部和东部地区是年暴雨量的高值区,其值一般在 250mm 以上,其中桐柏、金寨和新县等地达 350mm 以上;年暴雨量最少的区域位于淮河流域西北部地区,其值普遍在 100mm 左右,如汝州、汝阳和登封等地;其余大部分地区为 150~250mm(图 2-14a)。

夏季暴雨量。淮河流域夏季累积暴雨量 40a 平均值为 185mm,占年暴雨量的 80% 左右,空间分布特征与年暴雨量相似。夏季暴雨量最少的区域位于淮河流域的西北部地区,不足 100mm,其中汝州、汝阳和登封等地仅为 85mm 左右;流域西南部和东部地区为高值区,其值一般在 200mm 以上,其中桐柏、金寨和赣榆等地达 270mm 以上;其余大部分地区为 100~200mm(图 2-14b)。

淮河流域暴雨量的空间分布是由区域气候特点和地形地貌的复杂性决定的。有研究表明,随着日雨量的增大,其空间分布变得更加不均匀。在淮河上游和下游均出现了暴雨日降水量比重的高值中心及其对应的中游低值区,说明地形的存在会使某一区域强降水事件频发,而另一区域强降水量事件减少(叶金印等,2013)。

计算分析表明,淮河流域夏季暴雨量占夏季总降水量的比例 40a 平均值为 20%~45%。夏季暴雨量比例最大的区域位于流域中部,其值一般为 35% 以上,其中西部桐柏和东部赣榆等地比例高达 45% 左右;最小值出现在流域西北部地区,夏季暴雨量占夏季雨量的比例仅在 20% 左右,如汝州、汝阳和登封等地;其余地区为 20%~35%(图 2-15)。由于淮河流域夏季为降水集中期,加之降水量呈不显著的增长趋势,暴雨比例偏大的区域即为洪涝高发的风险区域。

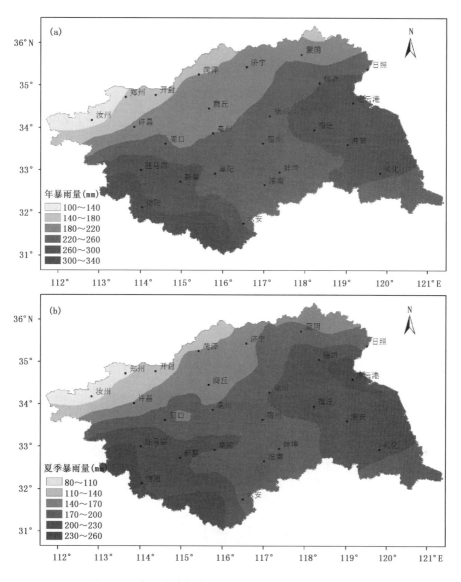

图 2-14　淮河流域年暴雨量(a)和夏季暴雨量(b)的分布

2.1.4.2　暴雨日数

年暴雨日数。淮河流域年暴雨日数 40a 平均值各地为 1～5d,基本呈纬向分布,南多北少。流域西南部是年暴雨日数的高值区,一般为 4～5d,最少的区域位于流域西北部,普遍不足 2d,其余大部分地区在 2～4d(图 2-16)。

淮河流域各站暴雨日数多年平均值为 3d,随时间呈上升趋势,平均递增率为 0.2d/10a(P < 0.05),上升趋势显著(图 2-17)。从暴雨日数时间变化趋势的区域分布看,除蚌埠、汝州和宁阳等极个别地区年暴雨日数呈微弱的减少趋势外,流域大部分地区站点多年暴雨日数呈上升趋势,以流域北部和中部部分地区的上升趋势最明显,其中永城、界首和定陶等地的年暴雨日数平均递增率接近 0.8d/10a(图略)。

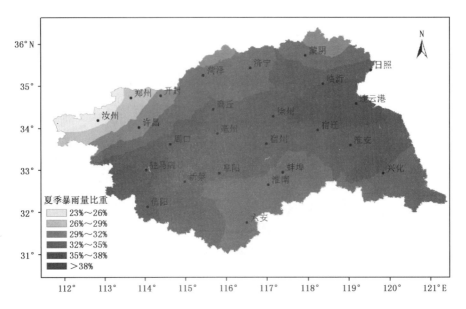

图 2-15　淮河流域夏季暴雨量占夏季总降水量的比重分布(1971—2010 年)

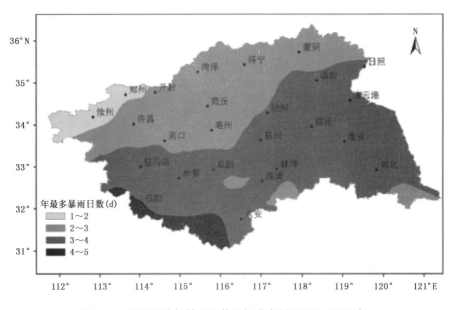

图 2-16　淮河流域年暴雨日数空间分布图(1971—2010 年)

夏季暴雨日数。淮河流域夏季暴雨日数 40a 平均值为 1～3d,分布趋势与暴雨量的分布趋势相似,纬向分布叠加经向分布特征。流域西南部和东部地区为高值区,其值一般为 2.5d 以上,其中桐柏、金寨和连云港等地在 3d 左右;夏季暴雨日数最少的区域位于流域西北部地区,其值仅在 1d 左右,如汝州、汝阳等地;其他大部分地区为 1.5～2.5d(图 2-18)。

淮河流域年最多暴雨日数的空间分布特征为南多北少,纬向分布特征明显,流域东南部的兴化等地年最多暴雨日数最多为 10d,而西北部的郑州等地年最多暴雨日数仅为 4d(图 2-19)。

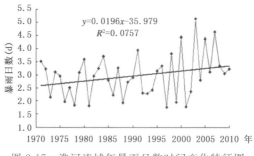

图 2-17 淮河流域年暴雨日数时间变化特征图

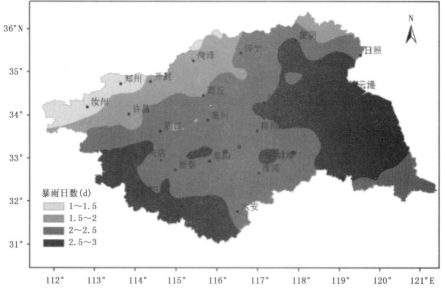

图 2-18 淮河流域夏季暴雨日数年平均分布图(1971—2010 年)

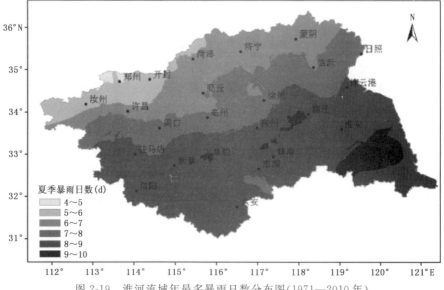

图 2-19 淮河流域年最多暴雨日数分布图(1971—2010 年)

2.1.5 淮河流域降水特征小结

(1)淮河流域降水量呈明显的北少南多的纬向分布特征,其中主要生长季降水丰富,南北差异较小,但是由于降水的不均匀性,旱涝风险较大。冬小麦生长季降水较少,南北差异较大,除了南部沿淮区域外,降水量均不能满足冬小麦生长发育的需求。

(2)淮河流域年降水量和生长季降水量时间变化趋势均不显著。年降水变率平均为19.3%,西南和东北部为高值区;主要生长季降水变率为21.7%,高值区位于西部。冬小麦生长季降水变率为22.4%,高值区位于西北部。生长季降水变率大于全年。年内降水的集中程度北部大于南部,主要集中期为夏季,北部迟于南部;集中度和集中期均没有显著的时间变化。淮河流域年降水日数空间分布为南多北少,无显著的时间变化趋势。降水日数高值时段位于6月下旬至8月下旬,以7月为最。

(3)轻度(3~5d)的持续无降水日数频率和持续降水日数频率大体相当。但中度以上(>5d)的无降水日数频率显著大于持续降水日数频率;各级持续降水日数频率和轻、中度的持续无降水日数频率均呈现北少南多的空间分布特征,而重度(>10d)的持续无降水日数频率则为北多南少。最长无降水日数显著长于最长降水日数。说明流域影响产量的中重度旱灾风险大于涝灾,北部干旱风险大于南部,涝灾风险则反之。

(4)年暴雨量和夏季暴雨量的分布特征均为南部多于北部,东西部多于中部;夏季暴雨量占年暴雨量的80%左右,夏季暴雨量占夏季总雨量的20%~45%。暴雨日数南部多于北部,并呈随时间上升趋势,说明极端降水的空间分布更加不均匀,夏季洪涝风险大于旱灾。

2.2 淮河流域土壤水分的时空变化特征

2.2.1 指标及分析方法

2.2.1.1 土壤水分指标

土壤水分是植物吸收水分的主要来源。土壤水分有两种表示方法,一种是重量含水率,为土壤中水分的重量与相应固相物质重量的比值,另一种是体积含水率,为土壤中水分占有的体积和土壤总体积的比值,两者之间可通过土壤容重进行换算。

由于不同质地的土壤结构差异较大,因此不同类型土壤的含水量会有很大差别。比如砂土土壤颗粒孔隙大,毛细管作用弱,通透性能好,但保水性能差;黏土的特性和沙土正相反,土粒之间毛细管丰富,通透性能差,但保水能力强;壤土的性质则介于两者之间,水气协调。这三种土壤单位重量或容积的土壤含水量以砂土少,黏土多,壤土适中。因此,农业气象业务上通常采用土壤相对湿度作为土壤含水量的指标。定义土壤含水量占田间持水量的比值为土壤相对湿度,其公式为

$$R_{sm} = \frac{w}{f_c} \times 100\% \qquad (2\text{-}5)$$

式中,R_{sm} 为土壤相对湿度,w 为土壤重量含水率(%),f_c 为田间持水量(用重量含水率表示)。

田间持水量是指土壤所能稳定保持的最高土壤含水量,反映了不同质地土壤的持水能力的差异。因此,土壤相对湿度是土壤含水量的一种相对度量,表达了土壤水分的适宜程度,具

有农业意义,且在不同的土壤质地间具有可比性。中国气象局《干旱监测和影响评价业务规定》(气发〔2005〕135 号)中土壤相对湿度的干旱等级见表 2-1。

表 2-1　土壤相对湿度的干旱等级

等级	类型	20cm 深度土壤相对湿度(%)	对农作物影响程度
1	无旱正常	$R_{sm} > 60$	地表湿润,无旱象
2	轻旱	$60 \geqslant R_{sm} > 50$	地表蒸发量较小,近地表空气干燥
3	中旱	$50 \geqslant R_{sm} > 40$	土壤表面干燥,地表植物叶片白天有萎蔫现象
4	重旱	$40 \geqslant R_{sm} > 30$	土壤出现较厚的干土层,地表植物萎蔫、叶片干枯,果实脱落
5	特旱	$R_{sm} \leqslant 30$	基本无土壤蒸发,地表植物干枯、死亡

2.2.1.2　分析方法

收集了淮河流域内山东、河南、安徽、江苏四个省 119 个土壤墒情监测点 1980—2011 年的逐旬土壤相对湿度监测资料(固定地段,0～10cm、10～20cm、40～50cm 三个土层深度),对其进行预处理和质量控制,去掉了异常值和受灌溉影响的数据,保留监测质量较高、自然降水条件下的观测数据,分析土壤水分的变化规律。站点分布见图 2-20。

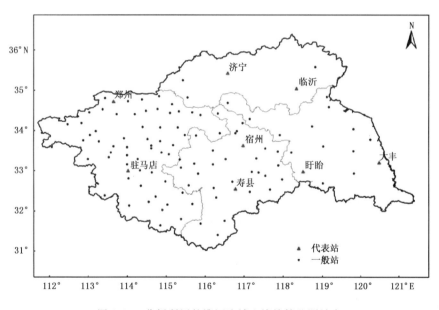

图 2-20　分析所用的淮河流域土壤墒情监测站点

分别统计分析淮河流域各观测站逐月不同土层深度的平均土壤相对湿度、土壤相对湿度 <60% 的干旱频率(干旱样本占总样本数的百分比)、土壤相对湿度 <50% 的中旱以上频率以及土壤相对湿度 ≥90% 的过湿频率。并用淮河流域不同区域土壤相对湿度监测资料较为完整的 8 个代表站(表 2-2)1980—2011 年土壤相对湿度资料统计以上特征值,分析流域不同区位的农业旱涝发生情况。

表 2-2　淮河流域土壤墒情代表站基本信息

站名	站号	经度(°E)	纬度(°N)	资料年代
济宁	54915	116.35	35.26	1992—2011
临沂	54938	118.21	35.03	1992—2011
郑州	57083	113.39	34.43	1980—2011
驻马店	57290	114.01	33.00	1981—2011
宿州	58122	116.59	33.38	1980—2011
盱眙	58138	118.31	32.59	1992—2010
大丰	58158	120.29	33.12	1992—2010
寿县	58215	116.47	32.33	1994—2011

2.2.2　全流域土壤水分变化规律分析

土壤相对湿度。分析结果表明,淮河流域(119 站)0～10cm、10～20cm 和 40～50cm 土层土壤相对湿度的年平均值分别为 72%、77% 和 78%,以土壤表层(0～10cm)的土壤相对湿度最小,上层(10～20cm)和中层(40～50cm)土层的土壤相对湿度接近。三者年内变化均呈"V"字形分布,其波谷阶段出现在 4～6 月份,其中 0～10cm 和 10～20cm 土层出现在 4 月份,平均值分别为 63% 和 68%,而 40～50cm 土层出现在 5 月份,平均值也为 68%,与 10～20cm 土层数值相同,但时相滞后。淮河流域土壤相对湿度的波峰 0～10cm 和 10～20cm 土层出现在 1—2 月份,平均值分别为 77% 和 81%,40～50cm 出现在 11—12 月,平均值为 82%。总体上看,淮河流域土壤相对湿度 1—3 月和 7—12 月处于高位阶段,变化较为平稳,4—6 月为低值期(图 2-21a)。

土壤过湿频率。0～10cm、10～20cm 和 40～50cm 土层土壤相对湿度≥90% 的过湿频率逐月平均值分别为 21%、26% 和 30%,以 0～10cm 土层最低,10～20cm 土层其次,40～50cm 土层最高。年内分布规律与平均土壤相对湿度的分布规律相似,1—3 月各土层过湿频率呈略微上升趋势,随后进入低谷阶段,与土壤相对湿度同步。4—6 月三个土层土壤相对湿度≥90% 的频率自上而下不足 10%、15% 和 20%;随着雨季的到来,土壤湿度增加,过湿频率随之增高,7 月份明显上升,随后基本维持稳定,自上而下三个土层的土壤过湿频率分别稳定在 25% 左右、30% 左右和 35% 左右(图 2-21b)。

土壤干旱频率。土壤相对湿度<60% 的干旱频率(轻旱以上),0～10cm 与 10～20cm 和 40～50cm 土层逐月平均值分别为 25%、17% 和 16%,以 0～10cm 最高,10～20cm 和 40～50cm 数值接近。从年内分布看,1—3 月干旱频率呈缓慢上升趋势,波峰阶段与平均土壤相对湿度的波谷阶段一致,也处于 4—6 月期间。其中,0～10cm 在 4 月份达到峰值,达 44%,10～20cm 和 40～50cm 土层在 5 月份达到峰值,分别为 33% 和 35%,时相较上层滞后,也与土壤相对湿度一致。随着 7 月份雨季的到来,各土层土壤干旱频率明显下降,随后至 12 月,各土层干旱频率均呈缓慢下降趋势(图 2-21c)。土壤相对湿度<50% 的中旱以上频率,0～10cm 与 10～20cm 和 40～50cm 土层逐月平均值分别为 14%、8% 和 8%,分别占各土层所有干旱频率的 54%、47% 和 51%,以上层的比例较大,中层也达到 50% 左右,其年内分布趋势与土壤相对湿度<60% 的干旱频率基本一致,不再赘述(图 2-21d)。

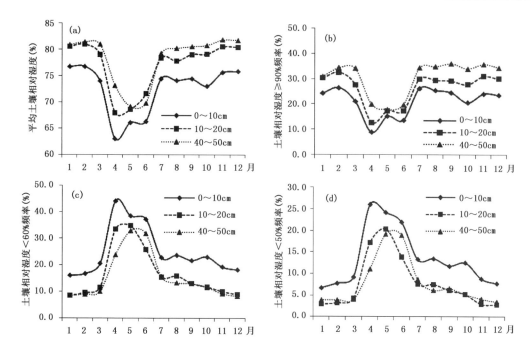

图 2-21　淮河流域逐月平均土壤相对湿度和旱涝频率周年变化

(a)土壤平均相对湿度；(b)土壤相对湿度≥90％的频率；

(c)土壤相对湿度<60％的频率；(d)土壤相对湿度<50％的频率

2.2.3　代表站土壤水分变化规律分析

土壤相对湿度。淮河流域各代表站年平均土壤相对湿度具有明显的区域差异，以流域西北部的郑州最低，往南、往东逐渐增高，反映了土壤水分的供给程度以流域西北部最匮乏，越往东南部越丰富。不同深度的土壤湿度以 0～10cm 土层最低，其次是 10～20cm 土层，40～50cm 土层的土壤湿度最高；从各层次间土壤湿度的差距看，有大有小，区域分布规律不明显，与土壤水分、养分、土壤质地以及取土质量等有关(图 2-22)。

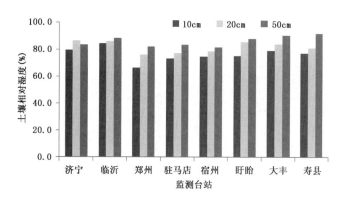

图 2-22　淮河流域各代表站年平均土壤相对湿度(％)

土壤过湿频率。淮河流域各代表站 0～10cm、10～20cm 和 40～50cm 土层土壤相对湿度的过湿频率依次为 13％～48％、25％～53％ 和 28％～71％，其数值大小的区域分布规律同土壤相对湿度，以郑州、驻马店、宿州等地较小，东部相对较大。年内变化为，北部基本为单峰单谷变化趋势，以济宁、郑州为代表，波谷多数出现在 4 月，波峰出现在 8 月；中南部站点如宿州、大丰等则出现明显的双谷变化，第一个波谷在 4—5 月，第二个波谷在 9—10 月，波峰出现在 7—8 月，清晰地表现出不同区域夏季降水对土壤墒情的影响特征（图 2-23）。

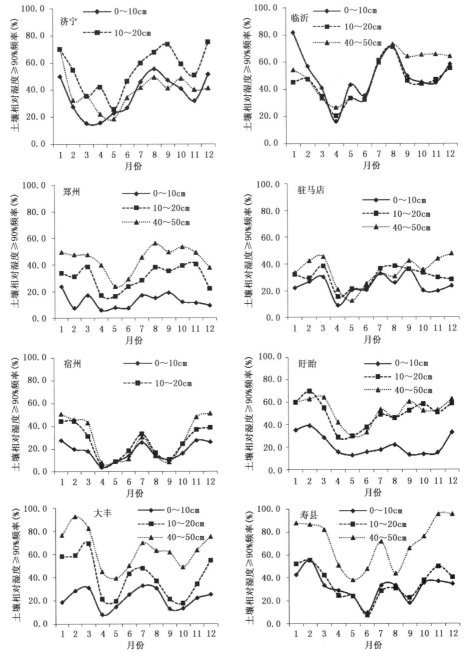

图 2-23　淮河流域土壤墒情监测代表站过湿频率的周年变化

土壤干旱频率。淮河流域各代表站 0～10cm 与 10～20cm 和 40～50cm 土层土壤相对湿度<60% 的干旱频率分布为 8%～35%、3%～21% 和 1%～14%，随着土层加深干旱频率明显下降。数值大小的区域分布规律与土壤相对湿度相反，郑州、驻马店、宿州等地土壤相对湿度较小的区域干旱频率较高，东部土壤湿度较大的地区干旱频率较低。从干旱频率的年内分布看，与过湿频率曲线的时间位相相反，且多数出现双峰曲线。第一个峰值也是最高峰大部分代表站出现在 4—5 月，第二个峰值即次高峰，出现在 10—11 月，波谷在 7—8 月，即该区的雨季。如济宁、郑州、驻马店、盱眙、大丰(图 2-24)。

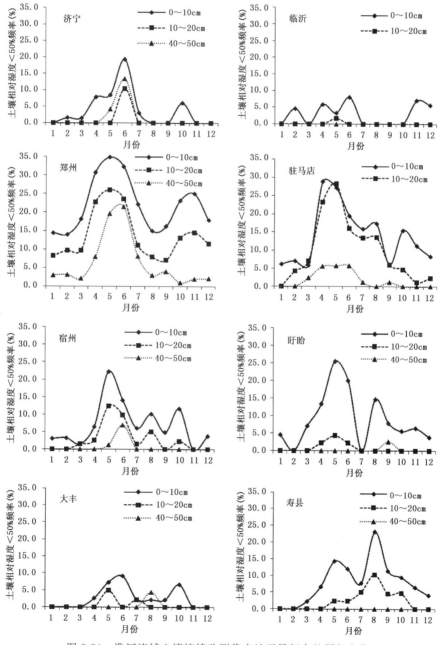

图 2-24　淮河流域土壤墒情监测代表站干旱频率的周年变化

淮河流域各代表站 0～10cm 与 10～20cm 和 40～50cm 土层土壤相对湿度＜50％的中旱以上频率分布趋势同干旱(土壤相对湿度＜60％)频率,但数值降低。从各代表站中旱以上频率占总干旱次数的百分比看,以郑州、驻马店较高,其次是宿州、盱眙,越往东、往南,中旱以上比例越低。从各土层看,以土壤上层的中旱以上比例大,越往下比例越低(图 2-25)。

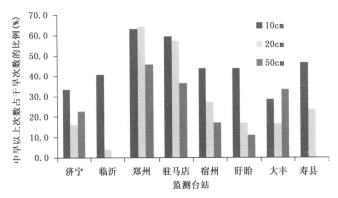

图 2-25 淮河流域各代表站中旱以上干旱占总干旱次数的比例(％)

旱涝频率的时间变化趋势。选取资料年代相对完整的 1991—2010 年代表站土壤相对湿度资料,统计各代表站年内旱涝峰谷阶段(4—6 月干旱、7—8 月过湿和 9—10 月干旱)的旱涝发生频率(旱涝样本占总样本数的百分比)可知,春旱发生频率除以郑州代表的西北部地区呈明显的上升趋势外,其他大部分地区没有显著的时间变化趋势;夏涝发生频率中南部地区(驻马店、宿州和寿县)呈显著的上升趋势,而东南部的盱眙则呈显著下降趋势,其他地区夏涝的时间变化趋势不明显;秋旱总体没有显著的时间变化趋势。说明在气候变化背景下,流域不同区位的土壤湿度有不同的时间变化趋势,应对旱涝灾害宜采取不同的对策。

2.3 淮河流域旱涝灾害实况

2.3.1 旱涝灾害数据来源

淮河流域及安徽、江苏、河南和山东四省分省 1949—2000 年逐年干旱受灾面积、成灾面积数据来源于《淮河流域水利手册》(宁远等,2003)。淮河流域及四省分省 2001—2012 年逐年干旱受灾面积、成灾面积数据来源于《治淮汇刊(年鉴)》。淮河流域及四省 1949—1991 年逐年洪涝成灾面积数据来源于李柏年(2005)的研究。淮河流域及四省分省 1992—2012 年逐年洪涝受灾面积、成灾面积数据来源于各年《治淮汇刊(年鉴)》。

2.3.2 干旱灾情实况

2.3.2.1 干旱灾情规律分析

淮河流域 1949—2012 年逐年干旱受灾面积和成灾面积统计分析结果表明,淮河流域 64 年来干旱受灾和成灾面积大体呈 5～10a 周期性的波动特征,1958—1962 年、1972—1979 年、

1985—1989 年、1994—2002 年为 4 个干旱灾害多发期和严重期,其中 20 世纪 90 年代初和 21 世纪之交干旱灾害最为严重,80 年代次之。64 年中,淮河流域年干旱成灾面积在 200 万 hm² 和 300 万 hm² 以上的年数分别为 14 年和 9 年;在 400 万 hm² 以上的有 5 年,分别是 1959 年、1994 年、1999 年、2000 年和 2001 年,平均 12～13a 发生一次(图 2-26)。干旱成灾面积占受灾面积的百分比呈随时间下降趋势,通过极显著水平检验(P<0.01)。下降速率约为 4.4%/10a (图 2-27)。

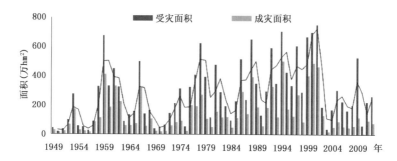

图 2-26　淮河流域 1949—2012 年干旱受灾面积、成灾面积的逐年变化

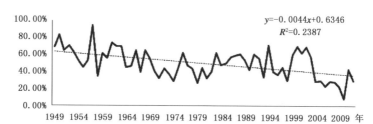

图 2-27　淮河流域 1949—2012 年干旱成灾面积占受灾面积百分比的逐年变化

(——:观测值;……:年平均趋势线)

　　分省统计分析结果表明,河南、安徽、江苏三省 64a 干旱成灾面积总体上呈现了较一致的波动规律,山东则不同。当流域性出现较严重的旱灾时,河南、安徽和江苏三省的成灾面积明显大于山东省,尤其是干旱较严重的 1994 年、2000 年和 2001 年,河南、安徽、江苏三省的干旱成灾面积大部在 150～250 万 hm²,而山东省均不足 50 万 hm²。当旱灾不明显或局部出现旱灾时,往往山东省的干旱成灾面积大于其他三省,如 2009 年和 2011 年,山东省干旱成灾面积在 70 万 hm² 左右,而其他三省的大部不足 15 万 hm²(图 2-28)。

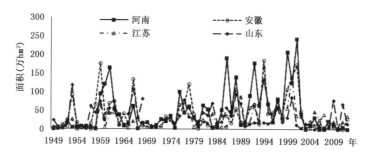

图 2-28　淮河流域 1949—2012 年分省干旱成灾面积的逐年变化

从各省干旱成灾面积的年代际变化可以看出,总体以 20 世纪 90 年代旱灾最严重,尤其是河南,成灾面积达到 99 万 hm² ,安徽和江苏在 70 万 hm² 左右,山东接近 30 万 hm² ;随着抗灾能力的增强,21 世纪 10 年代成灾面积数值最低,除了河南为 36 万 hm² 以外,其他三省均在 30 万 hm² 及以下;20 世纪 50—80 年代居中,多数在 40 万 hm² 以下。从分省情况看,河南旱灾严重程度大于其他省份,尤其是 20 世纪 80 年代和 90 年代,其他年代各省差别不大(图 2-29)。

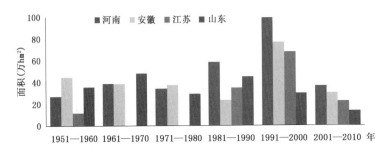

图 2-29　淮河流域四省平均干旱成灾面积的年代变化

(注:20 世纪 60 年代和 70 年代江苏省部分年份资料缺,不予采用)

2.3.2.2　典型干旱年灾情实况

1966 年流域性旱灾。1966 年夏季至冬季,淮河流域持续大旱。河南省汛期降雨量只有同期的 54% ,从 6 月至 11 月上旬大旱 160 天;淮河中游 8 月至 10 月,降雨量均比常年同期偏少 7~8 成;下游降雨量比常年同期偏少 4 成多。造成稻田干裂,河沟断流,塘堰干涸,农作物枯死。全流域成灾面积达 323.3 万 hm² ,减产粮食 19.2 亿 kg,受灾人口 2207 万人。

1978 年流域性旱灾。1978 年淮河流域出现了春夏秋三季连旱。春季降水持续偏少,降水量只有作物需水量的 30% 。夏秋季苏、豫、皖 7—9 月降水偏少达 5~6 成,只有作物需水量的一半。由于降水持续偏少,造成中、小型水库和塘坝干涸,全流域受旱面积为 625.2 万 hm² ,占全流域播种面积的 33.9% ,成灾面积 273.7 万 hm² ,成灾率 12.8% 。受灾人口 1997.4 万人,粮食减产 319 万 t。

1994 年流域性旱灾。1994 年淮河流域从春末到盛夏,降雨持续偏少。6—7 月,淮河流域持续高温少雨,并出现了"空梅",8 月份旱情有增无减,造成流域内中小水库、池塘干涸,河流多处断流,全流域受旱灾农田超过 666.7 万 hm²(1 亿亩),成灾农田 400 万 hm² ,绝收 133.3 万 hm² ,减产粮食 56 亿 kg,有 700 万人、150 万头大牲畜饮水发生严重困难,直接经济损失超过 160 亿元。

1999 年流域性旱灾。1999 年淮河流域汛期面平均雨量比常年同期偏少近 4 成,由于降水持续偏少,且前期干旱,淮河干流王家坝出现了 1949 年以来的第三个断流年份。干旱造成河南省受灾人口 14.6 万,农作物受灾面积 9780hm² ,绝收面积 2030hm² 。安徽省受灾面积超过 133.3 万 hm² ,成灾 80 万 hm² ,38 万人饮水困难,直接经济损失达 29 亿元。江苏省仅沭阳就有 1.5 万 hm² 作物受灾,因灾造成直接经济损失 16.2 亿元。山东省仅淄博市因旱造成农作物受旱面积达 56667hm² 。

2001 年流域性旱灾。2001 年 6—8 月淮河流域大部分地区雨量比常年同期偏少 3 成以上,局部偏少近 9 成。造成河南省流域内秋收作物受旱面积近 240 万 hm² ,其中严重受旱面积 140 万 hm² ,干枯 48 万 hm² ,有 138 万人、38 万头大牲畜发生严重饮水困难。山东省淮河流域农作物受旱面积一度占到播种面积的 53%。安徽省流域受旱面积达 263.4 万 hm^2,成灾面积 140.9 万 hm^2。江苏省一度受旱面积达 116.4 万 hm^2,其中粮食作物 50 多万 hm^2,成灾面积 42.5 万 hm^2;有 50 万人、32 万头牲畜饮水发生困难,因旱直接经济损失达 14.76 亿元。

2.3.3　洪涝灾情实况

2.3.3.1　涝灾规律分析

洪涝成灾面积统计表明,20 世纪 60 年代初之前洪涝发生相对频繁,60 年代中期到 80 年代、1992—2012 年之间除 2003 年外的其余年份洪涝发生相对平稳,成灾面积较大的时段出现在 50 年代、60 年代初、90 年代初和 21 世纪初,最大成灾面积(778 万 hm^2,2003 年),是最小成灾面积(13 万 hm^2,1988 年)的 60 倍。年成灾面积在 400 万 hm^2 以上的有 5 年,分别是 1954 年、1956 年、1963 年、1991 年和 2003 年,平均 12~13a 发生一次(图 2-30)。

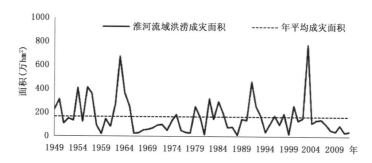

图 2-30　淮河流域 1949—2012 年洪涝成灾面积的逐年变化

1990—2012 年历年涝灾成灾面积占受灾面积的比例呈现明显的下降趋势,通过极显著性水平检验($P<0.01$)。下降速率约为 13%/10a,表明随着社会生产力水平的提高,防灾减灾能力得到了明显提升。虽然极端气候事件频发,但最终成灾比例呈下降趋势(图 2-31)。

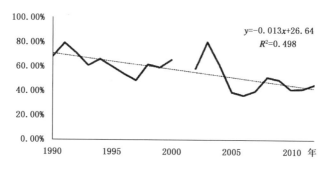

$$y=-0.013x+26.64$$
$$R^2=0.498$$

图 2-31　淮河流域 1990—2012 年洪涝成灾面积占受灾面积百分比的逐年变化
(2001 年数据不可靠,不予采用。——:观测值;……:年平均趋势线))

从淮河流域四省历年洪涝成灾面积时间变化分析可以看出,洪涝成灾面积的年际波动峰谷位相总体较一致,说明淮河流域遭受的洪涝灾害多为流域性的;但是个别年份,部分省份成灾面积远高于其他省份,如 1968 年,河南、安徽两省的洪涝成灾面积为 26 万 hm^2,而江苏无成灾面积,山东仅为 3 万 hm^2。这是因为该年淮河干流上游发生了区域性的洪水,而位于下游的江苏、山东两省则未发生洪涝(图 2-32)。

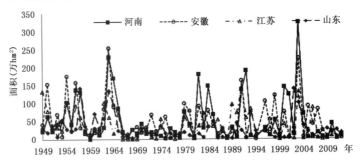

图 2-32　淮河流域 1949—2012 年分省洪涝成灾面积的逐年变化

　　从涝灾成灾面积的年代际变化看,除 20 世纪 70 年代数值偏小外,其他各年代平均洪涝成灾面积大多在 40 万 hm² 以上。从分省情况看,以河南省数值最大,其次是安徽省和江苏省,山东省最小(图 2-33)。这可能与各省所处的地理位置和各省在淮河流域土地占比(图 2-34)等因素有关。

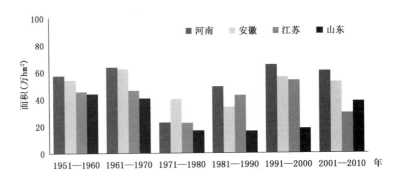

图 2-33　淮河流域四省平均洪涝成灾面积的年代变化

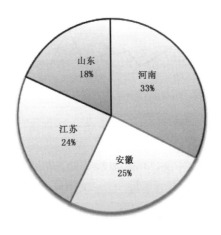

图 2-34　淮河流域各省土地占比(2011 年)

2.3.3.2　典型涝年灾情实况

1954 年流域性大洪水。1954 年淮河流域出现百年不遇的大洪水。5 月中旬暴雨中心雨量达 300~350mm,6 月达 400~500mm,中心位置在淮南、史淠河上游。7 月份,流域内有 5 次降雨过程,平均雨量 513mm,为多年同期平均雨量的 3~5 倍。700mm 以上的雨区范围约 4 万 km²,造成严重的洪涝灾害。全流域成灾面积 408 万 hm²,其中安徽省灾情最重,成灾面积 175 万 hm²;河南成灾面积 102.6 万 hm²,有 85 个县市受灾,其中淮滨县几乎全县淹没;江苏成灾面积 102.9 万 hm²。

1968 年淮河干流上游洪水。1968 年暴雨区集中在淮河上游干流及淮南山区,息县以上最大 7 天降雨量超过 500mm 的面积为 707km²,暴雨中心日雨量 377mm,7 天累计雨量 799mm。降雨历时较长,使淮河上游涨水迅猛。造成 51 万 hm² 农田受淹,365 万人口受灾,845km 堤防冲垮。

1991 年流域性大洪水。1991 年 5 月份,淮河水系平均降雨 176mm,是常年的 2.1 倍。6 月 28 日至 7 月 11 日,淮河普降暴雨,300mm 以上雨区在淮河干流两侧及其以南地区,大别山区及里下河地区雨量均在 500mm 以上。淮河流域发生了两次较大洪水,60 天洪水总量 500 亿 m³,相当于 20a 一遇。淮河干流出现仅次于 1954 年的最高水位。全流域成灾面积 462 万 hm²,死亡 572 人,经济损失 339 亿元。

2003 年流域性大洪水。2003 年,淮河发生了新中国成立以来仅次于 1954 年和 2007 年的第三位流域性大洪水。6 月 20 日至 7 月 21 日,淮河流域降雨异常偏多,面平均降雨为常年同期的 2.2 倍。最大 30 天平均雨量为 465mm,比 1991 年相应雨量偏多 20%。淮河干流全线超警戒水位最高达 3m 以上,水位超过 1991 的年最高水位。流域成灾面积 778 万 hm²,死亡 29 人,经济损失 286 亿元。

2007 年流域性大洪水。2007 年 6 月 29 日至 7 月 26 日淮河流域总降水量 200~400mm,其中河南南部、安徽中北部、江苏中西部 400~600mm;降水量普遍比常年同期偏多 5 成至 2 倍,河南信阳偏多达 3 倍。淮河流域区域平均降水量达 465.6mm,超过 2003 年和 1991 年同期,仅少于 1954 年,为 1953 年以来历史同期第二多。全流域农作物受灾面积 200 多万 hm²,成灾面积 159 万 hm²,其中绝收面积 60 多万 hm²;因灾直接经济损失达 170 多亿元。

2.4　淮河流域降水变化对农业气候生产潜力的限制

农业气候生产潜力是指以气候条件来估算的农业生产潜力,即在当地自然光、热、水气候因素的作用下,假设作物品种、土壤肥力、耕作技术等作用都得到充分发挥时,单位面积可能达到的最高产量(程纯枢等,1986),一般以干重表示,单位为 t/(hm²·a)。气候生产潜力的估算方法可分为三类,即单因素经验统计模型、从能量转换出发的生理生态模型和作物生长动力模拟模型(张养才等,2001)。本章采用第二类方法,即根据太阳辐射、量子效率等计算的光合生产潜力,并用温度和水分进行逐级订正,估算气候生产潜力,探究降水变化对淮河流域冬小麦、玉米和一季稻气候生产潜力的影响。

2.4.1　农业气候生产潜力的计算方法

由于降水时空变异大,为了研究降水变化对气候生产潜力的影响,基础时间尺度宜细不宜粗,因此选择以旬(而不是月)为基础时间单位分别计算气候生产潜力,通过作物全生育期内的逐旬累加,得到整个生长发育阶段的气候生产潜力。各作物分区全生育期见表2-3。

表 2-3　淮河流域冬小麦、夏玉米和一季稻全生育期所处时段

作物	I 区	II 区	III 区	IV 区
冬小麦	10月中旬—翌年 6 月上旬	10月中旬—翌年 5 月下旬	10月中旬—翌年 5 月下旬	10月下旬—翌年 5 月下旬
玉米	6月中旬—9月中旬	6月上旬—9月中旬	6月上旬—9月中旬	6月上旬—9月中旬
水稻	/	/	/	5 月上旬—10月中旬

2.4.1.1　光合生产潜力

太阳辐射是绿色植物进行光合作用的主要能源,在进行光合生产潜力计算时,通常考虑单位时间单位面积上所投射的总辐射能、能够利用于光合作用的光合有效辐射占总辐射的比率、经叶面反射和漏射后被吸收的光合有效辐射,以及其他影响光合作用的多种因素。光合生产潜力计算公式(侯光良等,1985)为

$$Y_i = Ch \times f(Q) = Ch \times \sum Q\varepsilon\alpha(1-\rho)(1-\gamma)\varphi(1-\omega)(1-X)^{-1}H^{-1} \tag{2-6}$$

式中,Y_i 为光合生产潜力。Ch 为作物经济系数,表示经济产量与生物学产量之比。经济系数因作物种类、品种、自然条件和栽培措施而不同,本研究冬小麦取 0.4(余泽高等,2002,于振文等,2002);玉米取 0.45(戴俊英等,1988;佟屏亚等,1996;董子梅等,2009);水稻取 0.5(李忠辉等,2010)。$\sum Q$ 为作物生长季内太阳总辐射。ε 为生理辐射系数,通常取 0.49。α 为作物群体的吸收率,在整个作物生育期间里,可写成随叶面积增长的线性函数:$\alpha = 0.83\dfrac{L_i}{L_0}$,式中,$L_0$ 为最大叶面积系数,L_i 为某一时段的叶面积系数。ρ 为无效吸收率,取 0.1。γ 为光饱和限制率,取 0。φ 为量子效率,取 0.224。ω 为呼吸损耗率,取 0.3。X 是有机物含水率,取 0.08。H 为每形成 1g 干物质所需要的热量,为 $17.765 \times 10^3 \text{kJ/kg}$。

叶面积系数尽量采用实测值。在实测值数量少或不具代表性时采用模型计算。本研究冬小麦叶面积系数采取淮河流域境内安徽省农业气象观测实测值,由此得到冬小麦的作物群体吸收率见表2-4。

表 2-4　淮河流域冬小麦的作物群体吸收率

旬数	29 旬	30 旬	31 旬	32 旬	33 旬	34 旬	35 旬	36 旬	1 旬	2 旬	3 旬	4 旬
α	0.02	0.03	0.03	0.21	0.38	0.56	0.53	0.51	0.49	0.49	0.49	0.49

旬数	5 旬	6 旬	7 旬	8 旬	9 旬	10 旬	11 旬	12 旬	13 旬	14 旬	15 旬	16 旬
α	0.45	0.41	0.37	0.51	0.65	0.83	0.65	0.52	0.39	0.34	0.29	0.25

夏玉米由于农业气象观测站点少,采用叶面积指数增长普适模型(林忠辉等,2003),公式为

$$\text{RLAI} = \frac{1}{1 + \exp(10.5038 - 23.5066 \times DS + 9.3053 \times DS^2)} \tag{2-7}$$

式中,RLAI 为某日归一化后的叶面积指数,DS 为积温归一化数值。

水稻归一化叶面积指数根据安徽省沿淮一季稻各发育期实测叶面积观测数据插值计算到旬。

2.4.1.2　光温生产潜力

作物利用光能进行物质生产必须有其他外界环境条件配合,其中温度是重要因子,温度过高或过低都会限制光合生产进程,当温度低于生物学下限或高于生物学上限时,光合产物趋近于零,因此需要对光合生产潜力进行温度订正。

温度订正公式为(何永坤等,2012)

$$F(T) = \frac{(T-T_1)(T_2-T)^B}{(T_0-T_1)(T_2-T_0)^B} \qquad\qquad (2\text{-}8)$$

$$B = (T_2-T_0)/(T_0-T_1) \qquad\qquad (2\text{-}9)$$

式中,T 为逐旬平均气温,T_1,T_2 和 T_0 分别是该时段内作物生长发育的下限温度、上限温度和最适温度,且令当 $T \leqslant T_1$ 时,$F(T)=0$。

冬小麦、玉米和水稻的三基点温度见表 2-5(于波等,2013)。

表 2-5　冬小麦、玉米和水稻各发育期的三基点温度

作物	发育期	最低温度(℃)	最适温度(℃)	最高温度(℃)
冬小麦	出苗—分蘖	3～5	15～18	32～35
	越冬期	0～2	10～12	25
	拔节—抽雄	8～10	12～20	30～35
	抽雄—开花	9～11	18～24	30～32
玉米	出苗—拔节	10	24	38
	拔节—抽雄	18	25	35
	抽雄—开花	18	27	35
	灌浆—成熟	16	23	30
水稻	苗期	12～14	26～32	40
	移栽	13～15	25～30	35
	分蘖期	15	29～31	37
	抽穗—开花	20～22	28～30	35
	灌浆—成熟	13～15	20～28	32

2.4.1.3　气候生产潜力

水分是影响气候生产潜力的另一重要因子,水分过多或过少均会影响作物的光合作用进程,因此需要对光温生产潜力进行水分影响订正。水分订正函数采用降水蒸散比为基本指标

$$F(P_0) = P/ET_m \qquad\qquad (2\text{-}10)$$

式中,$F(P_0)$ 为计算时段的水分初始订正值,P 为相应时段的降水量,ET_m 为相应时段的作物潜在蒸散量,即作物需水量。其计算公式为

$$ET_m = K_c \cdot ET_0 \qquad\qquad (2\text{-}11)$$

式中,ET_0 为相应时段的参考作物蒸散量,用 FAO(联合国粮食及农业组织)Penman-Monteith 模型计算;K_c 为相应时段的作物系数(详见 3.1.2)。

由于气候生产潜力的计算基于旬时间尺度,因此降水量的年内波动更加显著,比如一旬无降水的情况很多,但这并不代表当旬水分条件为零,作物没有干物质积累。由于土壤水分的延续性和滞后性,前期的水分条件对当旬的干物质积累有着重要影响,因此在进行光温生产潜力的水分影响订正时,需要考虑前期水分条件对当旬的贡献,以便使估算的气候生产潜力更加符合真实情况。

前效影响考虑的时间尺度因作物和不同的生长季有所差异。对于玉米和水稻这些生长于

夏半年的作物来说,生长季气温高,蒸散强烈,农田水分消耗较快,前效影响主要考虑前一旬的水分条件,将前一旬($i-1$)和当旬(i)的降水蒸散比分别以 0.3 和 0.7 的权重相加,作为本旬的水分订正指数 $F(P_1)$。而主要生长于冬半年的冬小麦,生长季气温偏低,农田水分消耗较慢,前效影响的时间更长。前效影响时段冬季(12 月、1 月、2 月)以前四旬和当旬的降水蒸散比分别以 0.1、0.1、0.2、0.2 和 0.4 的权重相加、春秋季(10、11 月和 3 月、4 月、5 月)以前三旬和当旬的降水蒸散比分别以 0.1、0.2、0.3 和 0.4 的权重相加、夏季(6 月上旬)则以前两旬和当旬的降水蒸散比分别以 0.2、0.3 和 0.5 的权重相加,得到本旬的水分订正指数 $F(P_1)$。

在水分平衡方面,目前常见的水分订正方法多数仅考虑水分过少对光温生产潜力的影响,但是由于淮河流域旱涝灾害发生均较频繁,水分过多对气候生产潜力的限制情况也很常见。研究表明,即使是半水生作物的水稻,田间间歇水层也比传统的持续水层更有利于提高产量和品质(汪强等,2006;柯传勇等,2009)。因此,需要对传统的水分订正方法进行一些改进,使得水分订正指数能够反映水分偏少和偏多两方面对作物气候生产潜力的影响。

$F(P_0)$ 和 $F(P)$ 的计算结果表明,当 $P \leqslant ET_m$ 时,其数值在 0~1 之间,当 $P > ET_m$ 时,偏多部分数值会出现远大于 1 的极端情况,需要采取合适的方法,将水分偏多时的水分订正指数值标准化到 0~1 之间。考虑到水分略有偏多不会对作物造成减产损失,水分偏多程度越重,危害越大的原则,对 $F(P_1)$ 数值采取下列方法实现归一化,得到 $F(P)$,即

当 $F(P) < 1$ 时,
$$F(P) = F(P_1) \tag{2-12}$$

当 $F(P) = 1~2$ 时,
$$F(P) = 1 \tag{2-13}$$

当 $F(P) \geqslant 2$ 时,
$$F(P) = 1 - \frac{F(P_1) - F(P_1)_{min}}{F(P_1)_{max} - F(P_1)_{min}} \tag{2-14}$$

由于淮河流域降水量南北差异较大,各作物品种对水分适应性也有差异,因此最大最小值按照各作物的农业气候分区(见 1.1.1.5)设定。其中 $F(P_1)_{max}$ 为某区各站 1971—2010 年逐旬 $F(P_1)$ 的最大值,$F(P_1)_{min}$ 为某区各站 1971—2010 年逐旬 $F(P_1)$ 的最小值。

经过以上订正,水分影响函数值 $F(P)$ 无论在旱或涝的状况下均分布在 0~1 之间。由于作物需水量比较稳定(表 2-6),而降水量的年际间变异很大(表 2-7)。因此,该函数值反映了降水量变化对作物气候生产潜力的影响。

表 2-6 淮河流域农作物全生育期潜在蒸散量特征值

作物	平均值(mm)	最大值(mm)	最小值(mm)	变异系数(%)
冬小麦	479.7	552.5	400.0	7.99
夏玉米	474.5	546.3	312.9	8.97
一季稻	683.6	811.7	597.2	6.45

表 2-7 淮河流域农作物全生育期降水量特征值

作物	平均值(mm)	最大值(mm)	最小值(mm)	变异系数(%)
冬小麦	291.9	596.4	178.2	31.33
夏玉米	531.6	843.2	360.5	20.84
一季稻	717.6	1107.8	369.0	23.44

2.4.2　三大作物的气候生产潜力

计算了 1971—2010 年淮河流域冬小麦(171 站)、夏玉米(121 站)和一季稻(52 站)的光合生产潜力、光温生产潜力和气候生产潜力。

由表 2-8 可见,淮河流域三大作物的光合生产潜力平均值以在地生长时间最长的冬小麦最高,其次是一季稻,在地生长时间最短的夏玉米最低。光合生产潜力年际变化比较稳定,变异系数均在 10% 以内。

表 2-8　淮河流域农作物光合生产潜力特征

作物	平均值(kg/hm²)	最大值(kg/hm²)	最小值(kg/hm²)	变异系数(%)
冬小麦	23247	28341	19196	5.5
夏玉米	14630	16664	11374	8.6
一季稻	18180	21030	14863	8.1

三种作物的光温生产潜力平均值冬小麦和一季稻相近,夏玉米最低。可见由于冬小麦经过越冬期,冬季低温对光合生产潜力的限制作用很大,导致光温生产潜力大幅下降,使得光合生产潜力优势丧失。但是气温的年际变化不大,各作物光温生产潜力的年际变化均较稳定,变异系数仍在 10% 以内(表 2-9)。

表 2-9　淮河流域农作物光温生产潜力特征

作物	平均值(kg/hm²)	最大值(kg/hm²)	最小值(kg/hm²)	变异系数(%)
冬小麦	16166	19004	10167	8.0
夏玉米	13511	15433	10068	8.0
一季稻	16196	19445	12904	9.6

三种农作物的气候生产潜力平均值则以一季稻最高,其次是夏玉米,冬小麦最低,变异系数也以冬小麦最大,超过 20%,一季稻和夏玉米基本相近,仅为 10%~12%(表 2-10)。从三种作物气候生产潜力占光温生产潜力的比例看,以冬小麦最低,仅为 50%,且变异系数超过 25%,非常不稳定;一季稻和夏玉米接近,气候生产潜力约占光温生产潜力的 2/3,变异系数仅为 12%~16%(表 2-11)稳定性较高。其原因为冬小麦生育期间,降水普遍不能满足需求,且变异率大;而夏季生长的一季稻和夏玉米水分条件远好于冬小麦。

表 2-10　淮河流域农作物气候生产潜力特征值

作物	平均值(kg/hm²)	最大值(kg/hm²)	最小值(kg/hm²)	变异系数(%)
冬小麦	7847	8851	5366	22.2
夏玉米	9025	11118	6556	11.2
一季稻	10655	13055	7742	12.4

表 2-11　淮河流域作物气候生产潜力占光温生产潜力的比值(%)

作物	平均值	最大值	最小值	变异系数
冬小麦	49.7	84.7	26.6	25.4
夏玉米	67.3	80.6	46.1	12.9.
一季稻	66.4	86.2	45.0	16.3

2.4.3　降水变化对农业气候生产潜力的限制

2.4.3.1　冬小麦

淮河流域各站逐年冬小麦气候生产潜力占光温生产潜力的比例(简称气候比,下同)平均值和相应的生长季降水量、降水变异系数平均值的分析结果表明,冬小麦气候比与生长季降水量和降水变异系数之间存在显著的相关性。气候比与冬小麦生长季降水量呈二次曲线相关($P<0.01$),当降水量$<600\text{mm}$时,冬小麦气候比随降水量的增加而增加(图2-35a);气候比平均值与冬小麦生长季降水量变异系数平均值呈显著负相关(图2-35b)。淮河流域冬小麦生长季内降水总量仅能满足需求量的60%,且降水变率大,达到31.3%,因此,降水不足和降水的不稳定是限制冬小麦气候生产潜力的重要因素。

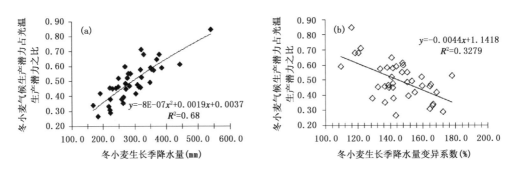

图 2-35　淮河流域冬小麦气候比与降水量和降水变异系数的关系

进一步分析淮河流域逐年冬小麦气候比≤50%的站数与相应年的冬小麦全生育期内降水量和降水变异系数之间的关系。分析表明,冬小麦气候比≤50%的站数与生长季降水量之间为极显著二次曲线相关($P<0.01$),当降水量为350~600mm时,气候比≤50%的站数最少(图2-36a);气候比≤50%的站数与降水变异系数也为极显著相关(图2-36b),说明冬小麦气候生产潜力主要受生长期降水量和降水变异的双重制约,其适宜降水量高于该区域全生育期的平均降水量,即该区域冬小麦生育期间降水量普遍不足,且降水分布严重不均,干旱风险大。

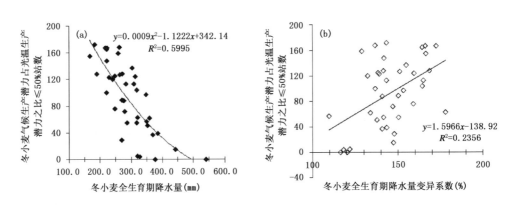

图 2-36　淮河流域冬小麦气候比≤50%的站数与生长季降水量(a)和降水变异系数(b)的关系

2.4.3.2　夏玉米

　　淮河流域各站逐年夏玉米气候比平均值和生长季降水量、降水变异系数平均值的分析结果表明,夏玉米气候比与相应的生长季降水量和降水变异系数之间存在显著的相关性。气候比与夏玉米生长季降水量呈极显著二次曲线相关($P<0.01$),当降水量<700mm 时,夏玉米气候比随降水量的增加而增加,当降水量超过 800mm 以后呈下降趋势,说明降水量在一定范围内对增加夏玉米气候生产潜力有利,但是达到一定程度也会对夏玉米气候生产潜力产生限制作用(图 2-37a);气候比平均值与夏玉米生长季降水量变异系数平均值呈极显著负相关($P<0.01$),随着变异系数的增大迅速降低(图 2-37b)。淮河流域夏玉米生育期间降水总量略大于需水量,但降水变率较大(表 2-8),因此除了降水量偏离常态的程度,降水的不稳定性也是限制夏玉米气候生产潜力的重要因素。

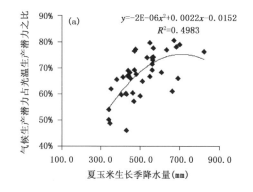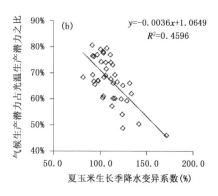

图 2-37　淮河流域夏玉米气候生产潜力占光温生产潜力的比例与降水量(a)和降水变异系数(b)的关系

　　图 2-38 表明了淮河流域夏玉米气候比$\leqslant50\%$的站数与生长季降水量和降水变异系数的关系。夏玉米气候比$\leqslant50\%$的站数与生长季降水量的关系也为二次曲线相关($P<0.01$),当降水量为 600mm～800mm 时,气候比$\leqslant50\%$的站数最少,和气候比平均值与夏玉米生长季降水量关系的阈值一致;夏玉米气候比$\leqslant50\%$的站数与降水变异系数的为显著正相关($P<0.01$),随着降水变异系数的增大,夏玉米气候比$\leqslant50\%$的站数显著增多。后者的相关系数大于前者,结合典型年夏玉米气候比和生长季降水量和降水变异系数的关系分析,可以发现夏玉米气候生产潜力也受生长季降水量和降水变异系数的双重影响,当夏玉米全生育期降水量为 600～800mm 时,对气候生产潜力的限制最小,大于或小于此数值,降水量对气候生产潜力的限制作用增大;在降水量适宜的情况下,气候生产潜力受降水变异系数的制约。

2.4.3.3　一季稻

　　淮河流域各站逐年一季稻气候比和生长季降水量、降水变异系数的关系分析结果表明,一季稻逐年气候比各站平均值与相应年的生长季降水量之间存在显著的二次曲线相关($P<0.01$),总体趋势为,当降水量<800mm 时,一季稻气候比随降水量的增加而增加,当降水量超过 1000mm 以后,一季稻气候比呈下降趋势,说明降水量在一定范围内增加对提高气候生产潜力有利,但是超过一定限度也会对气候生产潜力产生限制作用(图 2-39a);一季稻气候比平均值与生长季降水量变异系数平均值呈不显著负相关(图 2-39b),因此一季稻气候生产潜力的限制因素主要是降水量。

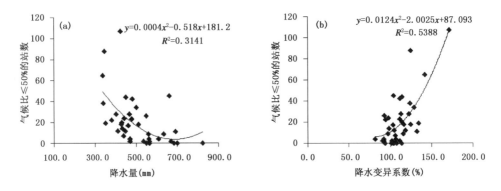

图 2-38　淮河流域夏玉米气候比≤50％的站数与生长季降水量(a)和降水变异系数(b)的关系

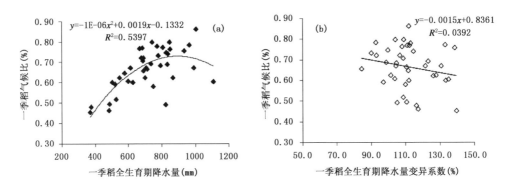

图 2-39　淮河流域一季稻气候生产潜力占光温生产潜力的比例与降水量和降水变异系数的关系

进一步分析淮河流域逐年一季稻气候比≤50％的站数与相应的一季稻全生育期内降水量和降水变异系数之间的关系。分析表明，一季稻气候比≤50％的站数与生长季降水量的关系也为极显著二次曲线相关（$P<0.01$），当降水量为 800～1000mm 时，一季稻气候比≤50％的站数最少，和一季稻气候比平均值与生长季降水量关系的阈值一致（图 2-40a）；一季稻气候比≤50％的站数与降水变异系数之间也为不显著正相关（图 2-40b），与一季稻气候比和降水量、降水变异系数的分析结论一致。

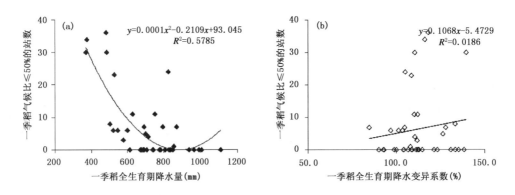

图 2-40　淮河流域一季稻气候比≤50％的站数与生长季降水量(a)和降水变异系数(b)的关系

2.5　本章小结

本章利用观测资料分析了淮河流域降水和土壤墒情的时空变化特征、淮河流域历史旱涝灾害实况,以及降水变化对农作物气候生产潜力的影响。

(1)淮河流域降水量近 40a(1971—2010 年)呈南多北少纬向分布特征,主要生长季雨日多,降水集中,变率大;冬小麦生长季降水量少,南北差异大,变率也大。农作物旱涝风险并存。各时段降水量均无显著时间变化趋势,年降水日数也无明显的时间变化,但是暴雨日数随时间呈增多趋势,表明暴雨强度随时间增大,加之极端降水的空间分布更加不均,因此涝灾频率和突发性均有可能增加。从持续降水日数、无降水日数、暴雨量和暴雨日数的空间分布看,干旱风险北部大于南部;涝灾风险的区域分布则与之相反。

(2)土壤相对湿度以 0～10cm 土层最小,10～20cm 和 40～50cm 土层接近。各土层土壤相对湿度年内变化均呈“V”字形分布,1—3 月和 7—12 月处于高位阶段,4—6 月为低值期。土壤相对湿度过湿频率以 0～10cm 土层最低,10～20cm 土层其次,40～50cm 土层最高,年内分布形态同土壤相对湿度。土壤相对湿度干旱频率年内变化的峰谷位相与土壤相对湿度相反,下层位相较上层滞后。淮河流域各代表站年平均土壤相对湿度具有明显的区域差异。

(3)淮河流域 1949—2012 年干旱受灾和成灾面积呈 5～10a 周期性的波动特征。年成灾面积在 400 万 hm² 以上的旱灾和洪涝灾害均有 5 年,平均 12～13a 发生一次。干旱和洪涝的成灾面积占受灾面积的百分比均呈现下降趋势。河南、安徽、江苏三省 64 年间干旱成灾面积总体上呈现了较一致的波动规律。四省历年洪涝成灾面积的年际波动峰谷位相总体也较一致。

(4)降水变化对三种作物气候生产潜力的限制作用以冬小麦最大,其次是夏玉米,一季稻最小。冬小麦生育期间平均降水量严重不足,且降水变率大,构成了对气候生产潜力的双重限制作用;夏玉米降水总量可以满足作物的需水要求并略有盈余,但是降水时空分布不均,限制了夏玉米的气候生产潜力;一季稻的水分供需状况与夏玉米相似,但气候生产潜力主要受降水量的影响。

参考文献

安徽省水利厅.安徽省 2001 年防汛抗旱工作总结[EB/OL].[2015−05−07].http://www.ahsl.gov.cn/websites14/detail/533e3aa1e2ede8c01a69fcbb.html,2008−09−05/.

程纯枢,冯秀藻,刘明孝,等.1986.中国农业百科全书・农业气象卷[M].北京:农业出版社:171-172.

戴俊英,沈秀英,李维,等.1988.高产玉米的光合作用系统参数与产量的关系[J].沈阳农业大学学报,**19**(3):1-8.

董子梅.2009.玉米高产的几个主要生理指标[J].现代农业,(3):44-46.

顾万龙,王纪军,朱业玉,等.2010.淮河流域降水量年内分配变化规律分析[J].长江流域资源与环境,**19**(4):426-431.

何永坤,郭建平.2012.基于实际生育期的东北地区玉米气候生产潜力研究[J].西南大学学报(自然科学版),**34**(7):67-74.

侯光良,刘允芬.1985.我国气候生产潜力及其分区[J].自然资源,(3):52-59.

柯传勇,彭俊杰,骆雪姣,等.2009.不同水分条件对水稻生长特性、产量及品质的影响[C]//纪念中国农业工程学会成立 30 周年暨中国农业工程学会 2009 年学术年会(CSAE2009)论文集.

李柏年.2005.淮河流域洪涝灾害分析模型研究[J].灾害学,20(2):18-21.

李忠辉,胡培成,黄晚华.2010.江西省中稻动态气候生产潜力研究[J].安徽农业科学,**38**(12):6388-6390.

林忠辉,项月琴,莫兴国,等.2003.夏玉米叶面积指数增长模型的研究[J].中国生态农业学报,**11**(4):69-72.

陆志刚,张旭辉,霍金兰,等.2011.1960—2008 年淮河流域极端降水演变特征[J].气象科学,**31**(增):74-80.

马晓群,刘惠敏,吴文玉.2008.安徽省农业干旱综合监测技术及其业务试用[J].气象,**34**(5):75-81.

宁远,钱敏,王玉太.2003.淮河流域水利手册[M].北京:科学出版社.

农业部种植业管理司.1954 年淮河洪水[EB/OL].[2015－05－07].http://zzys.agri.gov.cn/zaihai/data/2.htm.

农业部种植业管理司.1978 年特大干旱[EB/OL].[2015－05－07].http://zzys.agri.gov.cn/zaihai/data/17.htm.

农业部种植业管理司.1991 年江淮洪水[EB/OL].[2015－05－07].http://zzys.agri.gov.cn/zaihai/data/10.htm.

农业部种植业管理司.中国灾害查询系统网站[EB/OL].[2015－05－07].http://zzys.agri.gov.cn/zaihai/chaxun.asp.

任国玉,吴虹,陈正洪.2000.我国降水变化趋势的空间特征[J].应用气象学报,**11**(3):322-330.

荣艳淑,王鹏,王文.2009.中国淮河流域极端降水的变化[C]//第七届中国水论坛论文集:51-55.

水利部.2003 年淮河防汛抗洪总结[EB/OL].[2015－05－07].http://www.mwr.gov.cn/ztpd/2009ztbd/dckhdszl/dckhgz/201003/t20100324_187226.html,2003－10－10/.

水利部.历史上重大洪涝灾害统计—1968 年淮河大水[EB/OL].[20150507].http://www.mwr.gov.cn/sldq/slbk/slcs/200307/t20030722_123639.html.2003－07－22/.

水利部.历史上重大洪涝灾害统计—1991 年淮河洪水[EB/OL].http://www.mwr.gov.cn/sldq/slbk/slcs/200307/t20030722_123626.html.2003－07－22/20150507.

水利部.全国主要江河 7 月份雨水情概况[EB/OL].http://www.mwr.gov.cn/slzx/slyw/tpxw/200912/t20091225_164002.html,2003－08－06/2015－05－07.

水利部淮河水利委员会.1990.1989 年淮河流域水旱灾害情况统计表[J].治淮汇刊年鉴.

水利部淮河水利委员会.1991.1990 年淮河流域水旱灾害统计表[J].治淮汇刊年鉴.

水利部淮河水利委员会.1992.1991 年淮河流域水旱灾害统计表[J].治淮汇刊年鉴.

水利部淮河水利委员会.1993.1992 年淮河流域水旱灾害统计表[J].治淮汇刊年鉴.

水利部淮河水利委员会.1995.1994 年淮河流域水旱灾害统计表[J].治淮汇刊年鉴.

水利部淮河水利委员会.1996.1995 年淮河流域水旱灾害统计表[J].治淮汇刊年鉴.

水利部淮河水利委员会.1997.1996 年淮河流域水旱灾害统计表[J].治淮汇刊年鉴.

水利部淮河水利委员会.1999.1998 年淮河流域水旱灾害统计[J].治淮汇刊年鉴.

水利部淮河水利委员会.2000.1999 年淮河流域水旱灾害统计[J].治淮汇刊年鉴.

水利部淮河水利委员会.2001.2000 年淮河流域水旱灾害统计表[J].治淮汇刊年鉴.

水利部淮河水利委员会.2002.2001 年淮河流域水旱灾害统计表[J].治淮汇刊年鉴.

水利部淮河水利委员会.2003.淮河流域水旱灾害统计表(2002 年)[J].治淮汇刊年鉴.

水利部淮河水利委员会.2004.淮河流域水旱灾害统计表(2003 年)[J].治淮汇刊年鉴.

水利部淮河水利委员会.2005.淮河流域水旱灾害统计表(2004 年)[J].治淮汇刊年鉴.

水利部淮河水利委员会.2006.淮河流域及山东半岛水旱灾害统计表[J].治淮汇刊年鉴.

水利部淮河水利委员会.2007.淮河流域及山东半岛水旱灾害统计表[J].治淮汇刊年鉴.

水利部淮河水利委员会.2008.淮河流域水旱灾害统计表(2007 年)[J].治淮汇刊年鉴.

水利部淮河水利委员会.2008.流域概况[EB/OL].[2015－05－07].http://www.hrc.gov.cn/detail? model

＝00000000000000006575&.documentid＝13486,2008－08－15/.

水利部淮河水利委员会.2009.淮河流域水旱灾害统计表(2008年)[J].治淮汇刊年鉴.

水利部淮河水利委员会.2010.淮河流域及山东半岛水旱灾害统计表(2009年)[J].治淮汇刊年鉴.

水利部淮河水利委员会.2011.淮河流域及山东半岛水旱灾害统计表(2010年)[J].治淮汇刊年鉴.

水利部淮河水利委员会.2012.2011年淮河流域及山东半岛水旱灾害统计表[J].治淮汇刊年鉴.

水利部淮河水利委员会.2013.2012年淮河流域及山东半岛水旱灾害统计表[J].治淮汇刊年鉴.

田红,高超,谢志清,等.2012.淮河流域气候变化影响评估报告[M].北京:气象出版社.

佟屏亚,程延年.1996.玉米高产栽培经济系数的研究[J].北京农业科学,**14**(4)1-3.

汪强,樊小林,Klaus D,等.2006.不同水分条件下水稻根系生长与产量变化关系研究[J].中国农学通报,**22**(11):106-111.

温克刚,卞光辉.2008.中国气象灾害大典(江苏卷)[M].北京:气象出版社.

温克刚,庞天荷.2005.中国气象灾害大典(河南卷)[M].北京:气象出版社.

温克刚,翟武全.2007.中国气象灾害大典(安徽卷)[M].北京:气象出版社.

幺枕生.1958.中国东部境内的降水变率[J].气象学报,**29**(4):225-237.

叶金印,黄勇,张春莉,等.2013.近50a淮河流域汛期降水日数和强度的分布与变化特征[J].湖泊科学,**25**(4):583-592.

于波,鲍文中,吴必文,等.2013.安徽农业气象业务服务手册[M].北京:气象出版社:113-117.

于振文,田奇卓,潘庆民,等.2002.黄淮麦区冬小麦超高产栽培的理论与实践[J].作物学报,28(5):577-585.

余泽高,方燕妮.2002.小麦经济系数与其它若干性状的研究[J].湖北农学院学报,22(61):486-492.

张天宇,程炳岩,王记芳,等.2007.华北雨季降水集中度和集中期的时空变化特征[J].高原气象,**26**(4):844-853.

张养才,王石立,李文,等.2001.中国亚热带山区农业气候资源研究[M].北京:气象出版社:23-26.

中国天气网.2007年淮河特大暴雨洪涝[EB/OL].[2015－05－07].http://www.weather.com.cn/zt/tqzt/hhby/07/60585.shtml,2009－07－08/.

第 3 章　　淮河流域主要农作物水分盈亏状况

　　水分是作物生长发育的主要环境因子。农业旱涝是由水分供需不平衡引起的。农业干旱程度一般以农作物需水量和水分实际亏缺量以及对产量的影响程度来衡量;农业涝渍的轻重是由土壤过湿或受淹的程度和持续时间对农作物生长发育及产量影响的大小决定的。农业旱涝的严重程度与作物的生长发育阶段密切相关。因此,分析淮河流域主要粮食作物冬小麦、夏玉米和一季稻全生育期和需水关键期的水分供需情况可为淮河流域农作物旱涝灾害精细化损失评估提供科学依据。本章主要介绍采用水分盈亏指数分析淮河流域不同区域主要粮食作物全生育期、需水关键期和典型旱涝年的水分盈亏状况。

3.1　农作物水分盈亏的分析方法

3.1.1　分析思路

　　作物水分盈亏指数(I_d)是指某时段有效供水量(P_e)与同一时段作物需水量(ET_m)之差与作物需水量的比值,表征了水分供需的平衡程度,具有清晰的农业意义。若降水量小于作物需水量,说明农田水分供应不足,比值达到某一临界值时,即会出现干旱;反之若降水量大于需水量,说明农田水分供给过多,比值达到某一临界值时,又会出现涝渍。

　　农作物全生育期水分盈亏指数反映了某作物生长季的水分供需平衡程度,但是实际生产中由于降水时间分布的不均匀性,全生育期和需水关键期(既是水分过多或缺乏对产量影响最大的时期又是当地水分条件不稳定的时期)的水分供需情况往往是不同的。全生育期水分正常,需水关键期水分供需不平衡,农作物仍有可能因旱涝灾害导致减产。因此,评价农作物生育阶段的旱涝程度及其影响需要全面分析全生育期和需水关键期的水分供需情况。

　　淮河流域冬小麦、夏玉米和一季稻的种植范围和分区见 1.1.5 节,各作物全生育期和关键期所处的时间段见表 3-1。

表 3-1　淮河流域冬小麦、夏玉米和一季稻全生育期和需水关键期

作物	区域	全生育期		需水关键期	
		时段	发育期		时段
冬小麦	Ⅰ区	10 月中旬—翌年 6 月上旬			上/4—下/4
	Ⅱ区	10 月中旬—翌年 5 月下旬	拔节至抽穗		下/3—中/4
	Ⅲ区	10 月中旬—翌年 5 月下旬			下/3—下/4
	Ⅳ区	10 月下旬—翌年 5 月下旬			下/3—中/4

作物	区域	全生育期		需水关键期
		时段	发育期	时段
夏玉米	Ⅰ区	6 月中旬—9 月中旬		下/7—上/8
	Ⅱ区	6 月上旬—9 月中旬	拔节至抽雄	中/7—下/7
	Ⅲ区	6 月上旬—9 月中旬		中/7—下/7
一季稻	沿淮区	5 月上旬—10 月中旬	拔节至抽穗	中/7—中/8

3.1.2　水分盈亏指数的计算

根据农田水分平衡原理,水分盈亏指数由有效供水量和作物需水量两部分组成,雨养条件下的作物水分盈亏指数(张玉芳等,2011)表达式为

$$I_{\mathrm{d}} = \frac{P_{\mathrm{e}} - ET_{\mathrm{m}}}{ET_{\mathrm{m}}} \tag{3-1}$$

式中,I_{d} 为作物水分盈亏指数,I_{d} 为正表明水分有盈余,I_{d} 为负表明水分亏缺,绝对值越大说明水分盈余或亏缺越明显;P_{e} 为某时段农业有效降水量(其中水稻因不是旱地作物,该项为实际降水量);ET_{m} 为同一时段作物需水量,某时段农业有效降水量 P_{e} 和作物需水量 ET_{m} 均为逐日计算,通过作物全生育期或关键期逐日累加计算得到。

作物需水量:即潜在蒸散量,为正常生育状况和最佳水、肥条件下,作物整个生育期间农田消耗于蒸散的水量,为植株蒸腾量与株间土壤蒸发量之和。作物需水量主要受气象因素的影响,也与作物种类、土壤性质和农业措施等有关,利用 FAO 推荐的作物系数法计算(Richard 等,1998),公式为

$$ET_{\mathrm{m}} = K_{\mathrm{c}} \cdot ET_0 \tag{3-2}$$

式中,ET_0(mm)为参考作物蒸散量,K_{c} 为作物系数。

ET_0 采用 1998 年 FAO 推荐并修订的 FAO Penman-Monteith(简称 FAO P-M)模型计算,该方法定义了一个高 0.12m,表面阻力为 70 s/m,反照率为 0.23 的假想参考作物面,代表同一高度、生长旺盛、完全覆盖地面、水分充足的广阔绿色植被,避免了作物因素的影响,使得 ET_0 仅为气候要素的函数,反映了不同地区不同时期大气蒸发能力对植物需水量的影响

$$ET_0 = \frac{0.408\Delta(R_{\mathrm{n}} - G) + \gamma \dfrac{900}{T+273} U_2 (e_{\mathrm{s}} - e_{\mathrm{a}})}{\Delta + \gamma(1 + 0.34U_2)} \tag{3-3}$$

式中,ET_0 为参考作物蒸散量;R_{n} 为冠层表面净辐射[MJ/(m² · d)];G 为土壤热通量[MJ/(m² · d)];e_{s} 为饱和水汽压(kPa);e_{a} 为实际水汽压(kPa);Δ 为饱和水汽压—温度曲线斜率(kPa/℃);γ 为干湿球常数(kPa/℃);U_2 为 2m 高处的风速(m/s);T 为平均气温(℃)。

式(3-3)中净辐射(R_{n})为净短波辐射(R_{ns})和长波辐射之差(R_{nl}),即

$$R_{\mathrm{n}} = R_{\mathrm{ns}} - R_{\mathrm{nl}} \tag{3-4}$$

而 R_{ns} 由

$$R_{\mathrm{ns}} = (1 - \alpha)\left(a + b\frac{n}{N}\right)R_{\mathrm{a}} \tag{3-5}$$

估算。式中 α 为地面反照率，$\dfrac{n}{N}$ 为日照百分率，R_a 为大气上界的太阳辐射，a、b 为经验系数。前人对 a、b 系数做过很多研究，认为该指数不仅空间分布不均匀，在很多地区还有明显的季节特征（鞠晓慧等，2005；康雯瑛等，2008）。因此，本研究利用淮河流域境内及其周边 8 个辐射站（莒县、郑州、淮阴、固始、合肥、吕泗、南京和济南）的实测资料，建立了日照百分率拟合太阳辐射的估算式，获得各站逐月的辐射经验系数 a、b 值（表 3-2），并采用最短距离和气候相似性原理，确定了淮河流域境内 174 个气象站点的辐射经验系数，采用各气象站 1971—2010 年逐日日照百分率资料，对相应的太阳辐射进行了拟合计算。FAO P-M 模型中其余参数采用 FAO 推荐值。

表 3-2　淮河流域各代表站太阳辐射经验系数

站点	系数	月份											
		1 月	2 月	3 月	4 月	5 月	6 月	7 月	8 月	9 月	10 月	11 月	12 月
莒县	a	0.214	0.1933	0.1903	0.1715	0.1762	0.1983	0.2106	0.1899	0.182	0.2243	0.2138	0.1996
	b	0.4765	0.5306	0.5334	0.5552	0.5724	0.5465	0.541	0.5437	0.5501	0.4784	0.4819	0.4965
郑州	a	0.2105	0.1955	0.172	0.1674	0.1726	0.1763	0.1937	0.1922	0.1674	0.1725	0.1717	0.188
	b	0.5085	0.5492	0.5729	0.5706	0.5632	0.5512	0.5266	0.5189	0.5531	0.5422	0.5566	0.5228
淮阴	a	0.1633	0.1824	0.1645	0.1716	0.1662	0.2016	0.2137	0.1853	0.1977	0.191	0.1582	0.1746
	b	0.5271	0.5312	0.5721	0.5531	0.5757	0.5083	0.4701	0.4954	0.4592	0.4458	0.5122	0.4686
固始	a	0.1466	0.1311	0.1313	0.1431	0.148	0.1639	0.1747	0.1747	0.1573	0.1488	0.1417	0.1363
	b	0.5433	0.5845	0.5951	0.5742	0.5759	0.5601	0.5447	0.5244	0.5607	0.5564	0.5531	0.5444
合肥	a	0.1323	0.1197	0.1249	0.1289	0.1439	0.1554	0.1657	0.1685	0.16	0.1466	0.1333	0.1303
	b	0.5581	0.5978	0.6018	0.584	0.5663	0.5498	0.53	0.5095	0.5361	0.5382	0.5478	0.5327
吕泗	a	0.1373	0.1518	0.1374	0.1561	0.178	0.1657	0.1776	0.1833	0.1791	0.1855	0.1666	0.1517
	b	0.571	0.5825	0.6095	0.569	0.5467	0.5322	0.5071	0.4857	0.5184	0.5151	0.5384	0.548
南京	a	0.1373	0.1283	0.1241	0.127	0.1405	0.1447	0.1547	0.1521	0.1637	0.153	0.1525	0.1489
	b	0.571	0.6004	0.611	0.5998	0.5831	0.5632	0.54	0.5322	0.5205	0.5348	0.5388	0.5447
济南	a	0.1474	0.1445	0.1432	0.1263	0.12	0.1513	0.1534	0.147	0.1554	0.146	0.1454	0.1422
	b	0.5085	0.5319	0.5397	0.5773	0.5966	0.5456	0.5221	0.5286	0.5449	0.5447	0.5433	0.5119

作物系数（K_c）反映了作物蒸腾、土壤蒸发的综合效应，受作物类型、气候条件、土壤蒸发、作物生长状况等多种因素影响，FAO 推荐了一些作物的标准作物系数（Richard 等，1998），但是标准作物系数在不同地区使用的效果有一定的差异，需用当地资料进行验证和修正。

借鉴前人对淮河流域部分站点作物系数的研究成果（王稳成等，1989；吴乃元等，1989；彭世彰等，2004；尹海霞等，2012），根据各作物分区代表站点历年作物发育期的观测资料，确定了淮河流域各作物的分区逐月作物系数（表 3-3、表 3-4）。

表 3-3　淮河流域冬小麦逐月作物系数

区域	月份								
	10 月	11 月	12 月	1 月	2 月	3 月	4 月	5 月	6 月
Ⅰ区	0.67	0.71	0.74	0.64	0.77	0.9	1.22	1.13	0.83
Ⅱ区	0.63	0.83	0.93	0.31	0.50	0.91	1.40	1.29	0.60
Ⅲ区和Ⅳ区	0.71	0.94	0.89	0.8	0.92	1.06	1.41	1.3	0.63

表 3-4　淮河流域一季稻和夏玉米逐月作物系数

区域	月份					
	5 月	6 月	7 月	8 月	9 月	10 月
一季稻区	1.10	1.21	1.28	1.40	1.14	1.02
夏玉米Ⅰ区	—	0.78	1.05	1.46	1.25	—
夏玉米Ⅱ区	—	0.60	1.08	1.57	1.23	—
夏玉米Ⅲ区	—	0.65	1.35	1.74	1.06	—

有效降水量:是指旱地作物用于满足作物蒸发蒸腾需要的那部分降水量(不包括地表径流和渗漏至作物根区以下的部分,也不包括淋洗盐分所需要的降水深层渗漏部分)(段爱旺等,2004)。降水的有效性与降水量级直接相关,同时也与作物生长状况、地表覆盖情况、土壤质地和当前土壤的实际含水量有关。由于影响有效降水量的因素较多,精确计算比较困难,因此采用经验公式(Mohan 等,1996;刘战东等,2007)估算有效降水量

$$P_e = \alpha \cdot P \tag{3-6}$$

式中,P_e 为日有效降水量(mm),P 为日降水量(mm),α 为有效降水系数。

有效降水系数(α)可以通过分析代表站日降水量和土壤储水量变化之间的关系得到。由于 2010 年以前全国大多数气象台站的土壤水分观测主要为 5 天一次的人工取土方式,不能满足计算有效降水系数的时间精度要求。近两年气象部门全面推广自动土壤水分观测,可以获得 10 分钟一次的土壤水分数据。但由于自动土壤水分观测运行时间较短,目前多数台站仪器运行尚不稳定,仅部分台站的数据准确度相对较高。考虑到淮河流域大部分区域为平原,土壤类型主要为潮土、砂姜黑土和水稻土,安徽淮北地区的土壤类型具有一定的代表性,因此利用安徽省 2011 年淮北地区运行较为稳定的 10 站(砀山、亳州、界首、蒙城、利辛、五河、阜阳、颍上、霍邱和来安)自动土壤水分观测数据,建立了日降水量和有效降水系数(α)之间的指数相关方程,通过了极显著检验(图 3-1)。规定日降水量在需水关键期≥5mm、其他时段≥3mm 为有效降水(吕厚荃等,2008),因此,有效降水系数表示为

$$\alpha = \begin{cases} 0, & \text{需水关键期 } P < 5\text{mm,其他时段 } P < 3\text{mm} \\ 0.9836\exp(0.0115P), & \text{需水关键期 } P \geqslant 5\text{mm,其他时段 } P \geqslant 3\text{mm} \end{cases} \tag{3-7}$$

式中,α 为有效降水系数,P 为日降水量(mm)。

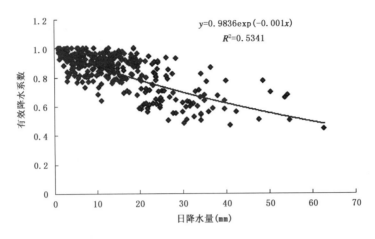

图 3-1　　日降水量与有效降水系数相关关系

3.2　主要农作物的水分盈亏时空变化

利用淮河流域 171 个观测站 40a(1971—2010 年)气象资料、农业气象观测站作物观测资料、主要农作物产量资料,计算作物水分盈亏指数,分农业气候区(见 1.1.5)分析冬小麦(171站)、夏玉米(121 站)和一季稻(52 站)全生育期和需水关键期的水分供需状况。

3.2.1　冬小麦水分盈亏时空特征

3.2.1.1　全生育期

淮河流域冬小麦全生育期需水量为 460～520mm,四个分区差异不明显;有效降水量Ⅳ区为 218.2mm,Ⅲ区接近 200mm,Ⅰ区和Ⅱ区不足 150mm。时间变化趋势分析结果显示,需水量除Ⅱ区为显著减少($P<0.05$)外,其他 3 个分区均无明显变化趋势,有效降水量均呈不显著的增加趋势。各分区平均水分盈亏指数为-0.71～-0.51,自南向北递减(表 3-5)。

冬小麦全生育期水分盈亏指数具有明显的纬向分布特征。由于需水量区域间差异不大,而有效降水量越往北越少,因此越往北,水分亏缺程度越明显。水分盈亏指数北部普遍小于-0.6;中部普遍在-0.6～-0.5 之间;南部则普遍大于-0.5,仅西南局部地区水分供需平衡或略有盈余。说明淮河流域全区冬小麦全生育期缺水程度均较严重,合理灌溉对淮河流域冬小麦稳产高产十分重要(表 3-5,图 3-2)。

从淮河流域冬小麦全生育期水分盈亏指数的年际变化看,各种植区水分盈亏指数基本为负值,即冬小麦全生育期各区均呈水分亏缺状况,且基本没有随时间变化趋势,仅为显著的年际波动。各年代中,以 20 世纪 90 年代水分亏缺指数波动最大,主要由于 1991 年、和 1998 年淮河流域降水量显著偏多造成(表 3-5,图 3-3)。

表 3-5 淮河流域冬小麦全生育期需水量、有效降水量和水分盈亏指数的多年均值及变化趋势

区域	需水量均值 (mm)	需水量变化 趋势(mm/10a)	有效降水量 均值(mm)	有效降水量 变化趋势 (mm/10a)	水分盈亏 指数均值	水分盈亏指数 变化趋势(/10a)
Ⅰ区	473.0	−4.30	137.8	2.54	−0.70	0.008
Ⅱ区	500.9	−10.38*	141.9	2.12	−0.71	0.010
Ⅲ区	515.3	−2.84	194.3	3.94	−0.61	0.010
Ⅳ区	462.7	3.54	218.2	4.74	−0.51	0.007

注:Ⅰ区为东北丘陵半冬性小麦适宜区,Ⅱ区为北部平原半冬性小麦适宜区,Ⅲ区为中部平原半冬性适宜、春性小麦次适宜区,Ⅳ区为西部及沿淮半冬性、春性小麦适宜区。*:$P<0.05$。

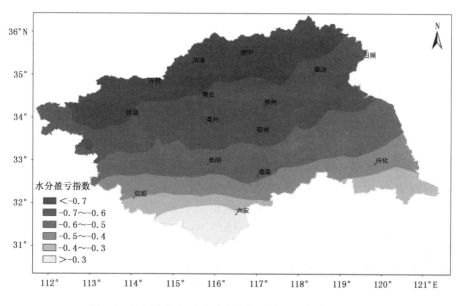

图 3-2 淮河流域冬小麦全生育期水分盈亏指数空间分布

3.2.1.2 需水关键期

冬小麦的需水关键期为拔节至抽穗期。这一阶段冬小麦需水量为 90~130mm,空间分布和全生育期需水量类似,各区差异不明显,北部略小于南部;由于正处于淮河流域春旱少雨时期,全区冬小麦有效降水量仅为需水量的 20%~40%,北部显著少于南部。Ⅳ区为 36.8mm,Ⅲ区接近 30mm,而Ⅰ区和Ⅱ区不足 20mm。冬小麦需水量和有效降水量均无显著的时间变化趋势;水分盈亏指数全区为 −0.82~−0.60,且越往北亏程度越严重。水分亏缺程度大于全生育期(表 3-6)。

冬小麦需水关键期水分盈亏指数的也呈纬向空间分布特征,越往北水分亏缺越明显。东北山区丘陵冬麦区和北部平原冬麦区水分盈亏指数普遍小于 −0.7;中部冬麦区为 −0.7~ −0.6;西部及沿淮冬麦区大于 −0.6,淮河流域各区冬小麦需水关键期均缺水较严重,其中水分条件较好的南部地区水分盈亏指数也普遍小于 −0.2(表 3-6,图 3-4),因此确保淮河流域冬小麦关键期的水分供应至关重要。

从淮河流域冬小麦需水关键期水分盈亏指数的年际变化来看,各种植区水分盈亏指数基

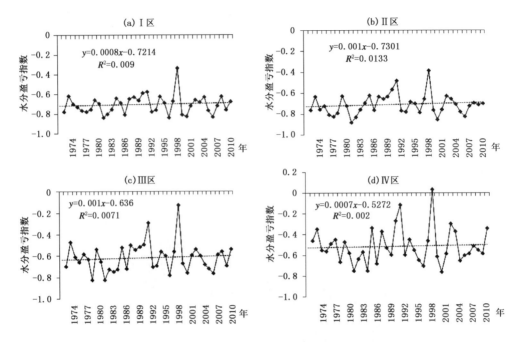

图 3-3　淮河流域冬小麦全生育期水分盈亏指数的年际变化

本为负值,仅为微弱的随时间降低趋势(未通过显著性检验)。各区域冬小麦需水关键期的水分盈亏指数均以 20 世纪 70 年代最大,80 年代最小。各年代水分盈亏指数,Ⅰ区、Ⅱ区和Ⅲ区以 20 世纪 70 年代的最大,最大值和最小值之间相差 0.69～1.06,主要是由于 1974 年、1975 年和 1979 年降水量显著偏多;Ⅳ区则为 20 世纪 90 年代最大,最大值和最小值之间相差 0.97,主要是由于 1991 年和 1998 年降水量异常偏多(表 3-6,图 3-5)。

表 3-6　淮河流域冬小麦需水关键期需水量、有效降水量和水分盈亏指数的多年均值及变化趋势

区域	需水量均值 (mm)	需水量变化 趋势(mm/10a)	有效降水量 均值(mm)	有效降水量 变化趋势 (mm/10a)	水分盈亏 指数均值	水分盈亏 指数变化 趋势(/10a)
Ⅰ区	92.3	−0.50	18.0	−2.33	−0.79	−0.028
Ⅱ区	95.6	−1.57	16.2	−0.95	−0.82	−0.006
Ⅲ区	112.0	−0.61	28.9	−2.26	−0.73	−0.010
Ⅳ区	97.1	1.29	36.8	−2.14	−0.60	−0.022

3.2.1.3　典型旱涝年

淮河流域冬小麦全生育期间水分普遍亏缺(图 3-2,图 3-3)。通过参考气象行业标准《小麦干旱灾害等级》(霍治国等,2007)、《农业干旱等级》(吕厚荃等,2008)等相关文献的旱涝阈值以及冬小麦缺水率与减产率的相关分析,确定了冬小麦缺水率的旱涝阈值 I(旱年 $I \leqslant -0.25$,涝年 $I \geqslant -0.15$),其中干旱兼顾冬小麦全生育期和需水关键期,挑选达到临界阈值站点数百分比较大的年份为典型旱涝年。

由于淮河流域冬小麦全生育期降水严重不足,因此各年各站的水分盈亏指数普遍达到干

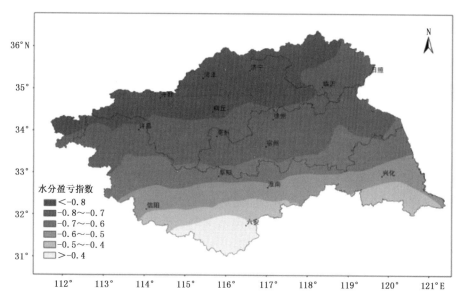

图 3-4　淮河流域冬小麦需水关键期水分盈亏指数空间分布

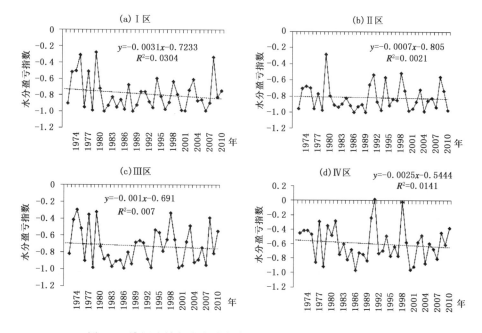

图 3-5　淮河流域冬小麦需水关键期水分盈亏指数的年际变化

旱临界阈值,在近 30a(1971—2010 年)中,1981 年、1986 年、1995 年、1996 年、2000 年、2005 年和 2008 年水分盈亏指数 $I_d < -0.25$ 的站点百分比为 100%,此外,冬小麦需水关键期水分盈亏指数 $I_d < -0.20$(中旱)的站点数百分比达到 98%～100% 年份有 25 年;选择冬小麦全生育期和需水关键期达中旱以上的站点数百分比均较大的年份为典型干旱年,有 1978 年、1980 年、1982 年、1984 年、1988 年、1989 年、1992 年、1994 年、2001 年、2004 年和 2007 年。这仅仅是从实际降水和作物需水角度分析得到的,没有考虑作物品种、灌溉等其他抗旱能力因素,因

此包含了一些并未因旱减产年份,如 1978 年、1984 年等。

由于淮河流域冬小麦全生育期普遍水分亏缺,因此挑选典型涝渍年份只要选取水分盈亏指数 $I_d<-0.15$ 的站点占总站点数的百分比较小的年份即可;其中 1998 年水分盈亏指数 I_d <-0.15 的站点占总站点数的百分比最小(为 53%),其次为 1991 年(为 77%),另外 2002 年(为 89%)和 1990 年(为 90%)的百分比也相对较低,因此挑选 1990 年、1991 年、1998 年、2002 年为冬小麦典型涝渍年,与淮河流域的实际涝年情况吻合程度较好。

分析不同年型的降水量和水分盈亏指数发现,典型旱涝年与水分正常年的降水量差别很大,典型涝渍年平均降水量是典型干旱年的 1.8 倍,是水分正常年的 1.5 倍。典型干旱年淮河流域几乎全部站点冬小麦全生育期水分盈亏指数年平均值均 <-0.25,说明淮河流域冬小麦典型干旱年往往是全流域大面积发生的。即使是在典型的涝渍年份,由于流域范围广,降水分布不均,仍然会有 70% 以上的站点会发生干旱(表 3-7)。因此,干旱是淮河流域冬小麦的主要气象灾害。

表 3-7　淮河流域不同类型年份冬小麦全生育期水分盈亏指数

要素	指标	典型干旱年	水分正常年	典型涝渍年
降水量(mm)	平均值	155	188	278
水分盈亏指数(I_d)	平均值	−0.685	−0.597	−0.348
	最大值	−0.582	−0.488	−0.168
	最小值	−0.815	−0.718	−0.481
站点数百分比(%)	$I_d<-0.25$	99	94	67
	$I_d<-0.15$	100	97	77

3.2.2　夏玉米水分盈亏时空变化

3.2.2.1　全生育期

淮河流域夏玉米全生育期各区平均需水量为 $420\sim500$ mm,Ⅰ区和Ⅱ区接近,小于Ⅲ区;由于与淮河流域雨季同步,夏玉米全生育期雨量丰富,有效降水量平均为 $460\sim550$ mm,Ⅰ区和Ⅲ区接近,Ⅱ区偏小。淮河流域夏玉米近 40a 需水量均随时间显著减小($P<0.05$),而有效降水量则无明显时间变化趋势。夏玉米全生育期水分平衡有余(表 3-8)。

表 3-8　淮河流域夏玉米全生育期需水量、有效降水量和水分盈亏指数多年均值及变化趋势

区域	需水量均值(mm)	需水量变化趋势(mm/10a)	有效降水量均值(mm)	有效降水量变化趋势(mm/10a)	水分盈亏指数均值	水分盈亏指数变化趋势(/10a)
Ⅰ区	422.5	−10.88*	528.8	9.63	0.27	0.063
Ⅱ区	439.1	−19.52*	467.8	18.20	0.09	0.100*
Ⅲ区	493.9	−19.94*	549.4	23.75	0.14	0.100*

注:东北丘陵夏玉米区为Ⅰ区,北部平原夏玉米区为Ⅱ区,中部平原夏玉米区为Ⅲ区。* :$P<0.05$。

夏玉米全生育期水分盈亏指数为 $0.09\sim0.27$。空间分布表明:该指数呈现为自西北向东南增加趋势,自西向东数值逐渐由负转正,即由水分亏缺转为盈余。其中,Ⅰ区大部和Ⅲ区东

部水分盈亏指数普遍大于 0,局部大于 0.2,水分相对充足,这些地区也是涝灾风险的重点防范区域;而Ⅱ区西北部和Ⅲ区局部站点水分盈亏指数为负值,仍有水分亏缺(图 3-6)。

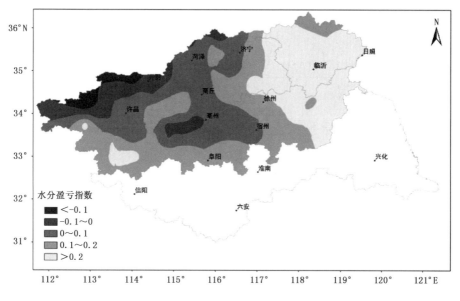

图 3-6　淮河流域夏玉米全生育期水分盈亏指数空间分布

从淮河流域夏玉米全生育期水分盈亏指数的年际变化来看,该指数Ⅱ区和Ⅲ区呈逐年增加趋势($P<0.05$),Ⅰ区虽无明显时间变化,但本身数值已经较大。进入 21 世纪后,特别是 2003 年以后,流域夏玉米全生育期水分盈亏指数各年均为正值,水分普遍盈余,涝灾风险很大。从水分盈亏指数年代分布看,各区均以 2001—2010 年最大,Ⅰ区和Ⅱ区 20 世纪 80 年代水分盈亏指数最小,Ⅲ区则为 70 年代最小(图 3-7)。

3.2.2.2　需水关键期

淮河流域夏玉米需水关键期为拔节到抽雄期,此间各区夏玉米平均需水量为 75~90mm,北部略小于南部;有效降水量平均为 60~65mm,区域差异不明显。从时间变化看,淮河流域各区夏玉米需水量均呈随时间减小趋势,其中Ⅱ区和Ⅲ区通过了显著性检验($P<0.05$),而有效降水量的时间变化各区均未通过显著性检验。

淮河流域夏玉米需水关键期各区水分盈亏指数为 -0.25~-0.1,均呈水分亏缺状态。其空间分布为,中东部最高,其次是东部,西部最低。大部分地区水分盈亏指数小于 0,即呈水分亏缺状态,其中Ⅱ区西部和Ⅲ区西部水分盈亏指数一般在 -0.2 以下,亏缺相对严重;而Ⅰ区、Ⅱ区和Ⅲ区的交界处(即区域中东部)水分盈亏指数普遍在 0~0.2 之间,水分相对充足(图 3-8)。

从淮河流域夏玉米需水关键期水分盈亏指数的年际变化看,各区均呈随时间增加趋势,但仅Ⅱ区通过显著性检验($P<0.05$)。各区夏玉米关键期水分盈亏指数平均值大多数年份都是负值,以水分亏缺为主。由于该指数呈随时间增加趋势,水分供需情况逐年好转,进入 21 世纪后各区绝大多数年份处于水分盈余状态,尤其是 3 个区的 2001 年,Ⅱ区的 2004 年和 2008 年,以及Ⅲ区的 2005 年和 2008 年,降水异常偏多导致水分盈亏指数显著偏大。夏玉米关键期总体水分亏缺不明显,并随年代变化趋于平衡,对夏玉米生长较为有利,但降水异常偏多的涝灾危害风险显著增大(表 3-9,图 3-9)。

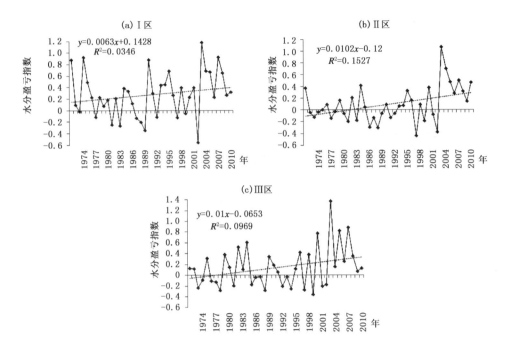

图 3-7　淮河流域夏玉米全生育期水分盈亏指数的年际变化

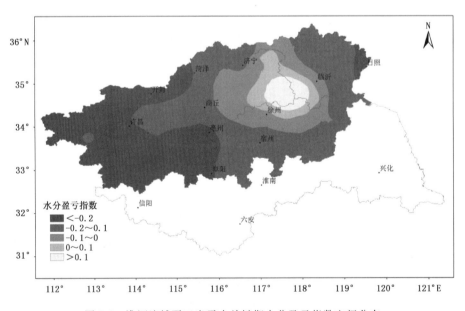

图 3-8　淮河流域夏玉米需水关键期水分盈亏指数空间分布

表 3-9　淮河流域夏玉米需水关键期需水量、有效降水量和水分盈亏指数的多年均值及变化趋势

区域	需水量均值(mm)	需水量变化趋势(mm/10a)	有效降水量均值(mm)	有效降水量变化趋势(mm/10a)	水分盈亏指数均值	水分盈亏指数变化趋势(/10a)
Ⅰ区	76.4	−2.73	60.4	−1.10	−0.15	0.025
Ⅱ区	76.0	−4.61*	64.3	2.92	−0.11	0.088*
Ⅲ区	89.5	−4.28*	64.9	3.22	−0.22	0.070

注 * : $P < 0.05$。

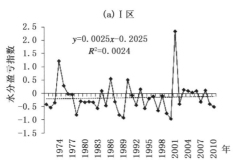
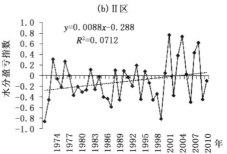
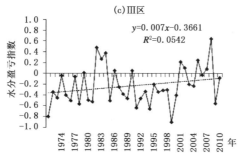

图 3-9　淮河流域夏玉米需水关键期水分盈亏指数的年际变化

3.2.2.3　典型旱涝年

　　分析淮河流域各站点 1971—2010 年夏玉米全生育期水分盈亏指数,采用和冬小麦相同的方法确定夏玉米旱涝阈值(旱年 $I \leqslant -0.12$,涝年 $I \geqslant 0.15$),其中干旱兼顾全生育期和需水关键期的水分盈亏状况,挑选达到临界阈值站点数百分比较大的年份为典型旱涝年。

　　依据干旱临界阈值,其中 1988 年、1997 年、1999 年、2002 年水分盈亏指数 $\leqslant -0.12$ 的站点百分比在 70% 以上,此外,需水关键期水分盈亏指数 $I_d \leqslant -0.12$ 的站点数百分比超过 60% 的有 19 年;选择夏玉米全生育期和需水关键期达中旱以上的站点数百分比均较大的年份为典型干旱年,为 1978 年、1981 年、1986 年、1987 年和 1992 年。其中 1981 年并未因旱减产。

　　挑选典型涝渍年份时,选取全生育期水分盈亏指数 $I_d \geqslant 0.15$ 的站点占总站点数的百分比较大的年份,有 2003 年(为 100%)、2007 年(为 92%)、1984 年(为 87%)、2005 年(为 86%)、2000 年(为 78%)、2008 年(为 74%)和 2004 年(为 70%),以上年份为夏玉米典型涝渍年,且与实况相比吻合程度较好。

分析发现,夏玉米全生育期典型旱涝年与水分正常年降水量差别很大,典型涝渍年平均降水量是典型旱年的 1.8 倍,是水分正常年的 1.4 倍。典型干旱年夏玉米全生育期水分盈亏指数最大值和最小值相差 0.254,其中有 68% 的站点水分盈亏指数 $I_d \leqslant -0.12$,仅有 10% 的站点水分盈亏指数 $I_d \geqslant 0.15$;典型涝渍年水分盈亏指数平均为 0.628,最大值和最小值相差 0.842,其中 84% 的站点水分盈亏指数 $I_d \geqslant 0.15$,而水分盈亏指数 $I_d \leqslant -0.12$ 的站点数百分比则比较小(为 4%)。水分正常年水分盈亏指数平均为 0.054,最大值和最小值相差 0.489,其中水分盈亏指数 $I_d \leqslant -0.12$ 的站点百分比和水分盈亏指数 $I_d \geqslant 0.15$ 的站点百分比基本相同(表 3-10)。

表 3-10　淮河流域不同类型年份夏玉米全生育期水分盈亏指数

要素	指标	典型干旱年	水分正常年	典型涝渍年
降水量(mm)	平均值	382	504	675
水分盈亏指数(I_d)	平均值	−0.206	0.054	0.628
	最大值	−0.089	0.332	1.204
	最小值	−0.343	−0.157	0.362
站点数百分比(%)	$I_d \leqslant -0.12$	68	31	4
	$I_d \geqslant 0.15$	10	39	84

3.2.3　一季稻水分盈亏时空变化

3.2.3.1　全生育期

淮河流域一季稻全生育期需水量和有效降水量分别为 703.8mm 和 735.5mm,略有盈余。近 40a 时间变化需水量呈减小趋势,为 −11.52mm/10a($P < 0.05$),有效降水量多年变化趋势为 0.025/10a,未通过显著性检验(表 3-11)。与夏玉米类似,一季稻的涝灾风险也呈增加趋势。

一季稻全生育期多年水分盈亏指数平均值为 0.06。空间分布趋势呈东西大、中部小的分布特征,尤以西南部最大。其中沿淮中部地区水分盈亏指数小于 0,总体水分亏缺,东部地区普遍在 0~0.1 之间,水分略有盈余。西南局部地区普遍大于 0.4,水分盈余较多,也是涝灾风险最大的地区(图 3-10)。

从一季稻全生育期水分盈亏指数的年际变化来看(图 3-11),淮河流域一季稻全生育期水分盈亏指数没有时间变化趋势,但年际波动较大。近 40a 中有 67.5% 的年份是水分盈余的,水分盈亏指数最大值(0.689)和最小值(−0.549)之间相差 1.238,各年代中以 2000—2010 年水分盈亏指数最大,20 世纪 70 年代最小。

表 3-11　淮河流域一季稻全生育期需水、有效降水和水分盈亏指数多年均值及变化趋势

区域	需水量均值(mm)	需水量变化趋势(mm/10a)	有效降水量均值(mm)	有效降水量变化趋势(mm/10a)	水分盈亏指数均值	水分盈亏指数变化趋势(/10a)
沿淮及以南一季稻区	703.8	−11.52*	735.5	5.18	0.06	0.025

注 *:$P < 0.05$。

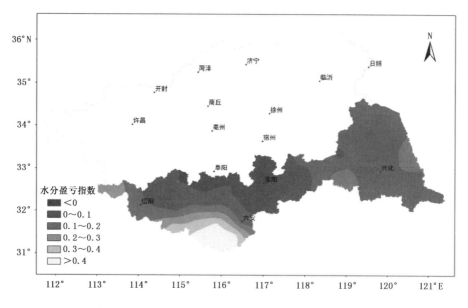

图 3-10 淮河流域一季稻全生育期水分盈亏指数空间分布

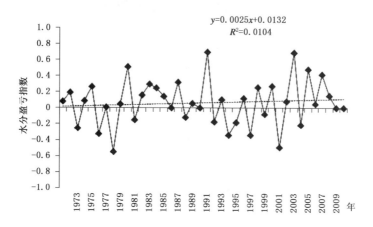

图 3-11 淮河流域一季稻全生育期水分盈亏指数的年际变化

3.2.3.2 需水关键期

淮河流域一季稻需水关键期为拔节至抽穗期,该阶段需水量和有效降水量分别为118.2mm 和 107.0mm,水分供需基本平衡略有亏缺。时间变化趋势为,需水量呈显著减小趋势($P<0.05$),而有效降水量呈显著增加趋势($P<0.05$)(表 3-12)。

一季稻需水关键期水分盈亏指数为 -0.014。空间分布表明,该指数的空间分布与全生育期类似也呈东西大、中部小的分布特征。其中沿淮中部地区水分盈亏指数小于 0,一季稻关键期总体水分亏缺,东北和西北部分地区水分略有盈余,水分盈亏指数普遍在 $0\sim0.1$ 之间(图 3-12)。

从年际变化看,淮河流域一季稻关键期水分盈亏指数的时间变化呈不显著的上升趋势,波动显著,最大值和最小值之间相差 2.2。其中以 2000—2010 年水分盈亏指数最大(平均值为0.23),20 世纪 80 年代次之(平均值为 0.06),90 年代排在第三位(平均值为 -0.17),70 年代最小(平均值为 -0.22)(图 3-13)。

表 3-12　淮河流域一季稻需水关键期需水量、有效降水量和水分盈亏指数的多年均值及变化趋势

区域	需水量均值 (mm)	需水量变化 趋势(mm/10a)	有效降水量 均值(mm)	有效降水量 变化趋势 (mm/10a)	水分盈亏 指数均值	水分盈亏 指数变化 趋势(/10a)
沿淮及以南 一季稻区	118.2	−4.24*	107.0	6.11*	−0.014	0.112

注 *:P<0.05。

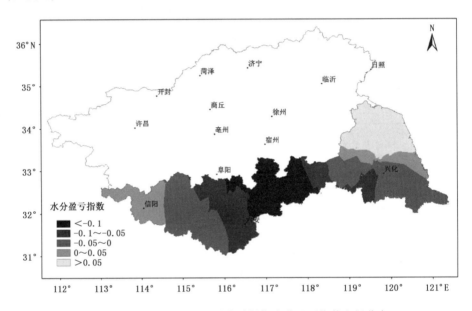

图 3-12　淮河流域一季稻需水关键期水分盈亏指数空间分布

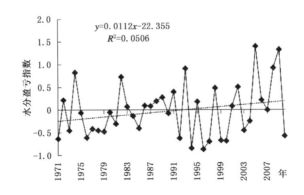

图 3-13　淮河流域一季稻需水关键期水分盈亏指数的年际变化

3.2.3.3　典型旱涝年

分析淮河流域各站点 1971—2010 年一季稻全生育期水分盈亏指数,采用和冬小麦相同的方法确定旱涝阈值(旱年 $I \leqslant -0.12$,涝年 $I \geqslant 0.15$)。由于一季稻需水关键期普遍水分亏缺,关键期缺水的年份基本与全生育期缺水年份重合,因此只要依据干旱阈值,分析全生育期水分盈亏指数即可,其中 1973 年、1976 年、1978 年、1994 年、1997 年、2001 年和 2004 年水分盈亏

指数 $I_d \leqslant -0.15$ 的站点百分比在 70% 以上,选择以上年份为典型旱年。其中 1973 年、1997 年和 2004 年均未因旱减产。

由于一季稻比较耐涝,选取水分盈亏指数 $I_d \geqslant 0.15$ 的站点占总站点数的百分比较大的年份,有 2003 年(为 98%)、1991 年(为 92%)、2005 年(为 90%)和 1980 年(为 90%),选择以上年份为一季稻典型涝渍年,且与实况相比吻合程度较好。

分析发现,一季稻全生育期典型旱涝年与水分正常年降水量差别很大,典型涝年平均降水量是典型干旱年的 2.2 倍,是水分正常年的 1.4 倍。典型干旱年一季稻全生育期水分盈亏指数最大值和最小值相差 0.336,典型旱年中水分盈亏指数 $I_d \geqslant 0.15$ 的站点数百分比极小(只有3%);典型涝渍年水分盈亏指数平均为 0.594,最大值和最小值相差 0.241,且基本没有水分盈亏指数 $I_d \geqslant 0.15$ 的站点;而水分正常年水分盈亏指数平均为 0.093,最大值和最小值相差 0.593,且水分盈亏指数 $I_d \geqslant 0.15$ 的站点数百分比大于水分盈亏指数 $\leqslant -0.15$ 的站点数百分比,说明即使在水分正常年涝灾的发生可能性也大于发生干旱的可能性(表 3-13)。

表 3-13　淮河流域不同类型年份一季稻全生育期水分盈亏指数

要素	指标	典型干旱年	水分正常年	典型涝渍年
水分盈亏指数(I_d)	平均值	−0.359	0.093	0.594
	最大值	−0.213	0.416	0.695
	最小值	−0.549	−0.177	0.481
降水量(mm)	平均值	478	757	1031
站点数百分比(%)	$I_d \leqslant -0.15$	85	20	1
	$I_d \geqslant 0.15$	3	36	93

3.3　本章小结

淮河流域各区冬小麦全生育期内水分亏缺均十分显著,近 40a 水分盈亏指数随时间变化趋势不明显,但空间上呈现明显的纬向分布特征,越往北水分亏缺越明显,各区冬小麦需水关键期的缺水情况与全生育期相似,但缺水程度比全生育期略严重。夏玉米全生育期水分盈亏指数自西北向东南由负值转为正值,即水分由亏缺转为盈余,且Ⅱ区和Ⅲ区水分盈亏指数随年代变化增加趋势显著;夏玉米需水关键期水分盈亏指数空间分布特征为中间高两边低,且以水分亏缺为主。沿淮一季稻全生育期水分盈亏指数为正,随年代呈不显著的增加趋势,关键期水分供需基本平衡,空间分布均表现为东西大、中部小的分布特征。

从典型旱涝年的水分盈亏分析结果看,淮河流域冬小麦易发生干旱灾害,即使是在典型的涝渍年份,仍然有三分之二的站点会发生干旱。而夏玉米和一季稻则容易发生全流域性的涝灾。因此确保淮河流域冬小麦全生育期和关键期的水分供应至关重要,夏玉米和一季稻则要更多地注意防范涝灾风险。

参考文献

段爱旺,孙景生,刘钰,等.2004.北方地区主要农作物灌溉用水定额[M].北京:中国农业科学技术出版社.

鞠晓慧,屠其璞,李庆祥.2005.我国太阳总辐射气候学计算方法的再讨论[J].南京气象学院学报,**28**(4):

　　516-521.

康绍忠,蔡焕杰.1996.农业水管理学[M].北京:中国农业出版社:101-117.

康雯瑛,焦建丽,王君.2008.太阳总辐射计算方法对比分析[J].气象与环境科学,**31**(3):33-37.

刘战东,段爱旺,肖俊夫,等.2007.旱作物有效降水量计算模式研究进展[J].灌溉排水学报,**26**(3):27-30.

彭世彰,索丽生.2004.节水灌溉条件下作物系数和土壤水分修正系数试验研究[J].水力学报,(1):17-21.

吴乃元,张廷珠.1989.冬小麦作物系数的探讨[J].山东气象,(3):38-39.

尹海霞,张勃,王亚敏,等.2012.黑河流域中游地区近43年来农作物[J].资源科学,**34**(3):409-417.

张玉芳,王锐婷,陈东东,等.2011.利用水分盈亏指数评估四川盆地玉米生育期干旱状况[J].中国农业气象,
　　32(4):615-620.

Allen R G,Pereira L S,Raesetc D. 1998. Crop Evapotraspiration (Guidelines for Computing Crop Water Re-
　　quirements). FAO Irrigation and Drainage Paper No.56.

Mohan S,Simhadrirao B,Arumugam N. 1996. Comparative Study of Effective Rainfall Estimation Methods
　　for Lowland Rice[J]. *Water Resources Management*,(10):35-44.

第 4 章　旱涝对作物生长发育影响的试验研究

田间控制试验是在大田自然条件下,通过人工干预模拟作物生长过程中特定环境要素(如温度、湿度、光照和土壤肥力等)的变化状况,对作物在特定环境中的生长形态和生理生态过程进行观测,并采用数理统计方法,分析作物受环境影响的程度和抗逆能力,明确作物生长与灾害和环境之间的定量关系。试验获得的特定环境要素或极端条件下作物生长发育的基础数据和定量指标可为农业气象模型特别是作物生长模型的改进提供基础数据,也可为灾害监测预测、制定减灾对策提供重要参考。

本章着重介绍淮河流域 2011—2013 年期间的冬小麦、夏玉米和一季稻的水分控制田间试验方案设计和试验结果的统计分析。

4.1　水分控制田间试验设计

在淮河流域冬小麦、一季稻和夏玉米主产区,选择不同农业气候区、不同土壤条件的地点布设旱涝水分控制试验。每个作物旱、涝各进行 2 个试验。试验地点布设见表 4-1。

表 4-1　淮河流域水分控制试验地点设置

作物	灾种	地点
冬小麦	干旱	河南郑州、安徽宿州
	涝渍	安徽寿县、江苏兴化
夏玉米	干旱	山东泰安、安徽宿州
	涝渍	河南驻马店、山东泰安
一季稻	干旱	河南信阳、江苏兴化
	涝灾	河南信阳、安徽寿县

4.1.1　试验样区设置

干旱试验宜选择地势较高、地下水位较深(不少于 2m)的地段;涝渍试验需选择易于排水、地势平坦的地段。根据试验目的设置试验处理,每个试验处理设置 3 个重复。小区面积 $4m \times 8m$,地面要求水平,高差不得大于 2cm,且土壤肥力基本均一(图 4-1)。

周边保护地块设置见图 4-2。

4.1.2　水分处理设计

(1)冬小麦干旱处理试验

试验设置 3 个土壤相对湿度 R_{sm} 水平:$R_{sm} \geqslant 65\%$(土壤水分正常)、$45\% \geqslant R_{sm} > 65\%$(轻

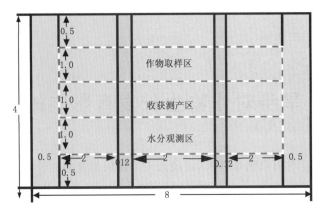

图 4-1　试验小区功能区设置图

（作物取样在作物取样区进行，产量要素测定在收获测产区进行，

土壤湿度观测在水分观测区进行。图中单位：m）

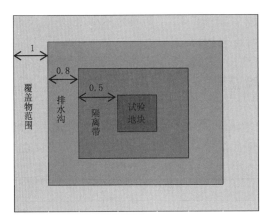

图 4-2　保护地块设置参考图

（图中数字单位：m）

至中旱）和 $R_{sm} < 45\%$（重旱），3 个发育期（返青期、拔节期和抽穗期），共 9 个组合，并设置自然降水和适宜水分两个对照，共计 11 个小区（表 4-2）。试验小区利用防雨棚阻隔自然降水。小区土壤水分处理的控制深度为 50cm～100cm 土层（根据小麦发育期而定），除水分处理期保持规定的土壤湿度外，其他时段的土壤湿度均应与 CK2（control check，对照，适宜水分）保持一致。种植品种为当地代表性主栽品种，田间试验管理同当地常规高产大田水平。

表 4-2　冬小麦干旱试验水分处理设计

小区	1	2	3	4	5	6	7	8	9	10	11
发育期	抽穗缺水	抽穗缺水	抽穗灌水	拔节缺水	拔节缺水	拔节灌水	返青缺水	返青缺水	返青灌水	自然降水	适宜水分
土壤相对湿度（%）	<45	[45,65)	≥65	<45	[45,65)	≥65	<45	[45,65)	≥65	CK1	CK2

注 1：CK1：旱作小麦，自然降水，在顺利出苗的基础上不进行任何水分处理。CK2：视情况全生育期灌 2～3 次，使全生育期土壤湿度一直保持在适宜范围之内。

注 2："[　)"符号的意义："["为闭区间，表示包含括号内左边的数值；")"为开区间，表示不包含括号内右边的数值。

（2）夏玉米干旱处理试验

水分控制设置 3 个土壤相对湿度（R_{sm}）水平（$R_{sm} \geqslant 65\%$、$45\% \geqslant R_{sm} > 65\%$、$R_{sm} < 45\%$），2 个发育阶段（全生育期、抽雄前后 15d），另设 2 个对照区，共计 8 个小区（表 4-3）。种植品种为当地代表性主栽品种，试验管理同当地常规高产大田水平。利用防雨棚阻隔自然降水。小区水分控制深度为 50cm 或 100cm（根据夏玉米发育期而定）。种植品种为当地代表性主栽品种，田间试验管理同当地常规高产大田水平。

表 4-3　夏玉米干旱试验水分处理设计

小区	1	2	3	4	5	6	7	8
发育期	全生育期	全生育期	全生育期	抽雄前后 15d	抽雄前后 15d	抽雄前后 15d	自然降水	适宜水分
土壤相对湿度（%）	<45	[45,65)	≥65	<45	[45,65)	≥65	CK1	CK2

注 1：CK1：自然降水，正常管理。CK2：全生育期水分处于适宜状态。

注 2："[ )"符号的意义："["为闭区间，表示包含括号内左边的数值；")"为开区间，表示不包含括号内右边的数值。

（3）一季稻干旱处理试验

根据水稻生育特点，设置 2 种水分控制类型（前中期为稻田有无水层，后期为稻田土壤相对湿度），每种类型设置两个水平处理，即稻田未见水 10 天、稻田未见水 20 天；$R_{sm} < 60\%$、$R_{sm} \geqslant 60\%$；3 个发育期，分别为孕穗期、抽穗期和乳熟期，另设 1 个对照区，共计 7 个小区（表 4-4）。种植品种为当地代表性主栽品种，田间试验管理同当地常规高产大田水平。

孕穗期和抽穗期以地面不见水为准。乳熟期试验小区利用雨棚阻隔自然降水，土壤水分控制的深度为 100cm 土层，保证土壤含水率设置要求。

表 4-4　一季稻干旱试验水分处理设计

小区	1	2	3	4	5	6	7
发育期	孕穗	孕穗	抽穗	抽穗	乳熟	乳熟	
处理设置	未见水 20d	未见水 10d	未见水 20d	未见水 10d	<60%	≥60%	CK

注：CK：正常水分管理。

（4）冬小麦涝渍处理试验

设置 2 个水平土壤渍水处理时间长度（持续 10d、持续 20d），2 个关键发育期（拔节—抽穗、抽穗—灌浆），另设 2 个对照区，共计 6 个小区（表 4-5）。水分控制发育期阶段，小区地表保持 1~2cm 水层。其余生长期保持适宜土壤水分。种植品种为当地代表性主栽品种，田间试验管理同当地常规高产大田水平。

表 4-5　冬小麦涝渍试验水分处理设计

小区	1	2	3	4	5	6
发育期	拔节—孕穗	拔节—孕穗	抽穗—灌浆	抽穗—灌浆	自然降水	适宜水分
处理设置	20d	10d	20d	10d	CK1	CK2

注：CK1：自然降水，正常管理。CK2：全生育期水分处于适宜状态。

（5）夏玉米涝渍处理试验

设置水淹深度 30cm，3 个水平淹没时间长度（3d、5d、7d），2 个关键发育期（拔节期和抽雄期),另设 2 个对照区,共 8 个小区(表 4-6)。种植品种为当地代表性主栽品种,田间试验管理同当地常规高产大田水平。

表 4-6　夏玉米涝渍试验水分处理设计

小区	1	2	3	4	5	6	7	8
发育期	拔节	拔节	拔节	抽雄	抽雄	抽雄	自然降水	适宜水分
水淹时间	7d	5d	3d	7d	5d	3d	CK1	CK2

注:CK1:自然降水,正常管理。CK2:全生育期水分处于适宜状态。

(6)一季稻涝灾处理试验

设置 2 个水平淹水深度(株高的 2/3,没顶),3 个水平的淹水时间长度(3d,6d,9d),2 个产量形成关键发育期,1 个对照区,共计 13 个小区(表 4-7)。种植品种为当地代表性主栽品种,田间试验管理同当地常规高产大田水平。

表 4-7　一季稻涝灾试验水分处理设计

小区	1	2	3	4	5	6	7	8	9	10	11	12	13
发育期	拔节	拔节	拔节	拔节	拔节	拔节	抽穗	抽穗	抽穗	抽穗	抽穗	抽穗	
水淹时间	9d	6d	3d	9d	6d	3d	9d	6d	3d	9d	6d	3d	CK
水淹深度	2/3	2/3	2/3	没顶	没顶	没顶	2/3	2/3	2/3	没顶	没顶	没顶	

注:CK:正常水分管理。

4.2　试验观测项目

4.2.1　试验样区基本信息

详细记录试验地的位置(经、纬度、海拔高度)、土壤类型、小区面积、保护行宽度及种植密度、地下水埋深及前茬作物。

4.2.2　试验田块土壤特性

测定土壤基础特性信息,包括土壤水分特征值(田间持水量、凋萎湿度等)、土壤质地、土壤肥力和酸碱度(pH 值)等。

4.2.3　播种及田间管理状况

播种量视当地主栽品种而定,各试验点不要求统一。记录灌溉时间、灌溉量(水表读取);施肥种类、时间、施肥量;其他栽培管理措施(耕作、植保、除草等);作物长势、病虫害类型及出现时期、各类天气情况、灾害情况等。

4.2.4　作物生长发育和产量结构

按照《农业气象观测规范》(国家气象局,1993)详细记录作物生育期所要求观测的内容,以获得不同旱涝处理下的作物发育期、生物量、产量因素和产量数据。主要内容有:

（1）发育期观测

记录发育普遍期出现的时间。

（2）生长状况测定

进行植株高度、密度的测定和生长状况评定。

（3）生长量测定

进行叶面积系数、生物量的测定,生物量测定按叶片、叶鞘、茎、穗分器官进行。测定时间除了在主要发育期外,根据旱涝灾损评估作物模型的需要,在稻麦抽穗后 10d 和玉米抽雄后 7d,进行一次加密观测。

（4）产量结构分析

获取不同处理的产量构成因素和小区产量。

（5）农业气象灾害、病虫害的观测

4.2.5　土壤水分

利用土钻法或者自动土壤水分仪器,在作物关键发育期进行观测,以获得不同干旱处理的实际土壤湿度。

自水分控制起始日前推 20d 开始测定,每 10d 一次测定,至水分控制结束,如土壤失墒过快则加密至每 3d 一次测定。

土壤重量含水率计算：

$$W = \frac{g_2 - g_3}{g_3 - g_1} \times 100\% \qquad (4-1)$$

式中,W 为土壤重量含水率（%）;g_1 为盒重（g）;g_2 为盒与湿土共重（g）;g_3 为盒与干土重（g）。

土壤相对湿度的计算：

$$土壤相对湿度 = 土壤重量含水率/田间持水量 \times 100\%$$

4.2.6　作物生理特征

在水分控制试验中,同步设置作物生理观测项目,以获得不同水分处理下光合作用速率等生理过程的观测数据。

（1）光合强度日变化曲线测定

测定时期：冬小麦为拔节期、开花期、灌浆期;夏玉米为七叶期、拔节期、抽雄期、乳熟期;一季稻为拔节期、开花期、乳熟期。

测定方法：各小区选择长势色泽一致的植株,冬小麦和一季稻选择旗叶和其下两叶,夏玉米分上、下 2 层各 1 片叶进行测定,抽穗后,下层选穗位叶。从日出测到日落,每 2 小时测定一轮,每天至少测定 5～6 轮。

（2）光合速率—光响应曲线测定

测定时期：同光合速率测定。

测定方法：各小区中选定植株上层 1 片叶进行测定使用 LED 光源,光响应曲线的 PAR 取值范围一般在 2000～0 $\mu mol \cdot m^{-2} \cdot s^{-1}$（2000、1800、1500、1200、1000、700、500、200、100、50、20、0）;上、下午各测定 1 次,连续测 2 天。

（3）可溶性糖测定

从拔节期开始,每个生育期取样一次。选择晴朗天气,上午进行。每个处理取 4 株完整的小麦样品,带回实验室分析测定。

4.2.7　其他目测项目

自播种后每 5 天巡视一次,主要查看病虫害、土壤湿度、发育期进程、防护设施等,发现问题及时按照方案设定进行试验进程和观测记录。

作物各发育期判断标准详见《农业气象观测规范》(国家气象局,1993)。

4.3　数据分析方法

水分控制田间试验数据分析主要采用均值比较、相关分析和回归分析方法。

4.3.1　均值比较

水分控制试验处理间农作物生育状况比较的一个基本统计量为平均数。平均数反映了某种处理观测数据的集中趋势,通常用算术平均数。

平均数分析常采取抽样研究方法,即从总体中抽取一定数量的样本进行研究来推论总体的特性。由于总体中的个体存在差异,即使严格遵循随机抽样原则,抽样样本的统计量也会与总体均值存在差异,因此需要进行均值比较和检验分析。

均值比较的基本方法有 t 检验和方差分析等。t 检验用于检验两个不相关的样本是否来自具有相同均值的总体;方差分析用于检验几个(3 个或以上)独立的组是否来自均值相同的总体(卢纹岱,2008)。本研究因为有多个水分处理,均值检验多采用方差分析法。

4.3.2　相关分析

相关关系为变量之间存在着的不确定、不严格的依存关系,对于变量的某个数值,可以有另一变量的若干数值与之相对应,这若干个数值围绕着它们的平均数呈现出有规律的波动。两个变量之间的联系性强度通常用相关系数(r)表示。相关系数的取值为 $0 < |r| < 1$(杨永岐,1983)。水分控制试验中土壤相对湿度和作物生长量、产量因素和产量变化量之间的关系多为相关关系。相关系数计算公式为

$$r = \frac{\sum_{i=1}^{n}(x_i - \bar{x})(y_i - \bar{y})}{\sqrt{\sum_{i=1}^{n}(x_i - \bar{x})^2 \sum_{i=1}^{n}(y_i - \bar{y})^2}} \tag{4-2}$$

只有当样本相关系数达到某一水准显著时,才能认为样本相关系数能够代表总体,因此必须对相关系数进行显著性检验。检验方法常用的有 t 检验法,或者直接查相关系数检验表确定(杨永岐,1983)。

4.3.3　回归分析

回归分析是两种或两种以上变量间相互依赖关系的一种定量分析方法。本研究主要用于分析土壤相对湿度与作物生长量、产量结构和产量变化量之间的定量关系。若回归关系达到

显著性水平,则可得到不同土壤水分条件对作物生长影响的定量数值,通常有直线相关或曲线相关规律(可由 $y=bx+c$ 的直线回归,或 $y=ax^2+bx+c$ 等的曲线回归方程表达)。本试验数据的回归分析及检验均基于 SPSS 软件进行。

4.4　试验结果分析

4.4.1　干旱对冬小麦的影响

干旱是淮河流域冬小麦生产中最主要的气象灾害,秋旱和冬春连旱经常发生。干旱会导致冬小麦植株体内生理代谢紊乱,光合性能降低,正常发育受阻,并通过对产量构成因子的影响,导致减产。本节利用宿州和郑州的 2010—2011 年度至 2012—2013 年度冬小麦干旱水分控制试验数据分析干旱对冬小麦生长发育各方面的影响。

4.4.1.1　对发育进程的影响

宿州冬小麦干旱试验观测资料分析结果表明,冬小麦返青期、拔节期和抽穗期遭受水分胁迫后,均会导致其生育进程加快,发育期提前。返青期、拔节期和抽穗期遭受重旱胁迫时,其孕穗期分别较对照提前 2.0 d、3.0 d 和 4.7 d,抽穗期分别较对照提前 1.0 d、3.3 d 和 5.0 d(图4-3)。说明胁迫发生时间越迟、胁迫程度越剧烈,发育期的提前量越多,与梅雪英(2004)和王伟等(2008)的研究结论相似。

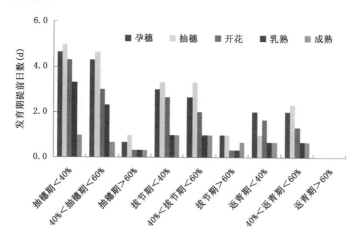

图 4-3　冬小麦不同水分胁迫处理后不同生育期较对照提前日数

4.4.1.2　对株高的影响

分析宿州冬小麦干旱试验返青期、抽穗期和乳熟期不同水分胁迫处理的 0～20cm 土层土壤相对湿度与其拔节期、抽穗期和乳熟期株高较返青期株高增量(即拔节期、抽穗期和乳熟期株高分别减去返青期株高)之间的相关关系。结果表明,冬小麦各发育期土壤湿度降低均会减缓株高的增长,以拔节期干旱对其后各发育期株高的影响最为显著。拔节期各处理的土壤相对湿度与拔节期、抽穗期和乳熟期株高增量之间均为正相关关系($P<0.01$),其中与抽穗期株高增量之间的相关最为显著(图 4-4)。由图 4-4 中回归方程计算,当拔节期土壤相对湿度为 55％时,拔节期、

抽穗期和乳熟期的株高分别较土壤相对湿度为 70% 时降低了 2.4cm、5.3cm 和5.1cm；当拔节期土壤相对湿度为 45% 时，各相应发育期株高的降低量分别为 4.1cm、8.8cm 和 8.5cm。

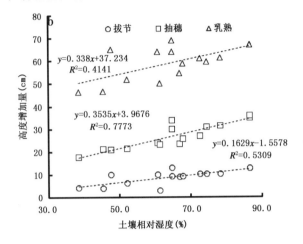

图 4-4　拔节期土壤相对湿度与拔节、抽穗和乳熟期株高较返青期增加量之间的关系

　　其次是返青期水分胁迫的影响，土壤相对湿度与抽穗期和乳熟期的株高增量间均为显著的二次曲线相关($P<0.05$)；抽穗期由于株高基本定型，土壤湿度对株高的影响较弱。由各发育期土壤相对湿度和株高增量间的回归方程计算，不同发育期土壤干旱胁迫影响株高增长的临界土壤湿度指标为 63%～66%。

4.4.1.3　对叶面积指数的影响

　　分析宿州冬小麦干旱试验返青、抽穗和乳熟期不同水分胁迫处理 0～20cm 土层的土壤相对湿度与其拔节期、抽穗期和乳熟期的叶面积指数(leaf area index，LAI)较之前一发育期 LAI 的变化量(增加或减少的量)之间的相关关系。结果表明，各发育期土壤相对湿度与其后各发育期 LAI 变化量均存在显著相关关系($P<0.01$)，土壤水分胁迫显著影响冬小麦各发育期LAI 的变化，影响程度后期大于前期。

　　返青期和拔节期土壤干旱胁迫均导致冬小麦前期(拔节期)LAI 增速减缓，中后期(抽穗、乳熟期)LAI 减少；抽穗期干旱导致本发育期和乳熟期 LAI 减少。根据各发育期 0～20cm 土层土壤相对湿度和 LAI 变化量的相关方程计算，抽穗期 LAI 的变化量为 0 的土壤临界相对湿度，返青期为 54.0%，拔节期为 63.3%，即返青期和拔节期土壤相对湿度达到中旱和轻旱时，抽穗期 LAI 减少。而抽穗期和乳熟期 LAI 变化量为 0 的抽穗期临界土壤相对湿度分别为59.0% 和 62.9%(图 4-5)。以上分析表明，LAI 的变化对拔节期和抽穗的土壤相对湿度最敏感。这主要与拔节期间主要是完成中部叶片、抽穗后完成上部叶片建成，对土壤水分需求量较大有关(黄义德等，2002)。

4.4.1.4　对单茎干重影响

　　分析宿州冬小麦干旱试验不同水分胁迫处理土壤相对湿度与单茎干重差(与正常土壤水分 CK 比)的关系。结果表明，冬小麦不同发育阶段干旱均会造成单株总干重的降低，其中返青期缺水对拔节期和抽穗期单茎干重影响极显著，但到了乳熟期影响已不显著；拔节期缺水也是对后续发育期单茎干重的影响显著，但是抽穗期缺水无论对本发育期还是后续发育期单株

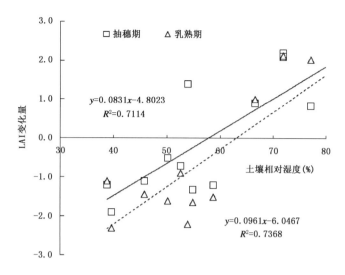

图 4-5　抽穗期土壤相对湿度与抽穗期和乳熟期 LAI 变化量之间关系

干重均产生显著影响(表 4-8)。从冬小麦不同发育阶段土壤相对湿度和单茎干重差的回归方程可见,返青期和拔节期土壤相对湿度下降 1%,拔节期单茎干重分别减少 0.3% 和 0.4%;而返青期、拔节期和抽穗期土壤相对湿度下降 1%,抽穗期单茎干重分别减少 1.0%、0.8% 和 1.1%,相应的乳熟期单茎干重分别减少 0.1%、0.3% 和 0.9%(图 4-6),以抽穗期对单茎干重的影响最大。分析其原因,可能是抽穗开花后,冬小麦进入灌浆期,茎秆不再增高、中下部叶片发生生理性衰亡,主要以籽粒建成为主,而籽粒建成主要与非土壤环境气象条件尤其是光照条件密切有关(黄义德等,2002;胡承霖等,2009)。

表 4-8　不同发育阶段土壤干旱对冬小麦单茎总干重较对照降低百分比的相关系数

干旱时段	影响阶段		
	拔节期	抽穗期	乳熟期
返青期缺水	0.6665 **	0.6617 **	0.3186
拔节期缺水	0.4180	0.7248 **	0.6155 *
抽穗期缺水	—	0.9043 **	0.7937 **

注:* 表示与对照相比差异显著($P<0.05$),** 表示与对照相比差异极显著($P<0.01$)。

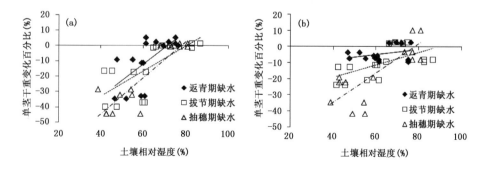

图 4-6　不同发育阶段干旱对冬小麦抽穗期(a)和乳熟期(b)干物质的影响

　　冬小麦各形态特征量与各处理土壤相对湿度间的统计关系多数为二次函数,与前人的研究结论一致(朱自玺等,1987;王传海等,2005;方文松等,2010)。但是有一些为线性关系,如返青期土壤相对湿度与返青期LAI变化量相对,拔节期土壤相对湿度与拔节期和抽穗期LAI变化量,拔节期土壤相对湿度与拔节期与抽穗期单茎干重,以及抽穗期土壤相对湿度与抽穗期单茎干重之间的关系。表明这几个特征量可能确实是随着土壤湿度的增加而递增,也可能是受样本局限,没有真实地反映出二者之间的关系,尚需更多的试验验证。

4.4.1.5　对生理过程的影响

　　最大净光合速率。光合作用是植物生长的基础,水分是影响光合作用最重要的因子之一。干旱胁迫会导致叶片气孔关闭,严重时损伤叶肉细胞、降低光合酶的活性,使植物的光合速率降低(Lawlor,2002)。2012—2013年宿州试验点观测到冬小麦拔节期土壤相对湿度不足时冬小麦最大光合速率较水分适宜时明显降低,当$0\sim20cm$土层土壤相对湿度降至50%以下时,冬小麦叶片的光合速率比适宜土壤水分条件下($75\%\sim80\%$左右)降低40%左右,土壤相对湿度和冬小麦最大净光合速率降低率之间相关显著($P<0.01$)(图4-7)。研究表明,干旱对冬小麦光合速率影响存在品种差异,一些品种在轻旱时光合作用即受到影响,一些则在重旱时才受到影响,而另一些耐旱的品种在遭受干旱胁迫时可通过降低蒸腾速率,减少水分散失来维持相对较高的光合速率(高志英,2007;马富举,2007)。

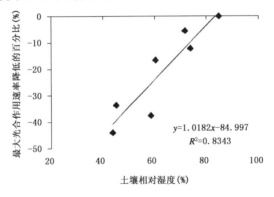

$$y=1.0182x-84.997$$
$$R^2=0.8343$$

图4-7　干旱对冬小麦最大净光合速率的影响(宿州,2012)

　　干物质分配。郑州试验点观测到,冬小麦遭受干旱胁迫后植株各器官干物重和总干物重与对照比较均下降,与前人的研究结论(胡继超等,2004)相似。扬花、灌浆期干旱条件下(T1,重旱;T2,轻旱)冬小麦地上各器官(茎、叶、鞘)的干物质量均显著低于对照CK(正常水分条件,$P<0.05$),干旱胁迫越重,降低越明显。孕穗期和成熟期两处理地上各器官的干物质量与CK差异不显著,但T2处理显著高于T1处理($P<0.05$)。干旱胁迫对冬小麦地下器官(根)的干物质积累量的影响与地上部大体一致,除扬花、灌浆期T2处理显著低于CK组处理外($P<0.05$),其余差异均不显著(图4-8)。

　　从表4-9可看出,不同的干旱处理、不同的冬小麦器官干物质输出量与输出效率变化状况具有明显的差别。干旱处理条件下各营养器官干物质输出量均明显减少,除茎秆的T1处理未达显著水平外,其他处理均比对照显著下降;而输出效率变化状况表现为T1处理茎秆高度极显著大于对照($P<0.01$),而T2与对照无显著差异,其余器官输出效率极显著减少($P<0.01$)。表明冬小麦经过干旱处理后,对产量起主要贡献的营养器官是茎秆。

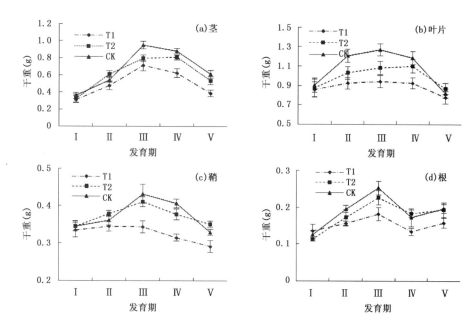

图 4-8　不同干旱处理冬小麦各器官干物质变化过程

（Ⅰ:拔节期,Ⅱ:孕穗期,Ⅲ:扬花期,Ⅳ:灌浆期,Ⅴ:成熟期。图中误差线表示标准差）

表 4-9　不同干旱处理冬小麦营养器官的输出量和输出效率

	处理	茎	叶	鞘	根
输出量(g)	T1	0.3225	0.164 **	0.053 **	0.023 **
	T2	0.269 *	0.230 **	0.059 **	0.033 **
	CK	0.341	0.447	0.102	0.056
输出效率	T1	0.452 **	0.235 **	0.153 **	0.128 **
	T2	0.333	0.209 **	0.144 **	0.143 **
	CK	0.358	0.353	0.236	0.221

注:* 表示与对照相比差异显著($P<0.05$),** 表示与对照相比差异极显著($P<0.01$)。

对可溶性糖积累和分配的影响。可溶性糖是植物遭受逆境时主要的渗透调节物质,干旱能诱导植物体内可溶性糖的积累(王自霞等,2008)。有研究表明,冬小麦在灌浆中后期和后期穗下节可溶性糖含量与产量、水分利用效率呈显著正相关,可作为干旱地区选育抗旱节水小麦品种的诊断指标,(马明生等,2010)。郑州冬小麦干旱试验可溶性糖的测定表明,冬小麦拔节期各处理叶片、叶鞘和茎秆中可溶性糖含量基本一致,随着生育进程的推进,叶片中的可溶性糖含量呈增加趋势,而鞘和茎中可溶性糖含量则呈先升高后降低的变化趋势。由同一生育期各处理间比较可见,T1 处理(重旱)在孕穗期和扬花期叶片、鞘和茎中可溶性糖含量均比对照极显著升高($P<$0.01),灌浆期叶片和鞘中可溶性糖含量较对照有不同程度的增加,而茎中却呈不同程度的下降,降幅为 13.7%($P<0.05$);T2 处理(轻旱)在整个处理期内总体变化趋势与 T1(重旱)一致,只是升高幅度有所减弱,但鞘和茎中可溶性糖含量在扬花期增加幅度大于 T1 处理组,茎中可溶性糖含量在灌浆期升高,升幅达 28.3%($P<0.01$)。说明干旱胁迫会造成冬小麦不同部位可溶性糖含量升高,尤其是后期茎鞘中可溶性糖含量增加对减轻干旱损失有利。

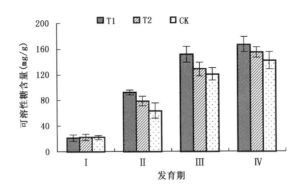

图 4-9　冬小麦各发育期不同干旱处理可溶性糖含量的变化

（Ⅰ:拔节期，Ⅱ:孕穗期，Ⅲ:扬花期，Ⅳ:灌浆期）

4.4.1.6　对产量因素的影响

宿州试验点冬小麦返青期、拔节期和抽穗期各处理的土壤相对湿度与产量因素间的相关分析表明，各发育期不同处理的土壤相对湿度与成穗率、成穗数、穗粒数、千粒重、不孕小穗率、总小穗数和籽粒与茎秆比等 7 个产量构成因素间呈直线或二次曲线相关关系，与大部分因素间的相关关系显著。下面着重分析土壤相对湿度变化对穗粒数、不孕小穗率和千粒重的影响。

冬小麦穗粒数与返青期、拔节期和抽穗期 0～20cm 土层土壤相对湿度的相关均通过显著水平检验（$P < 0.01$）。其中与拔节期土壤相对湿度为二次曲线相关，当土壤相对湿度为 81.1％时，穗粒数最大，达到 39.9，土壤相对湿度下降到 50％时，穗粒数将会降低 12.1％；与返青期和抽穗期土壤相对湿度为直线相关，当返青期土壤相对湿度为 50％时，穗粒数比土壤相对湿度为 80％时降低 15.0％，而抽穗期相同幅度的土壤相对湿度降低，穗粒数将下降 11.5％（图 4-10）。

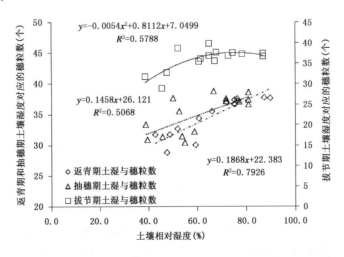

图 4-10　冬小麦不同发育期土壤相对湿度和穗粒数的关系

冬小麦不孕小穗率与返青期、拔节期和抽穗期 0～20cm 土层土壤相对湿度的相关也通过显著水平检验（$P < 0.01$）。其中与返青期和拔节期的土壤相对湿度均为二次曲线相关，当返青期土壤相对湿度为 66.4％时，不孕小穗率最小，土壤相对湿度下降到 50％时，不孕小穗率上

升 4.1%；当拔节期土壤相对湿度为 77.2% 时，不孕小穗率最小，土壤相对湿度下降到 50%时，不孕小穗率上升 4.9%。与抽穗期的土壤相对湿度为直线相关关系，当土壤相对湿度为50%时，不孕小穗率上升 6.3%（图 4-11）。

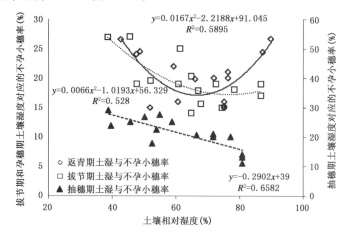

图 4-11　冬小麦不同发育期土壤相对湿度和不孕小穗率的关系

　　冬小麦千粒重与返青期、拔节期和抽穗期 0～20cm 土层的土壤相对湿度也有显著的相关关系，其中返青期和抽穗期的土壤相对湿度与千粒重为二次曲线相关（$P<0.05$），当返青期土壤相对湿度为 76.1% 时，千粒重最大，当土壤相对湿度降低到 50% 时，千粒重将下降 4.7%；抽穗期土壤相对湿度为 69.8% 时，千粒重最大，当土壤相对湿度降低到 50% 时，千粒重将下降 7.2%，可知有利于千粒重增长的土壤湿度前期高于后期。拔节期的土壤相对湿度与千粒重呈直线相关关系（$P<0.01$），千粒重随着土壤相对湿度的下降而降低，当土壤相对湿度为 50% 时的千粒重比土壤相对湿度为 75% 时降低 5.3%，抽穗期干旱对千粒重的影响大于前中期（图 4-12）。

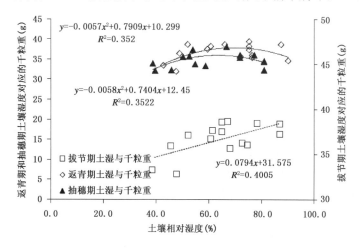

图 4-12　冬小麦不同发育期土壤相对湿度和千粒重的关系

　　以上分析表明，返青期、拔节期和抽穗期土壤干旱对冬小麦产量因素的影响都很显著，其中穗粒数以前中期影响较大，不孕小穗率和千粒重均为中后期影响较大。其中拔节期土壤水分与各产量因素间的关系都很显著，印证了此期土壤水分对决定产量因素极为重要。小麦四分体期(即拔节—孕穗期)是小麦一生对水分需求最迫切、反应最敏感的时期。四分体期前后受到水分胁迫,会引起部分小花不育和胚珠不孕,增加不育小花和不孕小穗的比例,从而降低穗粒数(黄义德等,2002;方文松等,2010)。一般认为,千粒重主要受灌浆期土壤水分胁迫的影响,对前期土壤水分胁迫的响应相对较弱(梅雪英,2004;宋妮等,2009),但本试验数据分析揭示,千粒重对返青期和拔节期土壤水分胁迫也都有响应。冬小麦千粒重对不同时期土壤水分胁迫的这种响应差异较少见到报道,但与张喜英(1999)的结论一致。

4.4.1.7 对产量的影响

冬小麦返青期、拔节期和抽穗期各处理土壤相对湿度与实际产量的关系见图4-13。由图4-13可见,返青期土壤相对湿度与小区单产呈二次曲线相关关系,当土壤相对湿度升高到73.2%时,单产可实现最高,即746.5g/m²。拔节期和抽穗期土壤相对湿度与小区单产呈直线相关关系,小区单产随土壤相对湿度增加而提高。当两个发育期土壤相对湿度为75%和80%时,小区单产分别为716g/m²和728g/m²,当土壤相对湿度下降到50%(中旱)时,小区单产则分别降到566g/m²和552g/m²。下降幅度分别为21.0%和24.2%,可见抽穗期干旱对小区单产的影响更大。

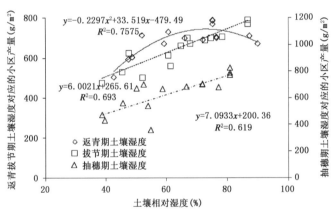

图4-13 不同时期土壤相对湿度与冬小麦单产之间关系

4.4.2 干旱对夏玉米的影响

夏玉米全生育期需水量一般在350~400mm,各阶段的需水量有所差异,需水高峰期为7月中下旬至8月上旬。在拔节至抽穗阶段日耗水量达5.0~7.0mm/d(肖俊夫等,2008)。从淮河流域降水量和夏玉米全生育期需水量的平均状况看,正常年份夏玉米生长期间水分供需基本平衡,降水可以满足夏玉米生长发育所需。然而近年来受全球气候变化影响,淮河流域的夏玉米生育期时常受到干旱的威胁(李全起等,2004)。干旱可能减缓夏玉米生长发育速率,减少生物量的积累,降低LAI的最大值,抑制植株的增高、根冠比增加,导致穗重降低、单株穗粒数和粒重减少以及最终产量降低。干旱的负面影响程度因干旱发生时期、干旱程度及持续时间而不同。

本节利用淮河流域及其邻近地区的作物试验数据分析干旱对夏玉米生长发育的影响状况。在多个水分处理试验中,以各水分胁迫处理与对照(适宜水分)间的土壤相对湿度之差反映干旱程度,以其他处理与对照间的玉米生长部分生理指标之差表示干旱胁迫造成的损失,分析两者间的定量关系。夏玉米生理指标主要为体现光合能力的最大光合速率和影响各器官干物质增长的分配系数。同时分析土壤相对湿度与生物量、株高和产量结构等生态指标间的关系。并定义干旱程度(或土壤相对湿度)下降 1% 时,夏玉米生长生理生态指标的变化为干旱影响系数。

4.4.2.1　对发育进程的影响

淮河流域邻近的河北固城和山东泰安的夏玉米田间水分试验分析发现(图 4-14),严重的土壤水分亏缺可能导致夏玉米生长速率减缓,发育期推迟。另外,土壤水分亏缺也有导致夏玉米开花期与吐丝期间距拉长的趋势。夏玉米雌穗吐丝若较雄穗开花晚过多,将造成授粉不良,果穗籽粒数减少,最终导致产量降低。

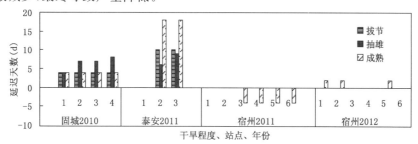

图 4-14　不同干旱程度导致夏玉米发育期变化的天数
(干旱程度 1,2,…,6 表示干旱程度加重)

4.4.2.2　对生长量及株高的影响

干旱对夏玉米形态和生物量累积有明显的负面效应。图 4-15 为淮河流域及邻近地区夏玉米田间试验中干旱程度与生物量(或株高)损失间的相关关系。可以看出,水分胁迫导致生物量积累量的减少(或高度增长的减缓)与干旱程度有很好的正相关关系,干旱越严重生物量损失(或株高降低)越大。一般来看,夏玉米生育期土壤相对湿度降低 1%,则地上总干重的损失为 0.55%;穗干重的损失与总干重基本相同;茎干重的损失最大,达 0.57%;叶干重损失略小,为 0.49%;LAI 的损失为 0.22%;株高可能降低 0.3%。

4.4.2.3　对生理过程的影响

最大光合速率。干旱对夏玉米光合能力有明显的负效应。图 4-16 为固城试验点夏玉米生长前期土壤相对湿度对最大光合速率(A_{max})的影响。可以看出,土壤相对湿度较大幅度的变化会明显影响 A_{max},土壤湿度降低导致最大光合能力降低。其原因主要是叶绿体对缺水最为敏感(霍治国等,2009),干旱还使叶绿蛋白降解,从而叶绿素受到破坏,减少了对辐射的吸收,而且细胞内膜受到损伤,影响电子传递,抑制了光合磷酸化过程。另外,干旱还使气孔不同程度关闭,阻碍 CO_2 扩散,最终导致光合速率降低(山东省农业科学院玉米研究所,1987)。试验测定干旱影响 A_{max} 的系数为 $-0.3 molCO_2 \cdot m^{-2} \cdot s^{-1}$。

干物质分配。图 4-17 为前期土壤相对湿度与夏玉米各器官干物质分配系数间的定量关系。可以看出,在夏玉米营养生长阶段,土壤水分降低导致光合产物更多地向茎秆分配,而减少向叶片的分配。此时,干旱影响叶和茎干物质分配的系数分别为 -0.0008 和 0.0008。夏玉米生殖阶段的土壤水分降低使光合产物减少向贮存器官分配,而增加向茎秆的分配。干旱影响叶和茎干物质分配的系数均为 0.0019,而干旱影响穗干物质分配的系数为 -0.0038。这也

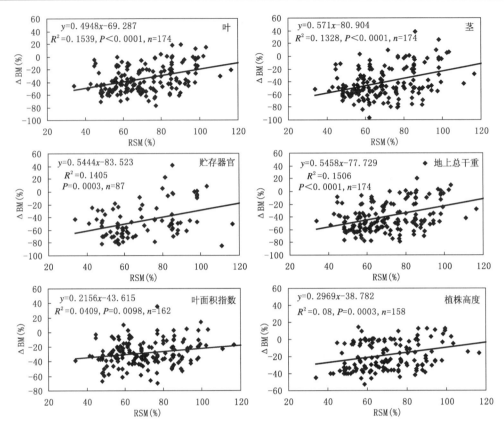

图 4-15 土壤相对湿度对夏玉米生物量(或叶面积指数、株高)积累的影响

(△BM 为水分胁迫导致生物量、叶面积指数或高度的减少量,RSM 为土壤相对湿度)

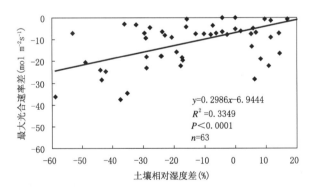

图 4-16 土壤水分(s_m)对夏玉米最大光合速率(A_{max})的影响

是干旱使收获指数降低的原因。

4.4.2.4 对产量结构和产量的影响

干旱对夏玉米产量结构有明显影响。淮河流域及其邻近地区的夏玉米田间水分试验发现,土壤相对湿度与夏玉米产量结构要素间呈线性相关关系(图 4-18)。土壤相对湿度降低使夏玉米果穗变短变细,百粒重、单株籽粒重以及籽粒茎秆比等都降低,使秃尖比升高,最终导致产量明显降低。与宋凤斌等(2000)的研究结论一致。其定量关系为,全生育期平均土壤相对

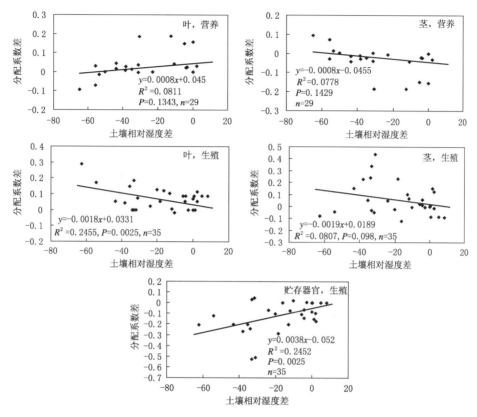

图 4-17　土壤相对湿度对夏玉米不同生长阶段干物质分配系数(PC)的影响

湿度降低 1%,穗长将减少约 0.14cm、穗粗减少约 0.03mm、单株籽粒重降低约 2.7g,干物质更多地向茎秆分配,使籽粒茎秆比降低约 0.02,而秃尖比升高约 0.003,最终产量降低约 155kg/hm²。

4.4.3　干旱对一季稻的影响

淮河流域水稻主要分布在沿淮地区,品种多为一季中稻或一季单晚。虽然一季稻生长时期正值淮河流域雨季,正常年份降水总量可以满足其生长发育的需求,但是由于降水变率大,阶段性和地域性的旱灾仍然频繁。初夏旱影响一季中稻及时栽插,伏旱影响拔节孕穗,夹秋旱和秋旱影响抽穗扬花和灌浆(李成荃等,2008)。本研究利用试验资料分析了不同时期的干旱胁迫对一季稻生长发育的不利影响。

4.4.3.1　对叶面积指数的影响

分析兴化试验点 2011—2012 年一季稻不同发育阶段干旱胁迫处理下叶面积指数(LAI 值)与对照(适宜水分,CK)相比的变化百分比。分析结果表明,拔节期,因干旱处理尚未开始,各处理 LAI 值非常接近,与对照没有明显差异;孕穗期,a、b 处理(孕穗期干旱)开始,测定日期为处理开始日的第 18 日,其胁迫效应已较为明显,两处理的 LAI 值分别比对照减少 22.4% 和 28.9%,影响程度稻田未见水 20 天的大于稻田未见水 10 天的;抽穗期,c、d 处理(抽穗期干旱)开始,测定日期为处理开始日的第 16 日,其胁迫效应也较为明显,两处理的 LAI 分别比对照减少 24.7% 和 32.3%,a、b 处理的不利影响仍然持续,影响程度略大于 c、d 处理;乳熟期干旱对 LAI 的影响很

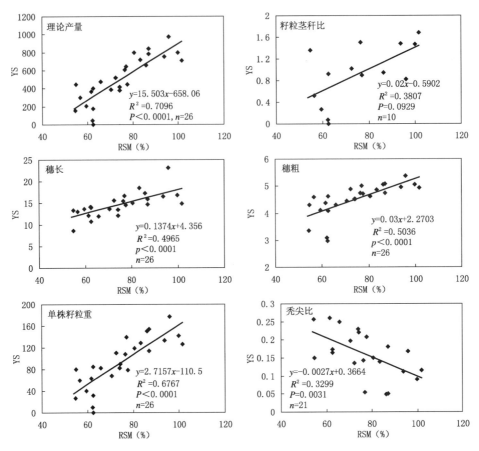

图 4-18　土壤相对湿度对夏玉米产量结构（YS）的影响

小,且孕穗期和抽穗期受旱的叶面积指数均有不同程度的恢复,以孕穗期重旱的恢复程度最低。总之,干旱对叶面积指数的影响,以孕穗期稻田未见水 20 天影响最大（图 4-19）。王成瑷等（2014）的研究表明,随着对照区基部叶片的老化与衰亡,干旱处理的叶面积指数逐步与对照接近,干旱越早,生育后期差异就越小。但是本研究结论显示,早期严重干旱对水稻叶面积指数的影响到生育后期仍很难恢复。

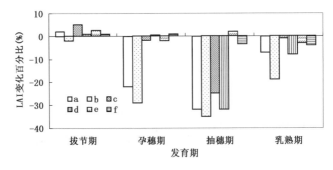

图 4-19　不同水分处理下水稻品种淮稻 5 号叶面积指数实测值与 CK 相比的变化百分比

a:孕穗期稻田未见水 10d;b:孕穗期稻田未见水 20d;c:抽穗期稻田未见水 10d;d:抽穗期稻田未见水 20d;
e:乳熟期土壤相对湿度≥60%;f:乳熟期土壤相对湿度<60%。

4.4.3.2　对光合作用速率的影响

将江苏兴化试验点 2011—2012 年一季稻不同发育阶段干旱处理的乳熟期功能叶最大光合作用速率(P_n)值与对照进行了对比分析。结果表明,孕穗、抽穗和乳熟 3 个发育期不同干旱时间长度和土壤湿度下,P_n 值分别减少了 47.7%、59.4%;14.5%、36.6% 以及 2.81%、9.91%。其减幅随着干旱胁迫天数的增加或土壤相对湿度的减小而加大,影响程度孕穗期>抽穗期>乳熟期(图 4-20)。说明孕穗期和抽穗期较长时间的干旱将造成后期早衰、功能叶片光合能力下降。

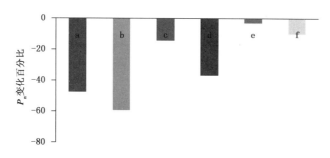

图 4-20　不同水分处理对一季稻功能叶片 P_n 的影响

a:孕穗期稻田未见水 10d;b:孕穗期稻田未见水 20d;c:抽穗期稻田未见水 10d;d:抽穗期稻田未见水 20d;

e:乳熟期土壤相对湿度≥60%;f:乳熟期土壤相对湿度<60%。

4.4.3.3　对产量因素和产量的影响

江苏兴化试验点 2011—2012 年不同干旱胁迫处理的一季稻产量及其结构与对照的变化百分比分析结果表明,孕穗、抽穗和乳熟 3 个发育期的干旱处理均表现减产,产量减幅随着干旱胁迫天数的增加或土壤相对湿度的减小而加大,影响程度孕穗期>抽穗期>乳熟期。进一步分析干旱对 5 个产量构成因素(1hm² 穗数、每穗粒数、每穗实粒数、结实率和千粒重)的影响发现,孕穗期干旱对每穗实粒数影响最大,其次是 1hm² 穗数和千粒重,而抽穗期干旱对千粒重影响最大,其次是 1hm² 穗数和千粒重。5 个产量构成因素的变化均与产量变化均呈正相关,相关系数大小顺序为千粒重>每穗实粒数>1hm² 穗数>结实率>每穗粒数,其中前 3 个产量构成因素变化与产量变化之间相关系数达显著水平($P<0.05$)。因此,产量构成因素的共同影响是造成一季稻大幅减产的主要原因(图 4-21)。

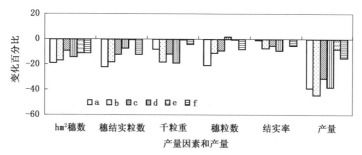

图 4-21　不同水分处理对水稻产量及其结构的影响

a:孕穗期稻田未见水 10d;b:孕穗期稻田未见水 20d;c:抽穗期稻田未见水 10d;d:抽穗期稻田未见水 20d;

e:乳熟期土壤相对湿度≥60%;f:乳熟期土壤相对湿度<60%。

4.4.4　涝渍对冬小麦的影响

虽然淮河流域的冬小麦生长期间降水量总体不足,但是由于降水分布不均,当出现连续降水,或一次降水雨量较大,农田积水不能及时排出时,就会出现涝渍灾害,尤其是流域的南部和沿淮地区河网水系众多,涝渍灾害较为频繁,也是该区冬小麦生产中的主要气象灾害之一。苗期涝渍会引起小麦烂根、烂种,拔节孕穗期遭受渍害会导致根系早衰、叶茎早枯、灌浆不良,并易感染赤霉病。本节利用试验资料分析了不同时期的涝渍胁迫对冬小麦生长发育的不利影响。

对株高的的影响。寿县试验点 2011 年度和 2012 年度冬小麦涝渍试验分析结果表明,不同涝渍处理对冬小麦株高的影响有差异,以拔节期涝渍处理的影响最显著,其中持续涝渍 20d 的重于持续 10d 的;而抽穗—灌浆期涝渍处理对株高的影响不明显。此外,拔节期涝渍处理对株高的影响,到生育后期有所恢复,恢复程度涝渍持续 10d 的好于涝渍持续 20d 的。如持续 20d 的涝渍对株高的抑制在抽穗或开花期达到最大,随后与对照的差异逐渐减小;而持续 10d 的涝渍对株高的抑制作用则是在初期达到最大,随后不断恢复,到乳熟期与对照株高的差异已经很小(图 4-22)。

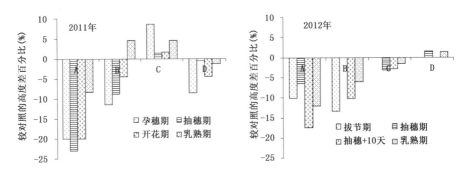

图 4-22　寿县不同水分处理下冬小麦各发育期株高较对照变化的百分比
A:拔节—孕穗期涝渍 20d;B:拔节—孕穗期涝渍 10d;C:抽穗—灌浆期涝渍 20d;D:抽穗—灌浆期涝渍 10d

对叶面积指数的影响。兴化试验点不同涝渍胁迫处理下冬小麦各生育期 LAI 值变化的分析结果表明,拔节期,因测定日期为 a、b 处理(拔节—孕穗期涝渍)开始日第 15 日,涝渍胁迫效应初显,拔节—孕穗期持续涝渍 10d 和 20d 的 LAI 与对照(CK)的变化百分比分别为 −0.6%、−3.9%,抽穗期,a、b 涝渍处理对 LAI 的胁迫效应仍然持续,达到最大,c、d 处理(灌浆—抽穗期)的涝渍胁迫效应初显,不同处理的变化百分比分别为 −16.2%、−19.1%、−1.9%、−7.7%。抽穗后 20d,因田间自然落干,a、b 处理对 LAI 的影响有所恢复,分别为 −7.3%、−8.6%,而 c、d 处理,后期早衰严重,变化百分比分别达到 −24.7%、−51.3%,不过到抽穗后 20d 已恢复到接近对照,但是抽穗灌浆期涝渍对叶面积指数的影响持续到抽穗灌浆期,且不可恢复(图 4-23)。

从 2012 年寿县不同涝渍处理下冬小麦 LAI 变化可以看出:拔节孕穗期涝渍处理导致拔节期及其后的各发育期 LAI 较适宜水分管理(CK)的冬小麦 LAI 显著下降,以持续涝渍 20d 的下降程度最大,拔节、抽穗、抽穗 +10d、乳熟的 LAI 分别较对照减少 21.6%、43.2%、76.1% 和 83.2%,影响程度随着发育进程逐渐增大,拔节孕穗期持续涝渍 10d 的影响程度小于持续

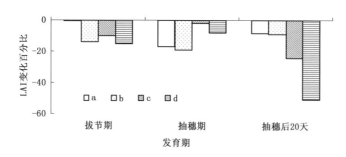

图 4-23　兴化不同水分处理下扬麦 16 叶面积指数实测值与 CK 相比的变化百分比
a:拔节—孕穗期涝渍 10d;b:拔节—孕穗期涝渍 20d;c:抽穗—灌浆期涝渍 10d;d:抽穗—灌浆涝渍期 20d

20d 的,且到乳熟期有所恢复;抽穗期持续涝渍 20d 和 10d 的,从抽穗＋10d 后小麦叶片表现出提前衰老症状,影响程度较拔节期涝渍有所减轻,但到乳熟期影响加重,且不可逆(图 4-24)。总体来看,涝渍处理 20d 的影响大于处理 10d 的,拔节期涝渍的影响大于抽穗期涝渍,即涝渍发生的越早、越重,对冬小麦叶面积指数的影响越大,而且轻度涝渍对叶面积指数的影响后期可恢复,重度影响不可逆。与兴化试验点的结论一致。

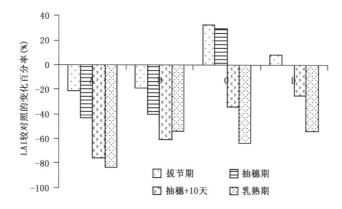

图 4-24　寿县不同涝渍水分处理下冬小麦叶面积指数的变化(2012 年)

对总干重的影响。分析寿县试验点 2011 年和 2012 年不同涝渍处理下冬小麦总干重的变化可以看出:涝渍处理后,冬小麦总干重存在着明显的处理间差异,以拔节期涝渍处理的影响最大,对拔节期及之后的各发育期总干重均有显著影响,影响程度后期大于前期,持续涝渍 20d 的影响大于持续涝渍 10d 的;抽穗期涝渍处理对干重的影响程度小于拔节期涝渍,对抽穗后发育期的干重产生影响,乳熟期影响加重,持续涝渍 20d 的影响大于持续涝渍 10d(图 4-25)。

对净光合速率的影响。图 4-26 给出了兴化试验点不同涝渍胁迫处理的冬小麦灌浆期的功能叶净光合速率值(P_n)。由图可见:各水分处理和对照的不同叶位功能叶的 P_n 值均表现为旗叶＞倒 2 叶＞倒 3 叶。涝渍胁迫对净最大光合速率影响明显。与对照相比,随着涝渍胁迫天数的增加,拔节—孕穗期和抽穗—灌浆期的各功能叶 P_n 值的下降程度均呈增大趋势,尤以抽穗—灌浆期持续 20d 涝渍对 P_n 值的影响最大,4 个处理的功能叶 P_n 值平均减幅分别为18.8%,26.8%,30.1% 和 54.2%。说明在冬小麦生育过程中,涝渍胁迫对其功能叶片光合能力的影响显著,影响程度后期大于前期,并随着涝渍持续天数增加而增大,与胡继超等(2004)的研究结论一致。

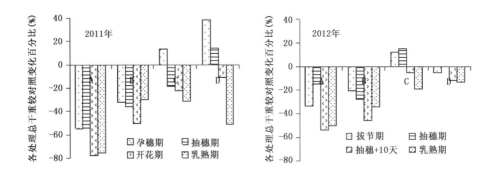

图 4-25　寿县不同涝渍水分处理下冬小麦植株总干重的变化

A:拔节—孕穗期涝渍 20d;B:拔节—孕穗期涝渍 10d;C:抽穗—灌浆期涝渍 20d;D:抽穗—灌浆期涝渍 10d

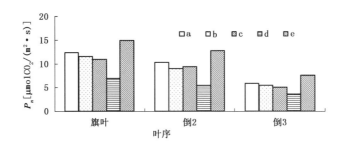

图 4-26　不同水分处理对小麦功能叶片 P_n 的影响

a:拔节—孕穗期涝渍 10d;b:拔节—孕穗期涝渍 20d;c:抽穗—灌浆涝渍 10d;d:抽穗—灌浆涝渍期 20d;e:CK

对产量结构和产量的影响。兴化冬小麦涝渍试验点不同涝渍胁迫处理的冬小麦产量及其结构与对照的变化百分比见图 4-27。由图可见,拔节—孕穗期和抽穗—灌浆期的涝渍处理均导致冬小麦减产,随着涝渍胁迫天数的增加,减产幅度呈逐渐加大的趋势,且抽穗—灌浆期涝渍减产幅度明显大于拔节—孕穗期涝渍。进一步分析不同处理 5 个产量构成因素(1hm² 穗数、每穗粒数、每穗实粒数、结实率和千粒重)的差异发现,涝渍处理对千粒重的影响最大,但是各处理差异小;其次是每穗实粒数、结实率和穗粒数。5 个产量因素的变化均与产量变化均呈正相关,相关系数大小的顺序为结实率>每穗粒数>每穗实粒数>1hm² 穗数>千粒重,其中前 3 个产量构成因素变化与产量变化之间相关系数达显著水平($P<0.05$)。由此可以认为,涝渍导致的结实率下降是造成冬小麦不同减产幅度的最主要因素。

寿县冬小麦涝渍试验点不同水分处理对冬小麦产量结构也有较大的影响。从影响程度看,以对不孕小穗率的影响最大,不同处理不孕小穗的增加率达到 25%~90%,其次是成穗率和千粒重,最大减少近 40%,穗粒数的最大减少量为 20%。从影响时段看,穗粒数、不孕小穗率和成穗率均为拔节期涝渍重于抽穗期涝渍,千粒重则是抽穗期涝渍影响大于拔节期。符合冬小麦产量形成规律。拔节期间涝渍的影响以持续 20d 的影响程度大于持续 10d 的,抽穗期涝渍的影响持续 10d 和持续 20d 的差别不大(图 4-28)。

从不同水分处理对冬小麦产量的影响程度看,减产幅度达到 30%~60%,其中抽穗期涝渍的影响程度大于拔节期,持续涝渍 20d 的影响程度大于持续 10d 的(图 4-29)。从减产率与产量因素的相关看,减产幅度与千粒重和穗粒数的减少幅度间的相关系数分别为 0.6752 和 0.7085($P<0.01,n=8$),达到极显著水平,与其他产量因素的相关未达显著水平。

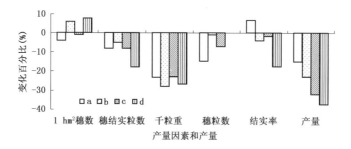

图 4-27　兴化试验点不同涝渍处理对冬小麦产量及其结构的影响

a:拔节—孕穗期涝渍 10d;b:拔节—孕穗期涝渍 20d;c:抽穗—灌浆期涝渍 10d;d:抽穗—灌浆涝渍期 20d

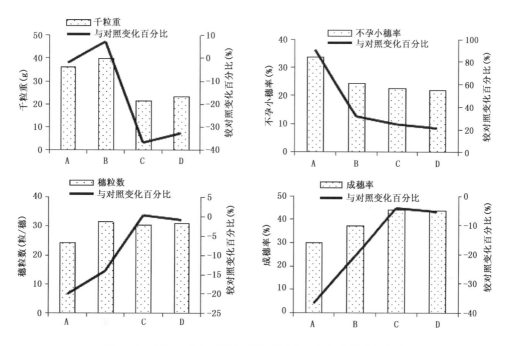

图 4-28　寿县试验点不同涝渍处理对冬小麦产量结构的影响

A:拔节—孕穗期涝渍 20d;B:拔节—孕穗期涝渍 10d;C:抽穗—灌浆期涝渍 20d;D:抽穗—灌浆涝渍期 10d

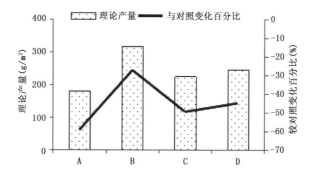

图 4-29　寿县试验点不同涝渍处理对冬小麦产量的影响

A:拔节—孕穗期涝渍 20d;B:拔节—孕穗期涝渍 10d;C:抽穗—灌浆期涝渍 20d;D:抽穗—灌浆涝渍期 10d

综合兴化和寿县的冬小麦涝渍水分控制试验分析结果可以看到,拔节和抽穗期涝渍对冬小麦产量构成和产量均有显著影响,其影响程度寿县大于兴化。这与小麦品种、土壤质地和农业生产水平等有关。对产量影响最大的产量因素兴化点为结实率,寿县点为千粒重和穗粒数。由此表明,涝渍灾害主要是通过降低冬小麦的粒数和粒重最终导致减产量。

4.4.5　涝渍对夏玉米的影响

与干旱不同,淮河流域涝渍灾害一般只发生在夏玉米的某一生育阶段,很少出现夏玉米全生育期涝渍的情况。试验分析表明,涝渍对夏玉米发育进程的影响小于干旱,但是严重涝渍也会对夏玉米的生长发育带来较大不利影响。

对生长性状的影响。夏玉米苗期受涝会造成生长减慢,植株瘦弱,叶片发黄,茎秆变红,根系发黑、腐烂。种子吸水膨胀和主胚根开始萌动时最不耐涝。这时若淹水 4d,绝大部分种子不再发芽。

试验观测发现,拔节期受涝淹水 3d,夏玉米植株下部个别叶片发黄、绿叶面积减少,后期部分植株死亡;淹水 5d、7d 的下部叶片大多发黄,植株枯萎且倒伏严重,大量植株枯萎死亡。抽雄期夏玉米受涝淹水 3~7d,在整个淹水过程中,夏玉米植株基本不显现受害症状,一周后植株开始表现受害症状,表现为下部叶片发黄枯萎,绿叶面积减少,淹水 3d 的无倒伏现象,淹水 5d 的少量植株倒伏,淹水 7d 的大部分植株枯萎且倒伏较多。倒伏的植株最终大多死亡,部分没死的植株也很难成穗结实。

对生长量及株高的影响。驻马店的夏玉米涝渍试验发现,涝渍(淹水)对夏玉米生长量积累有很大的负面影响。不同时段和时长的淹水均导致夏玉米生长量减少。一般情况下,拔节期涝渍的影响程度较抽雄期的更大。拔节期淹水 7d 将导致乳熟时的叶和茎重减少 50%~60%,而抽雄期淹水 7d 导致乳熟时的叶和茎重减少 20%~30%。但两个时期的涝渍对穗重的影响都很大,造成的损失均超过了 60%(图 4-30)。

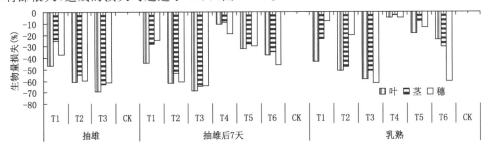

图 4-30　夏玉米不同发育期不同淹水天数对生长量积累的影响
(T1,2,…,6 分别为拔节期淹水 3d、5d、7d,抽雄期淹水 3d、5d、7d。驻马店,2012)

涝渍使夏玉米生长高度明显降低。驻马店的夏玉米涝渍试验发现(图 4-31),拔节期涝渍对夏玉米生长高度的影响较抽雄期的大很多。拔节期淹水 3d,可能导致生长高度降低 42cm,而淹水 1d 可能使高度降低 92cm。抽雄期淹水对夏玉米生长高度影响显著小于拔节期,7d 淹水使夏玉米高度降低幅度在 23cm 左右。

涝渍对夏玉米各种生长性状影响的分析表明,前期(拔节期)受涝的影响程度远大于后期(抽雄期),也印证了夏玉米前期更加不耐涝。

对分配系数的影响。河南驻马店涝渍试验数据分析结果表明,涝渍对夏玉米干物质分配

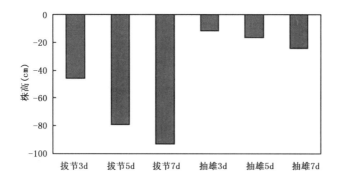

图 4-31　夏玉米不同发育期不同淹水天数对植株增高的影响(驻马店 2011,2012)

有影响(图 4-32)。前期发生 3d 以上涝渍将使干物质在抽雄期更多向茎分配,而减少向叶和穗的分配,在乳熟期更多地分配到茎和叶,而减少向穗的分配。两发育期中,对茎干物质分配的增加可能有 9%,对叶分配的增减比例较低,而乳熟期对穗分配减少可达 10%。

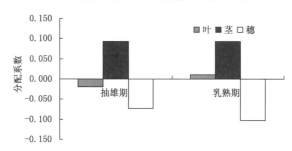

图 4-32　夏玉米抽雄期和乳熟期涝渍干物质分配系数变化情况(驻马店 2011,2012)

涝渍对产量结构的影响。涝渍对夏玉米产量结构有明显的负面影响。驻马店的夏玉米涝渍试验发现(图 4-33),拔节期淹水 7d 可能导致死株率达 78%并绝产。抽雄期淹水 3d 一般无死株,但减产率也在 50%左右;淹水 7d 导致死株率约为 45%,减产率达 84%,拔节期淹水对果穗长的影响要比抽雄期淹水影响大,但两者对果穗粗的影响幅度基本一致。

4.4.6　涝灾对一季稻的影响

水稻是一种半水生的植物,对于渍水土壤有很强的适应能力,但是现代改良水稻品种对于超过 3d 的没顶淹涝以及长期淹水(>10cm)的逆境并不适应(熊振民,1996)。淹涝对水稻的危害包括水分过多的直接影响以及水涝诱导的次生胁迫效应,致使植株形态发生一系列变化,根系吸收能力下降,导致不同程度减产(李玉昌等,1998)。本节利用寿县试验点数据分析水稻受涝后对株高和产量性状的影响。

对株高的影响。从寿县试验点 2011 年和 2012 年不同水分处理组一季稻株高变化可以看出:一季稻不同发育期、不同淹没时间和淹没深度对一季稻株高的影响以抽穗期最为显著,其次是抽穗后 10d,拔节期淹水处理对本发育期的株高没有影响,到抽穗期影响显现,以没顶 9d 最显著;抽穗期淹水对本发育期的株高产生影响,但是较拔节期淹水的影响程度轻,且各处理间变化无规律。不同水分处理对株高的影响以抽穗期达到最大,随后逐渐恢复,到乳熟阶段已经与对照没有显著差别,但 2011 年观测数据显示拔节期没顶 6d 和没顶 9d 的没有完全恢复

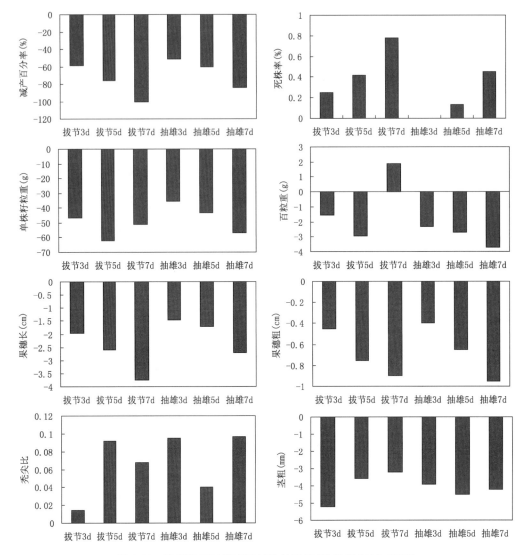

图 4-33　涝渍对夏玉米产量结构的影响(驻马店 2011,2012)

(图 4-34)。

对产量构成和产量的影响。寿县试验点一季稻涝灾试验不同水分处理的产量和产量构成观测结果表明,拔节期和抽穗期受涝均对一季稻产量性状和产量有所影响。2011 年和 2012 年观测结果相似,取其平均值绘图(图 4-35)。由图可见,一季稻拔节期淹水对穗粒数的影响大于抽穗期,其中没顶 6d 的影响最大,较对照的减少幅度达到 15%～20%。淹水处理对秕粒率的影响最大,不同处理淹水导致秕粒率增加的百分比两年平均为 75%～165%。淹水处理对千粒重的影响显示出明显的规律性,抽穗期大于拔节期,淹水时间越长、深度越深,影响程度越大,抽穗期没顶 9d 的千粒重较对照减少 10.5%。涝渍处理对一季稻理论产量的影响显著且规律性明显,各处理的两年平均值下降幅度为 21%～59%,抽穗期涝渍处理产量下降幅度大于拔节期,淹水时间越长、深度越深,影响越大,下降幅度最大值出现在抽穗期没顶处理 9d。

两年各处理理论产量变化数值与千粒重变化数值间的相关系数为 0.6874,达到极显著水

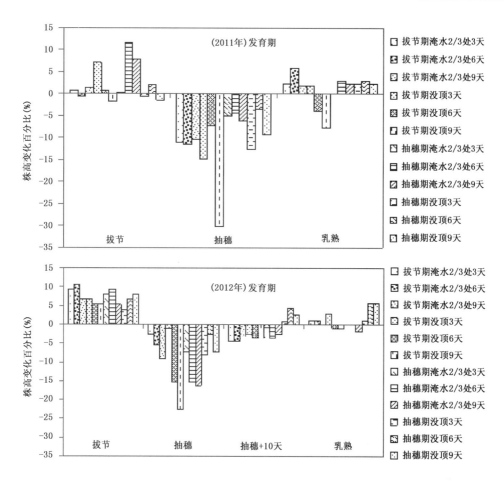

图 4-34　不同淹水处理对一季稻各发育期株高的影响

平 ($P<0.01, n=24$)，其他产量因素的变化量与产量变化间的相关系数未达显著水平，试验表明涝灾对水稻产量的影响主要因千粒重的降低所引起。

4.5　本章小结

（1）本着可操作、易实施的试验原则进行水分控制试验，根据不同作物的旱涝特征设计试验处理，并在旱涝关键期加密；同步进行了土壤相对湿度（或断水、淹没时间和深度）观测、农作物生长发育以及生理特征指标观测。

（2）采用数理统计方法分析了土壤相对湿度和生长量、生理特征指标之间的关系，建立了相关方程，初步得到了一些定量指标，主要包含土壤相对湿度与株高、叶面积指数、干物重、产量因素和产量之间关系的定量指标，以及土壤相对湿度与作物最大光合作用速率、干物质的器官间分配和比叶面积之间的定量指标。大部分结论验证了前人的研究成果，一些结论有进展，从田间试验角度部分地解释了旱涝对作物生长影响的机理。

试验结果可用于当地同种品种作物的灾损定量评估，为作物生长模型灾害模块的改进和作物灾害统计模型优化提供基础数据和验证数据。但是由于试验年限偏短，有些试验结论还

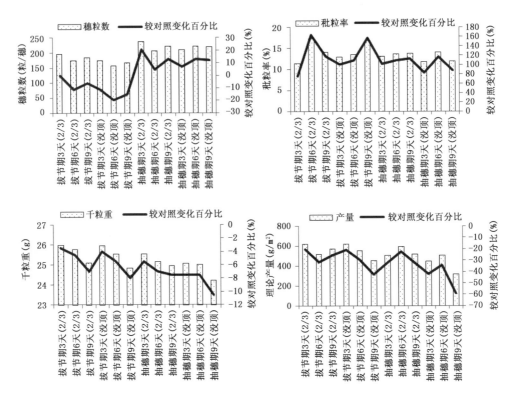

图 4-35　涝灾对一季稻产量和产量构成的影响

需要进一步验证,因此在业务应用时仍需谨慎。

参考文献

方文松,刘荣花,邓天宏.2010.冬小麦生长发育的适宜土壤含水量[J].中国农业气象,**31**(S1):73-76.

高志英.2007.不同水分处理对冬小麦物质分配和可溶性碳水化合物的影响[D].河南大学:12-13.

国家气象局.1993.农业气象观测规范[M].北京:气象出版社.

胡承霖.2009.安徽麦作学[M].合肥:安徽科学技术出版社:1-14.

胡继超,曹卫星,姜东.2004.小麦水分胁迫影响因子的定量研究——干旱和渍水胁迫对光合、蒸腾及干物质积累与分配的影响[J].作物学报,**30**(4):315-320.

黄义德,姚维传.2002.作物栽培学[M].北京:中国农业大学出版社:53-78.

霍治国,王石立,等.2009.农业和生物气象灾害[M].北京:气象出版社:80-81,98-102.

匡廷云,等.2004.作物光能利用效率与调控[M].济南:山东科学技术出版社:79-80,367-369.

李成荃,等.2008.安徽稻作学[M].北京:中国农业出版社:26-28.

李全起,陈雨海,房全孝.2004.夏玉米种植中水分问题的研究进展[J].玉米科学,**12**(1):72-75.

李玉昌,李阳生,李达模,等.1998.淹涝胁迫对水稻生长发育危害与耐淹性机理研究[J].中国水稻科学,**12**(增刊):70-76.

卢纹岱.2008.SPSS for Windows 统计分析(3 版)[M].北京:电子工业出版社:160.

马富举,李丹丹,蔡剑.2012.干旱胁迫对小麦幼苗根系生长和叶片光合作用的影响[J].应用生态学报,**23**(3):724-730.

马明生,樊廷录,王淑英.2010.不同水分条件下冬小麦的水分利用效率、产量和可溶性糖含量[J].核农学报,

24(3):605-611.

梅雪英.2004.水分胁迫对小麦生理生态及产量品质的影响[D].安徽农业大学硕士论文:12-13.

孟凡超,刘明,于吉琳,等.2011.水分胁迫对玉米产量及干物质分配的影响[J].江苏农业科学,**39**(3):96-98.

宋凤斌,戴俊英.2000.干旱胁迫对玉米雌穗生长发育和产量的影响[J].吉林农业大学学报,**22**(1):18-22.

宋凤斌,戴俊英.2005.玉米茎叶和根系的生长对干旱胁迫的反应和适应性[J].干旱区研究,**22**(2):256-258.

宋妮,黄修桥,宋景生,等.2009.水分胁迫对盆栽冬小麦产量和部分品质性状的影响[J].麦类作物学报,**29**(3):476-479.

王成瑗,赵磊,王伯伦,等.2014.干旱胁迫对水稻生育性状与生理指标的影响[J].农学学报,**4**(1):4-14.

王传海,闵锦忠,刘炜杰,等.2005.南京地区小麦不同生育期土壤湿度适宜范围的确定[J].中国农业气象,**26**(1):42-44.

王伟,蔡焕杰,王健,等.2009.水分亏缺对冬小麦株高、叶绿素相对含量及产量的影响[J].灌溉排水学报,**28**(1):41-44.

王自霞,周小梅,范玲娟.2008.几种环境胁迫对小麦生理生化特性的影响[J].山西大学学报(自然科学版),**31**(1):128-132.

肖俊夫,刘战东,陈玉民.2008.中国玉米需水量与需水规律研究[J].玉米科学,**16**(4):21-25.

熊振民.1992.中国水稻[M].北京:中国农业科技出版社:105-106.

杨永岐.1983.农业气象中的统计方法[M].北京:气象出版社:2-12.

张喜英,由懋正,王新元.1999.不同时期水分调亏及不同调亏程度对冬小麦产量的影响[J].华北农学报,**14**(2):1-5.

朱自玺,牛现增.1987.冬小麦主要生育阶段水分指标的生态分析[J].气象科学研究院院刊,**2**(1):81-87.

Lawlor D W,Cornic G. 2002. Photosynthetic carbon assimilation and associated metabolism in relation to water deficits in higher plants[J]. *Plant,Cell and Environment*,**25**:275-294.

Zhang J,Kirkham M B. 1994. Drought stress induced changes in activities of superoxide dismutase, catalase, and peroxidase in wheat species [J]. *Plant & Cell Physiology*,**35**(5):785-791.

第 5 章　农作物旱涝灾害损失数理统计评估模型

区域灾害系统理论(史培军,1996)是农作物旱涝灾害损失评估的理论基础,该理论认为自然灾害损失是由孕灾环境、致灾因子和承灾体之间相互作用形成的。组成区域灾害系统的三要素是形成灾害的充分和必要条件,缺一不可。灾情轻重取决于孕灾环境的脆弱性、致灾因子的风险性和承灾体的敏感性。本章详细介绍了以自然灾害系统三要素为基础,确定淮河流域农作物旱涝灾害损失数理统计模型的评估指标,以及构建各作物旱涝灾害损失评估模型的过程和结果。

5.1　农作物旱涝灾害损失评估指标

5.1.1　农业旱涝强度指标

5.1.1.1　农业旱涝强度指标的构建

虽然土壤水分是反映农业旱涝最直接的指标,但是研究区内长时间序列较完整的土壤湿度人工观测站点资料偏少,自动土壤水分观测数据时间长度和准确度均不能满足建立旱涝灾损评估指标的需要。通过多种农业旱涝指标的比较,本章以能够反映农业旱涝特征、在安徽应用较为成熟的累积湿润指数(马晓群等,2009),经研究区域检验后作为农作物旱涝的强度指标。

该指标将《干旱监测和影响评价业务规定》[①]中的干旱指标之一相对湿润度指数($M_i = \dfrac{P - ET_0}{ET_0}$)中的参考作物蒸散量($ET_0$)替换为作物潜在蒸散量($ET_m$),建立能够反映降水与农田蒸散量(即作物需水量)二者平衡关系的相对湿润度指数。计算公式为

$$M_i = \frac{P - ET_m}{ET_m} \tag{5-1}$$

式中,M_i 为计算时段内的相对湿润度指数,P 为相应时段的降水量,ET_m 为相应时段的作物潜在蒸散量。其计算式为

$$ET_m = K_c \cdot ET_0 \tag{5-2}$$

式中,ET_0 为相应时段的参考作物蒸散量;K_c 为相应时段的作物系数,与作物本身的生物学特性(种类、发育阶段)、产量水平、土壤条件等因素有关(Allen 等,1998)。经 K_c 订正后,得到的 ET_m 是某作物某阶段的农田需水量,相应的相对湿润度指数具有农业意义,计算方法见第 3.1.2 节。

---

① 中国气象局.气发〔2005〕135 号(附件).干旱监测和影响评价业务规定.

以逐旬相对湿润度指数为基础,构造反映旱涝渐变的累积湿润指数经验公式(马晓群等,2009)。即

$$M_a = \alpha M_0 + (1-\alpha) \left[\sum_{i=1}^{n} \left(\frac{n+1-i}{\sum_{i=1}^{n} i} \times M_i \right) \right] \tag{5-3}$$

式中,M_a 为累积湿润指数;α 为权重系数;M_0 为本旬湿润度指数;M_i 为前 i 旬的湿润度指数;n 为向前滚动的旬数,因季节而异,冬季为 5 旬,春秋季为 4 旬,夏季为 3 旬。

累积湿润指数为逐旬值,可反映农田水分供给和消耗的平衡关系,并具备农业旱涝逐步积累和前效影响的特征,基于该指数的旱涝等级标准适用于农业旱涝动态监测和评估。淮河流域处于沿淮和淮河以北地区,可选用半湿润区的等级标准(表 5-1)。

表 5-1　累积湿润指数(M_a)区域旬旱涝等级标准

等级	类型	半湿润区指标
1	特涝	$M_i > 4.00$
2	重涝	$4.00 \geqslant M_i > 3.00$
3	中涝	$3.00 \geqslant M_i > 1.50$
4	轻涝	$1.50 \geqslant M_i > 0.50$
5	正常	$0.50 \geqslant M_i > -0.50$
6	轻旱	$-0.50 \geqslant M_i > -0.75$
7	中旱	$-0.75 \geqslant M_i > -0.85$
8	重旱	$-0.85 \geqslant M_i > -0.95$
9	特旱	$M_i \leqslant -0.95$

5.1.1.2　与土壤相对湿度的比较和检验

计算了淮河流域各站 1971—2010 年三种作物生育阶段内逐旬的累积湿润指数,选择流域内土壤水分监测质量较好且无灌溉站点的土壤相对湿度资料(表 5-2),根据中国气象局《干旱监测和影响评价业务规定》的旱涝等级(见第 2 章,表 2-1),并加以细化,与累积湿润指数旱涝等级进行比较,检验累积湿润指数性。

表 5-2　用于累积湿润度检验的淮河流域各作物各分区土壤墒情资料情况一览表

作物	区号	站数	样本数	起止年
冬小麦	I	4	2319	1984—2010
	II	35	25359	1977—2010
	III	13	3446	1980—2010
	IV	52	26686	1980—2010
夏玉米	I	3	456	1986—2010
	II	28	6466	1977—2010
	III	36	7459	1980—2010
一季稻	I	29	3893	1981—2010

由于业务上使用的土壤相对湿度干旱指标仅有正常、轻旱、中旱、重旱和特旱 5 个等级,为便于与累积湿润指数的 9 个等级相比较,将正常值的上限部分划分为涝渍的 4 个等级,旱涝、

正常各等级合计为 9 级(表 5-3)。

表 5-3　土壤墒情旱涝等级的 9 级细化

等级	类型	土壤相对湿度(%)
1	特涝	$M_i > 95$
2	重涝	$95 \geqslant M_i > 90$
3	中涝	$90 \geqslant M_i > 85$
4	轻涝	$85 \geqslant M_i > 80$
5	正常	$80 \geqslant M_i > 70$
6	轻旱	$70 > M_i \geqslant 60$
7	中旱	$60 > M_i \geqslant 50$
8	重旱	$50 > M_i \geqslant 40$
9	特旱	$M_i < 40$

比较结果表明,三种农作物的累积湿润指数旱涝等级与土壤相对湿度旱涝等级的总体符合率均较好,等级差≤1 的比例总体高于 50%,等级差≤2 的比例大部分在 80% 以上。从作物种类看,以一季稻的符合率最高,其次是夏玉米,冬小麦偏低;从旱涝类型看,正常的符合率最高,其次是干旱,涝渍偏低;从区域分布看,南部符合率总体高于北部(表 5-4,表 5-5,表 5-6)。

分析其原因,从作物因素看,由于冬小麦经历越冬期,冬季气温低,蒸散速率也低,且越冬作物处于休眠或缓慢生长阶段,农田土壤湿度消耗少,与累积湿润指数旱涝等级的同步性较低。从区域因素看,愈往北,降水量愈少,农民的灌溉意识愈强,因此降低了土壤相对湿度旱涝等级与累积湿润指数旱涝等级的符合率。总的来说,土壤相对湿度和累积湿润指数是两个性质不同的农业旱涝指标,在获取手段和时效等方面存在较大差异,土壤相对湿度只反映了取土当时的农田湿润状况,而累积湿润指数基于一旬的气象数据计算,反映了一段时间内农业旱涝累积和渐进的特征。因此,两者旱涝等级间 20% 左右的误差可视为允许误差。从各等级样本占总样本的比例分布情况看,累积湿润指数旱涝等级基本反映了农田土壤水分状况。

表 5-4　淮河流域冬小麦累积湿润指数旱涝等级和土壤墒情旱涝等级对比分析

作物分区	旱涝状况	等级差≤1 的比例(%)	等级差=2 的比例(%)	等级差≤2 的比例(%)
	旱	48.1	25.8	73.9
I	正常	63.9	21.0	84.9
	涝	48.0	32.0	80.0
	旱	54.5	24.5	79.0
II	正常	59.8	19.3	79.1
	涝	46.6	34.8	81.4
	旱	46.0	27.3	73.3
III	正常	58.3	21.9	80.2
	涝	52.9	37.5	90.4
	旱	60.0	23.9	83.9
IV	正常	60.4	18.5	78.9
	涝	52.5	42.5	95.0

表 5-5　淮河流域夏玉米累积湿润指数旱涝等级和土壤墒情旱涝等级对比分析

作物分区	旱涝状况	等级差≤1 的比例(%)	等级差=2 的比例(%)	等级差≤2 的比例(%)	样本数
Ⅰ	旱	66.7	12.1	78.8	33
	正常	56.4	22.9	79.3	358
	涝	60.0	21.5	81.5	65
Ⅱ	旱	64.0	26.3	90.3	556
	正常	50.4	21.4	71.8	5269
	涝	44.0	38.5	82.5	641
Ⅲ	旱	72.5	23.2	95.7	663
	正常	60.0	20.5	80.5	5934
	涝	48.3	35.6	83.9	862

表 5-6　淮河流域一季稻累积湿润指数旱涝等级和土壤墒情旱涝等级对比分析

旱涝状况	等级差≤1 的比例(%)	等级差=2 的比例(%)	等级差<2 的比例(%)	样本数
旱	69.1	22.0	91.1	404
正常	60.0	20.0	80.0	3151
涝	60.1	33.7	93.8	338

5.1.1.3　与持续降水和持续无降水指标的比较和检验

（1）持续无降水日数指标

持续无降水日数是农业生产中应用较为广泛的农业干旱指标。国家标准《农业干旱等级》（吕厚荃等，2015）中的持续无降水日数采用有效降水量指标，即日降水量在需水关键期≥5mm，其他时段≥3mm 为有效降水，低于该指标的降水量为无效降水。该标准中的持续无降水日数指标（Ⅳ区—黄淮地区），见表 5-7。

经与淮河流域农作物干旱实况的比较分析，发现该指标阈值与当地实况有一定差异，夏季差异更大。因此，结合旱情实况和土壤墒情指标等，对淮河流域的持续无降水日数农业干旱等级指标进行了分季节、分作物的细化和订正（表 5-8），并以此作为累积湿润指数干旱等级检验的指标之一。

表 5-7　持续无降水日数农业干旱等级

干旱等级	无旱	轻旱	中旱	重旱	极重旱
持续无降水日数(d)	≤16	16~25	26~40	41~60	>60

表 5-8　修订的淮河流域持续无降水日数(d)农业干旱等级

作物	季节	无旱	轻旱	中旱	重旱	极重旱
冬小麦	冬季	≤14	15~28	29~50	51~70	>70
	春秋季	≤10	11~20	21~35	36~50	>50
夏玉米、一季稻	夏季	≤5	6~14	15~21	22~45	>45

（2）持续降水日数和雨量组合指标

涝渍危害是雨日和雨量共同作用的结果,涝渍的降水指标考虑了持续雨日和雨量两个因素,同时考虑了雨量的季节因素。经与淮河流域涝渍实况比较分析,确定了不同季节的持续降水日数和雨量组合的涝渍等级指标(表5-9,表5-10,5-11)。

表 5-9　淮河流域持续降水涝渍等级指标(春、秋季)

雨量(mm)	雨日(d)				
	3	4	[5,6]	[7,8]	[9,+999]
(0,25]	正常	正常	轻涝	中涝	重涝
(25,50]	轻涝	轻涝	轻涝	中涝	重涝
(50,75]	中涝	中涝	中涝	重涝	重涝
(75,100]	中涝	重涝	重涝	特涝	特涝
>100	重涝	重涝	特涝	特涝	特涝

注:"("为开区间,表示不包含括号内侧的数值;"["为闭区间,表示包含括号内侧的数值。

表 5-10　淮河流域持续降水涝渍等级指标(夏季)

雨量(mm)	雨日(d)				
	3	4	[5,6]	[7,8]	[9,+999]
(0,30]	正常	正常	轻涝	中涝	重涝
(30,70]	正常	轻涝	中涝	中涝	重涝
(70,110]	轻涝	中涝	重涝	重涝	特涝
(110,150]	中涝	中涝	重涝	特涝	特涝
>150	重涝	重涝	特涝	特涝	特涝

注:"("为开区间,表示不包含括号内侧的数值;"["为闭区间,表示包含括号内侧的数值。

表 5-11　淮河流域持续降水涝渍等级指标(冬季)

雨量(mm)	雨日(d)				
	3	4	[5,6]	[7,8]	[9,+999]
(0,10]	正常	正常	轻涝	轻涝	中涝
(10,20]	正常	轻涝	轻涝	中涝	重涝
(20,35]	轻涝	中涝	中涝	重涝	重涝
(35,50]	中涝	中涝	重涝	特涝	特涝
>50	中涝	重涝	重涝	特涝	特涝

注:"("为开区间,表示不包含括号内侧的数值;"["为闭区间,表示包含括号内侧的数值。

（3）结果比较

统计了淮河流域各站1971—2010年各作物生育阶段内逐旬持续无降水日数以及持续降水日数和雨量组合指标的旱涝等级,并与逐旬累积湿润指数旱涝等级进行了比较。结果表明,累积湿润指数旱涝等级与持续无降水日数以及持续降水日数和雨量组合指标旱涝等级的总体符合程度很好。冬小麦等级差≤1的比例大部分为70%～80%,夏玉米和一季稻均在80%左右(表5-12—表5-15)。由于持续无降水日数以及降水日数和雨量组合指标与累积湿润指数指标都是基于旬时间尺度的气象观测资料计算,性质一致,因此二者的符合率高于累积湿润指数旱涝等级与土壤墒情旱涝等级的符合率。

通过累积湿润指数的研究区域检验和多个农业旱涝指标的相互比较,表明了累积湿润指数旱涝等级在淮河流域的适用性较好,可用作旱涝灾损评估的灾害强度指标。

表 5-12　淮河流域累积湿润指数和持续降水等级对比分析

作物	等级差≤1 的比例(%)	等级差=2 的比例(%)	等级差≤2 的比例(%)	样本数	资料年代
冬小麦	86.4	11.4	97.8	120938	1971—2010
夏玉米	83.1	12.1	95.2	37357	1971—2011
一季稻	89.0	9.1	98.1	26337	1971—2012

表 5-13　淮河流域冬小麦累积湿润指数和持续降水等级对比分析

作物分区	类型	等级差≤1 的比例(%)	等级差=2 的比例(%)	等级差≤2 的比例(%)	样本数
I	旱	61.3	29.7	91	1513
	正常	70.3	14.8	85.1	10011
	涝	83.9	14.6	98.5	1112
II	旱	66.0	23.9	89.9	7619
	正常	68.6	15.6	84.2	49990
	涝	80.8	15.0	95.8	5571
III	旱	71.3	22.1	93.4	3219
	正常	77.9	12.6	90.5	25297
	涝	82.6	14.2	96.8	4127
IV	旱	71.9	21.9	93.8	5208
	正常	79.6	12.8	92.4	53523
	涝	80.8	14.5	95.3	12873

表 5-14　淮河流域夏玉米累积湿润指数和持续降水等级对比分析

作物分区	类型	等级差≤1 的比例(%)	等级差=2 的比例(%)	等级差≤2 的比例(%)	样本数
I	旱	86.5	12.2	98.7	74
	正常	82.9	10.7	93.6	2703
	涝	81.8	15.5	97.3	2983
II	旱	74.3	18.5	92.8	487
	正常	82.2	10.3	92.5	15680
	涝	81.7	15.7	97.4	12633
III	旱	77.9	18.7	96.6	294
	正常	84.4	10.1	94.5	11790
	涝	75.4	20.2	95.6	11436

表 5-15　　淮河流域一季稻累积湿润指数和持续降水等级对比分析

类型	等级差≤1 的 比例(%)	等级差＝2 的 比例(%)	等级差≤2 的 比例(%)	样本数
旱	79.0	17.1	96.1	856
正常	82.1	11.3	93.4	20061
涝	79.8	16.9	96.7	16523

5.1.2　农作物水分敏感指数

5.1.2.1　农作物水分敏感指数的计算思路

农作物一生中的需水量随生育进程不断变化,不同生育期对水分的敏感程度也是不同的,因此同一强度的旱涝灾害发生于作物不同的发育期,其损失程度存在较大差异。作物水分敏感指数是衡量作物对水分敏感程度的指标,可以用反映作物相对产量与各阶段相对蒸散量关系的作物—水分乘法模型计算,其中詹森(Jensen)模型应用较为广泛。该模型将作物生育期分为 n 个生育阶段,由实测资料确定实际产量以及每个阶段的实际蒸腾量与潜在蒸腾量,经过非线性优化得到潜在产量以及各个生育阶段的水分敏感指数,该水分敏感指数不仅反映了作物各阶段水分供需状况对产量的影响程度,而且还能够反映阶段缺水对作物后续的生长影响效应(沈荣开等,1995;王仰仁等,1997;郭群善等,1996)。詹森模型表达式为

$$\frac{Y_a}{Y_m} = \prod_{i=1}^{n} \left[\frac{ET_{ai}}{ET_{mi}} \right]^{\lambda_i} \tag{5-4}$$

式中,Y_a 为作物实际蒸散量对应的实际产量(kg/hm^2),Y_m 为潜在蒸散量对应的作物潜在产量,即充分供水条件下的作物产量(kg/hm^2),i 为作物生育期阶段编号,n 为划分的作物生育期阶段数,ET_{ai} 为作物第 i 阶段的实际蒸散量(mm),ET_{mi} 为作物潜在蒸散量,即作物需水量(mm),λ_i 为第 i 生育阶段的水分敏感指数。

该方法的不足之处是作物水分敏感指数的大小受生育阶段划分的影响,比如在冬小麦水分敏感指数研究中,不同的研究者将冬小麦生育阶段划分成 4 个、5 个或 6 个,所得到的水分敏感指数差异很大(王仰仁等,1997;荣丰涛等,1997;梁银丽等,2000)。为了克服生育阶段划分对水分敏感指数的影响,本章利用农作物多年发育期和土壤水分观测资料,采用詹森作物—水分模型新解法(丛振涛等,2002),在验证了水分敏感指数可加性的基础上,通过求算作物生育期内每一天的水分敏感指数得到逐旬及任意时段的水分敏感指数。

5.1.2.2　农作物水分敏感指数的数学模型

(1)农作物水分敏感指数的新定义

丛振涛(2002)重新构造的 Jensen 模型为

$$\frac{Y_a}{Y_m} = \prod_{i=1}^{n} \left[\frac{ET_{ai}}{ET_{mi}} \right]^{\lambda_i T_i} \tag{5-5}$$

式中,T_i 为第 i 阶段所包含的天数,其他同式(5-4)。

将生育期内每一天作为一个时间尺度,对应得到 n 个水分敏感指数 $\lambda_1, \cdots, \lambda_n$,公式(5-5)根据水分敏感指数的累加性推导得到 λ_1

$$\lambda_1 = \frac{\ln(Y_a / Y_m)}{\sum\limits_{i=1}^{N} \gamma_i \ln(k_{si})} \tag{5-6}$$

式中，k_{si} 为各阶段土壤水分系数，与土壤水分状况有关；$\gamma_i = \lambda_i / \lambda_1$，$\lambda_1, \cdots, \lambda_n$ 为作物各阶段的水分敏感指数；Y_a 为作物某一年的实际产量（kg/hm^2），Y_m 为相应年的最大产量（kg/hm^2）。并有

$$\gamma_i = \frac{\lambda_i}{\lambda_1} \tag{5-7}$$

$$\gamma_1 = \frac{\lambda_1}{\lambda_1} = 1 \tag{5-8}$$

$$\lambda_{k+1} = \lambda_k \cdot \frac{\ln\left(\dfrac{1 + \alpha_k \beta_k}{1 + \beta_k}\right)}{\ln(\alpha_k) - \ln\left(\dfrac{1 + \alpha_k \beta_k}{1 + \beta_k}\right)} k = 1, 2, \cdots N \tag{5-9}$$

式中　　$\alpha_k = \dfrac{k_{s,k+1}}{k_{sk}}, \beta_k = \dfrac{ET_{m,k+1}}{ET_{m,k}}, k_{sk} = \dfrac{ET_{ak}}{ET_{mk}}, k_{s,k+1} = \dfrac{ET_{a,k+1}}{ET_{m,k+1}}$

$$ET_m = K_c \cdot ET_0$$

式中，ET_m 为作物需水量，计算方法见 3.2.1 节；ET_a 为作物实际蒸散量，为作物需水量和土壤水分系数（k_{sk}）的乘积。

综合式(5-6)—(5-8)，令

$$A_k = \ln\left(\frac{1 + \alpha_k \beta_k}{1 + \beta_k}\right), B_k = \ln(\alpha_k) - \ln\left(\frac{1 + \alpha_k \beta_k}{1 + \beta_k}\right)$$

则　　$$\lambda_1 = \frac{\ln(Y_a / Y_m)}{\ln(k_{s1}) + \dfrac{A_1}{B_1} \cdot \ln(k_{s2}) + \dfrac{A_1}{B_1} \cdot \dfrac{A_2}{B_2} \cdot \ln(k_{s3}) + \cdots + \dfrac{A_1}{B_1} \cdot \dfrac{A_2}{B_2} \cdot \cdots \cdot \dfrac{A_{k-1}}{B_{k-1}} \ln(k_{sk})} \tag{5-10}$$

于是，$\lambda_i (i = 1, 2, \cdots, N)$ 可求。在此基础上就可以构建水分敏感指数（λ_1）的累积值 z 与逐日时间 t 的函数关系，并进一步确定 $z(t)$ 的形式和参数，这样，通过一个小区或多个小区的田间试验就可以实现水分敏感指数的计算，并可以推求每天的水分敏感指数及逐旬的水分敏感指数。

（2）土壤水分系数的计算

土壤水分系数（k_{si}）反映了某阶段的土壤水分状况，可通过土壤水分参数求得

$$k_{si} = \frac{W_a - W_p}{W_k - W_p} \tag{5-11}$$

实测土壤含水量 W_a（mm）为

$$W_a = \sum_{i=1}^{N} \left(W_i \times \frac{C_i}{\rho_W} \times h_i \right) \tag{5-12}$$

凋萎含水量 W_p（mm）为

$$W_p = \sum_{i=1}^{N} \left(W_{pi} \times \frac{C_i}{\rho_W} \times h_i \right) \tag{5-13}$$

临界持水量 W_k（mm）为

$$W_k = \sum_{i=1}^{N} \left(W_{ki} \times \frac{C_i}{\rho_W} \times h_i \right) \tag{5-14}$$

式中，W_i，W_{pi}，W_{ki} 分别为 i 层实测土壤湿度，凋萎土壤湿度和田间持水量（以干土重百分率表

示);C_i 为 i 层土壤容重(g/cm^3);ρ_w 为水的密度(g/cm^3);h_i 为 i 层土层厚度(mm),$i=(1,2,\cdots,N)$。

（3）作物期望产量的计算

期望产量是指在作物生长的各阶段,特别是作物关键生育期水分充足,且其他气象条件适宜时的作物产量。事实上,理想的气象条件并不多见,因此采用拉格朗日插值方法得到逐年的期望产量(宫德吉,1999)。挑选历史上数个基本无灾年对应的作物产量作为相应年份的期望产量,以这些为基准点,用拉格朗日插值方法可以得到其他年份的期望产量。其中,第 m 年的期望产量 $Y_m(x)$ 可以表示为

$$Y_m(x) = \sum_{i=1}^{n} Y_i \prod_{\substack{j=1 \\ j \neq i}}^{n} \frac{x_m - x_j}{x_i - x_j} \qquad (5\text{-}15)$$

式中,$Y_m(x)$ 为某地区某一年份的期望产量,$x_1,x_2,\cdots,x_n$ 为某地区先后出现的基本无灾年(或产量最大年),$Y_1,Y_2,\cdots,Y_n$ 为相应年份的农作物期望产量。

5.1.2.3　各作物逐旬水分敏感指数分析

（1）冬小麦

淮河流域冬小麦发育期从当年的 10 月中旬至翌年的 6 月上旬。播种期自北向南逐步推迟,成熟期则自北向南逐步提前。各分区冬小麦主要发育期见表 5-16。

表 5-16　淮河流域冬小麦主要发育期进程(旬/月)

区域	播种期	分蘖期	返青期	拔节期	抽穗期	乳熟期	成熟期
Ⅰ区	中/10	上/11	中/2	上/4	下/4	下/5	上/6
Ⅱ区	中/10	中/11	中/2	下/3	中/4	中/5	下/5
Ⅲ区	中/10	下/11	中/2	下/3	下/4	中/5	下/5
Ⅳ区	下/10	上/12	中/2	下/3	中/4	上/5	下/5

利用式(5-5)结合表 5-16 的冬小麦发育期计算得到淮河流域各区冬小麦逐旬水分敏感指数。分析其变化趋势可见,淮河流域冬小麦的水分敏感指数最大值出现在 4 月中旬到 5 月中旬,最小值出现在 11 月中旬到 2 月下旬,5 月中旬后水分敏感指数迅速下降,与发育期相对应。12 月和 1 月冬小麦逐渐进入越冬期,作物基本停止生长或缓慢生长,对水分的要求不严格,因此水分敏感指数 λ 最小;3 月冬小麦开始返青拔节,生长发育迅速,进入营养生长与生殖生长并进阶段,水分需求增加,水分亏缺影响生长发育和籽粒产量的形成,λ 值逐渐增大;4 月份起冬小麦陆续孕穗抽穗,此时是籽粒产量形成的关键时期,缺水会对产量产生很大影响,到 5 月中旬 λ 值达到最大;随后冬小麦陆续进入乳熟、成熟期,叶片开始衰老,蒸腾显著降低,水分亏缺对产量形成的影响渐小,λ 值迅速降低。各分区冬小麦水分敏感指数曲线变化趋势相似,反映了冬小麦各发育阶段对水分供需矛盾敏感程度的变化规律(表 5-17,图 5-1),其差异体现了区域气候条件、种植品种的影响。

表 5-17　淮河流域冬小麦逐旬水分敏感指数

旬旬	1 区	2 区	3 区	4 区
10 中	0.025	0.027	0.016	
10 下	0.030	0.032	0.037	0.034

续表

旬旬	1 区	2 区	3 区	4 区
11 上	0.031	0.034	0.033	0.034
11 中	0.019	0.021	0.029	0.029
11 下	0.015	0.016	0.023	0.026
12 上	0.016	0.017	0.021	0.022
12 中	0.015	0.016	0.019	0.021
12 下	0.017	0.018	0.020	0.026
1 上	0.006	0.006	0.016	0.020
1 中	0.005	0.005	0.018	0.018
1 下	0.007	0.008	0.020	0.023
2 上	0.013	0.015	0.023	0.026
2 中	0.017	0.018	0.026	0.028
2 下	0.017	0.018	0.024	0.025
3 上	0.047	0.052	0.040	0.043
3 中	0.044	0.049	0.050	0.046
3 下	0.054	0.060	0.050	0.057
4 上	0.088	0.097	0.088	0.082
4 中	0.100	0.110	0.083	0.095
4 下	0.100	0.110	0.100	0.098
5 上	0.104	0.114	0.091	0.096
5 中	0.090	0.098	0.095	0.104
5 下	0.100	0.046	0.079	0.061
6 上	0.041			

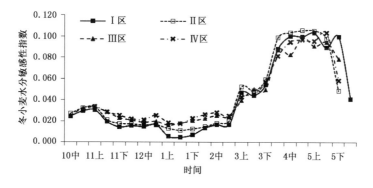

图 5-1　淮河流域冬小麦逐旬水分敏感指数

（2）夏玉米

淮河流域夏玉米发育期为 6 月上旬至 9 月中旬。播种期自北向南逐渐推迟,成熟期自北向南逐渐提前。其主要发育期如表 5-18 所示。

表 5-18　淮河流域夏玉米主要发育期进程(旬/月)

区域	播种期	出苗期	拔节期	抽雄期	开花期	乳熟期	成熟期
Ⅰ区	中/6	下/6	下/7	上/8	上/8	上/9	中/9
Ⅱ区	上/6	中/6	中/7	下/7	上/8	下/8	中/9
Ⅲ区	上/6	中/6	中/7	上/8	上/8	下/8	中/9

　　如表 5-19 和图 5-2 所示,淮河流域夏玉米的水分敏感指数最大值出现在 7 月下旬至 8 月下旬,最小值出现在 6 月上中旬,次小值出现在 9 月上、中旬。与发育期相对应,6 月上中旬夏玉米处于播种出苗期,需水量较小,水分敏感指数 λ 最小;7、8 月夏玉米处于拔节—抽雄期,为营养生长与生殖生长并进阶段,要求有充足的水分供应,特别是 7 月下旬到 8 月下旬是夏玉米生长的关键时期,水分亏缺对籽粒产量的形成有很大影响,因此 λ 值达到最大值;9 月份夏玉米进入乳熟—成熟期,叶片开始衰老,蒸腾降低,水分亏缺对产量形成的影响渐小,λ 值又迅速减小,各区域夏玉米水分敏感指数曲线变化趋势相似,反映了夏玉米各发育阶段对水分供需矛盾的敏感程度的变化规律。

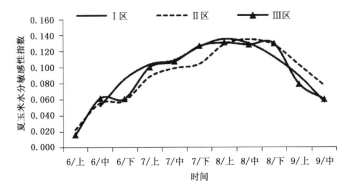

图 5-2　淮河流域夏玉米逐旬水分敏感指数

表 5-19　淮河流域夏玉米逐旬水分敏感指数

旬/月	Ⅰ区	Ⅱ区	Ⅲ区
上/6		0.023	0.016
中/6	0.052	0.056	0.061
下/6	0.085	0.059	0.061
上/7	0.104	0.089	0.100
中/7	0.109	0.099	0.107
下/7	0.126	0.104	0.127
上/8	0.135	0.129	0.131
中/8	0.130	0.135	0.128
下/8	0.113	0.128	0.130
上/9	0.089	0.103	0.079
中/9	0.057	0.077	0.060

（3）一季稻

淮河流域一季稻主要是一季中稻部分为一季早晚，分布在沿淮及其以南的大部分地区，生育期为 5—9 月。主要发育期如表 5-20 所示。

表 5-20　淮河流域一季稻主要发育期进程（旬/月）

发育期	播种期	移栽期	分蘖期	拔节期	抽穗期	乳熟期	成熟期
旬	上/5	上/6	下/6	中/7	中/8	下/8	下/9

由于 5.1.2 节所介绍的农作物水分敏感指数的计算方法仅适用于旱作物，因此，一季稻的逐旬水分敏感指数参考宋丽莉（2001）根据农田水分平衡原理和观测试验资料，结合水稻生育特点建立的稻田水分平衡方程所得出的水稻各发育期水分敏感指数依据淮河流域的水稻发育期和时序对照表（表 5-20）订正、插值得到。

从表 5-21 和图 5-3 可以看出，一季稻不同发育期对水分的敏感程度在旬时间尺度上也得到了相应的体现。最大值出现在 8 月上旬，最小值出现在 6 月下旬至 7 月上旬和 9 月上旬，与发育期相对应。8 月上旬一季稻处于抽穗期，是形成水稻籽粒产量的关键时期，因此对水分变化最敏感。6 月下旬至 7 月上旬是分蘖后期，对水分的要求不高，水分变化对籽粒产量的形成影响还不显著；9 月上旬水稻进入灌浆成熟期，叶片开始衰老，气温下降，蒸腾降低，水分变化对产量形成的影响渐小，所以这两个时期的 λ 值很小，水分敏感指数反映了水稻不同发育阶段对水分供需矛盾敏感程度的变化规律。

表 5-21　淮河流域一季稻逐旬水分敏感指数

上/6	中/6	下/6	上/7	中/7	下/7	上/8	中/8	下/8	上/9	中/9	下/9	上/10
0.005	0.005	0.035	0.055	0.076	0.121	0.171	0.202	0.156	0.103	0.055	0.010	0.005

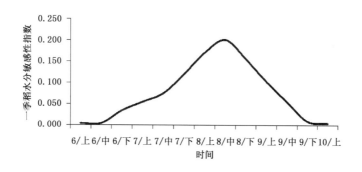

图 5-3　淮河流域一季稻逐旬水分敏感指数

5.1.3　区域旱涝脆弱指数

5.1.3.1　区域旱涝脆弱指标

孕灾环境的脆弱性是影响灾情轻重的主要因素之一。Blaikie 等（1994）认为脆弱性是灾害的根源，致灾因子是灾害形成的必要条件，在同一致灾强度条件下，灾情随脆弱性的增强而扩大。孕灾环境脆弱性指标可分为自然和人为两大类（史培军，1996）。研究选取的区域旱涝脆弱性指标包括作物种植密度和产量水平、土壤质地、高程和高程变化、森林覆盖率、综合水网、有效灌溉面积、旱涝保收面积和人均 GDP 等因子。

　　构建指标所需的 1971—2008 年冬小麦、夏玉米和一季稻产量、面积资料，以及 2000—2008 年耕地面积、森林覆盖率、有效灌溉面积、旱涝保收面积和人均 GDP 数据来源于河南省、安徽省、山东省和江苏省统计年鉴；基础地理信息数据由国家测绘局提供，包括境界、水系、数字高程模型（DEM）等；由于难以获得全淮河流域精细化的土壤质地数据，土壤质地信息采用南京土壤所土壤质地特征量（田间持水量、凋萎湿度等）分布图（空间分辨率：0.1°×0.1°）电子版。

　　（1）农作物种植密度和产量水平

　　农作物种植面积和产量水平与灾害损失程度息息相关，是最重要的旱涝脆弱性因子。农作物种植面积以某县某作物的种植面积占该县耕地面积的比例表示（简称面积比），农作物产量水平以某县某作物单产与所在区域各县该作物最高单产之比（简称单产比）。通常认为种植面积越大，则因灾造成的农作物减产损失越大（张继权等，2007；杨小利等，2010），对产量水平的影响张继权等认为单产水平越高的作物减产幅度越大，而杨小利等的研究则表明单产水平高则农业生产管理水平也越高，抵御自然灾害的能力越强，减产程度越低。本研究结果则表明，淮河流域农作物面积比与减产率大多呈负相关，即种植面积越大，减产越少；而单产比与减产率则均呈负相关，与以上二者的结论均有异同，其可能的原因与杨小利关于单产水平提高减产率降低的观点一致。

　　农作物种植面积比的计算式为

$$P_{si} = \frac{M_{sai}}{P_{sai}} \tag{5-16}$$

式中，P_{si} 为某县某作物播种面积占该县耕地面积的比例，M_{sai} 为某县某作物播种面积，P_{sai} 为某县耕地面积，i 为县序号。

　　农作物单产比的计算式为

$$PL_i = \frac{Y_i}{SY_i} \tag{5-17}$$

式中，PL_i 为某县某作物单产占区域内所辖县该作物最高单产的比例，Y_i 为某县某作物单产，SY_i 为区域内所辖县该作物最高单产，i 为县序号。该数值越大，表明该县种植的该作物在区域内的单产水平越高。

　　（2）农业水网（张宏群等，2011）

　　农田水网包括河流、湖泊、水库等，是农业用水的直接来源，也是影响农业干旱和涝渍灾害程度的重要因素。易知，离水源越远的地方越容易遭受干旱的威胁，而离水源越近的地方则越容易遭受涝渍的危害；河流级别越高可用于灌溉的水源就越丰富，影响范围越广；同一级别的河流（湖泊），地处低海拔的比地处高海拔的影响范围更广，因此级别越高、海拔越低的水系干旱脆弱性越低，而涝渍脆弱性越高。

　　河流信息的处理方法为，从 1∶5 万基础地理信息数据中根据属性值提取干流、一级支流和其他主要河流，再利用 ArcGIS 缓冲区分析功能，对河网分别建立一级、二级和三级缓冲区，缓冲区的宽度根据河流的级别及河流所在的地形特征确定（表 5-22）。河流的地形特征属性通过河流图层（线）与地形分级图层（区）叠加分析得到。

表 5-22　各级河流缓冲区宽度值(单位:km)

河流级别		地形高程		
		0~50m	50~200m	200m 以上
一级缓冲区	干流	2	1.5	1
	一级支流	1	0.75	0.5
	其他主要河流	0.5	0.375	0.25
二级缓冲区	干流	6	4.5	3
	一级支流	3	2.25	1.5
	其他主要河流	1.5	1.125	0.75
三级缓冲区	干流	12	9	6
	一级支流	6	4.5	3
	其他主要河流	3	2.25	1.5

湖泊、水库信息的处理方法与河网类似,对主要湖泊和重点水库分别建立一级、二级和三级缓冲区。缓冲区的宽度见表 5-23。

表 5-23　湖泊(水库)各级缓冲区宽度值(km)

河流级别	地形高程		
	0~50m	50~200m	200m 以上
一级缓冲区	1.5	1	0.5
二级缓冲区	4.5	3	1.5
三级缓冲区	9	6	3

(3)土壤质地

不同的土壤质地的保水供水能力和排水能力存在较大差异,是影响作物农业干旱和涝渍灾害程度的重要因子。其中砂土土壤颗粒大,毛细管作用弱,易漏水;黏土结构紧密,毛细管丰富,保水能力强,但遇雨或灌溉时,往往水分在土体中难以下渗而导致排水困难,影响农作物根系的生长,壤土则兼有砂土和黏土的特点,水气协调。

根据南京土壤所土壤类型分布图,查找不同土壤类型所属的主要土壤质地和不同土质对水分的持有能力(安徽省土壤普查办公室,1996),对每个单元格的土壤类型赋值。数值越大,表明土壤的保水能力越强,排水能力越差;农业干旱脆弱性越低,农业涝渍脆弱性越高。

(4)高程及高程标准差

地形特征对农业旱涝的影响主要体现在高程及高程变化(地形标准差)两方面,即农田高度越高,地形变化越大的地方越容易发生干旱,但是越不容易发生涝渍。地形特征信息的获取方法为,在 ArcGIS 中利用相关函数把地形高程栅格数据与地形标准差栅格数据进行属性项合并,并根据地形因子和干旱(涝渍)危险程度的关系计算地形综合影响因子(万庆,1999)(表5-24)。该数值越大,干旱脆弱性越低,涝渍脆弱性越高。

表 5-24　综合地形因子影响度关系表

地形高程	地形标准差		
	一级(0~1)	二级(1~10)	三级(10 以上)
一级(0~100m)	0.9	0.8	0.7
二级(100~300m)	0.8	0.7	0.6
三级(300~700m)	0.7	0.6	0.5
四级(700m 以上)	0.6	0.5	0.4

（5）森林覆盖率

森林具有良好的调节气候、保持水土、防止和减轻干旱、风沙、冰雹等自然灾害的能力。作为森林影响系数，该数值越大，表明森林涵养水源的能力越强，防止和减轻干旱的发生，承灾体干旱脆弱性越低。森林覆盖率对涝渍影响远小于干旱，故森林覆盖率因子仅用作干旱脆弱性指标。

（6）有效灌溉面积占耕地面积比

有效灌溉面积是灌溉工程设施可以达到的灌溉面积，是反映农田抗旱能力的一个重要指标。采用有效灌溉面积占耕地面积的百分比表征当地的有效灌溉能力，消除各县之间因耕地面积不同而造成有效灌溉面积绝对数的差异，具有可比性。该数值越大，抗旱能力越强，承灾体干旱脆弱性越低。该因子仅用于干旱脆弱性指标。

$$IE_i = \frac{IE_{sa_i}}{P_{sa_i}} \tag{5-18}$$

式中，IE_i 为某县某作物有效灌溉面积占该县耕地面积的比例，IE_{sai} 为某县有效灌溉面积，P_{sai} 为某县耕地面积，i 为县序号。

（7）旱涝保收面积占耕地面积比

旱涝保收面积是有效灌溉面积的更高级别，能保证遇旱能灌、遇涝能排，保证收成的耕地面积。是反映农田抗旱排涝能力的重要指标。同样采用旱涝保收面积占耕地面积的百分比表征当地的旱涝保收能力。该数值越大，抗灾能力越强，承灾体旱涝脆弱性越低。

$$IA_i = \frac{IA_{sai}}{P_{sai}} \tag{5-19}$$

式中，IA_i 为某县某作物旱涝保收面积占该县耕地面积的比例，IA_{sai} 为某县有效灌溉面积，P_{sai} 为某县耕地面积，i 为县序号。

（8）人均 GDP

人均 GDP 常作为发展经济学中衡量经济发展状况的指标。本节将其作为人为经济因素对旱涝的影响，数值越大，抗灾能力越强，承灾体旱涝脆弱性越低。

5.1.3.2　区域旱涝脆弱指数的计算

区域旱涝脆弱指数是某区域旱涝脆弱程度的度量。虽然不同地域的旱涝灾害脆弱性评价研究成果很多（刘兰芳等，2002；王静爱等，2005；倪深海等，2005），但是较少看到区域旱涝脆弱性评价指标应用于旱涝灾损评估模型，目前所见到的旱涝灾害损失评估模型中的脆弱指数多数采用间接的相对指标或脆弱性指标的分级标准，定量化程度不够。本节尝试将区域旱涝脆弱性评价指标通过与作物减产率建立联系，选择相关显著的指标引入旱涝灾损评估模型，提高评估模型脆弱性指数的定量化水平。

指标归一化。由于各区域旱涝脆弱性评价指标性质各异,量纲不同,需要对指标进行归一化处理,消除量纲差异。

$$ZB_{sd} = \frac{Y_i - Y_{min}}{Y_{max} - Y_{min}} \tag{5-20}$$

式中,ZB_{sd} 为指标的标准化数值,Y_i 为指标序列的当前值,Y_{max} 为指标序列的最大值,Y_{min} 为指标序列的最小值。处理后的各指标均为 $0 \sim 1$ 的归一化数值,其中与减产率呈正相关的指数直接用标准化数值 ZB_{sd},呈负相关的指数则用 $(1 - ZB_{sd})$。

农作物减产率。为农作物产量中受气象因素影响的减产部分。农作物产量按照外界条件对其形成过程的影响性质,可以分为受科技进步、农业政策、农业投入等农业生产水平因子影响的长周期波动部分,受气象条件影响的短周期波动部分,以及受随机因素影响的部分。通常采用时间序列分析等数理统计方法拟合趋势产量,从而得到气象产量,随机因素影响部分数值较小,通常忽略。

气象产量(Y_w)为实际产量(Y)和趋势产量(Y_t)的差值,即

$$Y_w = Y - Y_t$$

由于该数值序列为非平稳时间序列,需要对其进行相对化处理,转化为平稳时间序列的相对气象产量(邓国等,1999)。即

$$Y'_w = (Y_w / Y_t) \times 100\% \tag{5-21}$$

式中,Y'_w 为相对气象产量,Y_w 为气象产量,Y_t 为趋势产量。

通常,减产率(Y_D)为相对气象产量(Y'_w)中的减产部分,正值表示减产,负值表示增产,即 $Y_D = -Y'_w$。

区域旱涝脆弱指数。对淮河流域各作物主产县 1971—2008 年的冬小麦、夏玉米和一季稻单产进行趋势产量分解,得到各站逐年农作物减产率。用归一化的区域旱涝脆弱性指标值分别与作物减产率进行逐步回归分析,筛选相关显著的脆弱性因子,建立逐步回归方程,其计算结果用作旱涝灾损评估模型的脆弱性参数,以反映孕灾环境和经济水平对旱涝灾损的影响。

5.1.3.3　各作物区域旱涝脆弱指数

(1)冬小麦

由于冬小麦在淮河流域全区均有种植,而且南北区域气候、地理条件差异较大,因此干旱、涝渍脆弱指数模型均分区建立,又由于Ⅰ区涝渍灾害较少,因此区域涝渍脆弱指数计算模型Ⅰ区和Ⅱ区合并,具体方法见 5.1.3.2 节。建立的分区冬小麦干旱和涝渍脆弱指数逐步回归方程见(表 5-25)。

从冬小麦旱涝脆弱指数各区的入选因子可以看出旱涝脆弱性的共性和区域差异。影响冬小麦区域旱涝脆弱性的最重要因子是作物产量和面积因素,此外,对于干旱来说,灌溉能力非常重要,尤其是北部缺水区域,而对于涝渍来说,地形特征以及土壤的排水能力更为重要。

(2)夏玉米

夏玉米区域旱涝脆弱指数获取方法同冬小麦。由于夏玉米区域旱涝脆弱指数各区差异不大,不予分区。按照 5.1.3.2 节的方法,建立了夏玉米干旱和涝渍脆弱指数计算式(表 5-26)。

表 5-25　冬小麦旱涝脆弱指标入选因子和逐步回归方程一览表

灾害类型	区域	入选因子	逐步回归方程	显著性检验
干旱	Ⅰ区	面积比(x_1)、单产比(x_2)、旱涝保收面积比(x_8)	$V_1 = -0.2829x_1 - 0.3846x_2 + 0.3325x_8$	$R = 0.725^{**}$ $F = 24.344$
	Ⅱ区	单产比(x_2)、有效灌溉面积比(x_7)、人均GDP(x_8)	$V_2 = -0.7347x_2 + 0.1226x_7 + 0.1427x_8$	$R = 0.647^{**}$ $F = 82.749$
	Ⅲ区	面积比(x_1)、单产比(x_2)、有效灌溉面积比(x_7)	$V_3 = -0.1493x_1 - 0.5388x_2 + 0.3118x_7$	$R = 0.628^{**}$ $F = 27.188$
	Ⅳ区	单产比(x_2)、人均GDP(x_8)	$V_4 = -0.4581x_2 + 0.5419x_8$	$R = 0.401^{**}$ $F = 31.073$
涝渍	Ⅰ区和Ⅱ区	面积比(x_1)、单产比(x_2)、土壤质地(x_3)、地形(x_8)	$V_{12} = +0.1122x_1 - 0.3808x_2 + 0.4174x_3 + 0.0896x_8$	$R = 0.694^{**}$ $F = 40.881$
	Ⅲ区	面积比(x_1)、单产比(x_2)、旱涝保收面积比(x_8)	$V_3 = -0.1642x_1 - 0.7532x_2 + 0.0827x_8$	$R = 0.784^{**}$ $F = 10.993$
	Ⅳ区	单产比(x_2)、地形特征(x_5)	$V_4 = -0.7309x_2 + 0.503x_5$	$R = 0.719^{**}$ $F = 134.672$

注：**通过显著性检验（$P < 0.01$）

表 5-26　夏玉米旱涝脆弱性入选因子和计算式一览表

灾害类型	入选因子	逐步回归方程	显著性检验
干旱	面积比(x_1)、单产比(x_2)、土壤质地(x_3)	$V = 0.19x_1 - 0.66x_2 + 0.16x_3$	$R = 0.745^{**}$ $F = 383.681$
涝渍	单产比(x_2)、地形特征(x_5)	$V = -0.76x_2 + 0.24x_5$	$R = 0.729^{**}$ $F = 231.422$

注：**通过显著性检验（$P < 0.01$）

从夏玉米区域旱涝脆弱指数计算式的入选因子看，对夏玉米旱涝损失影响的环境因子除了产量和面积因素外，以土壤质地和地形特征较为重要。

（3）一季稻

一季稻区域旱涝脆弱指数获取方法亦同冬小麦，按照 5.1.3.2 节的方法，建立了一季稻干旱和涝渍脆弱指数计算式（表 5-27）。

表 5-27　一季稻旱涝脆弱性入选因子和计算式一览表

灾害类型	入选因子	逐步回归方程	显著性检验
干旱	面积比(x_1)、单产比(x_2)、人均GDP(x_9)	$V = 0.1391x_1 - 0.73775667x_2 + 0.1232x_9$	$R = 0.848^{**}$ $F = 105.607$
涝灾	单产比(x_2)、旱涝保收面积(x_8)、土壤质地(x_3)	$V = -0.84x_2 + 0.13x_8 + 0.04x_3$	$R = 0.795^{**}$ $F = 46.837$

注：**通过显著性检验（$P < 0.01$）

从一季稻旱涝脆弱性模型的入选因子看,对一季稻旱涝损失的影响除了产量因素外,土壤质地和排灌能力较为重要。

5.1.3.4　关于区域旱涝脆弱指数的讨论

为了尝试将区域旱涝脆弱性评价指标作为参数引入旱涝灾害损失评估模型,在建模过程中比较了采用全部因子建模和逐步回归筛选因子建模的两种方法,以逐步回归方法建模的显著性程度高,得到的模型参数效果较好。逐步回归方法通过筛选与减产率相关显著的因子建立模型,提高了评估模型脆弱性参数的针对性和定量化水平,从而提高了模型评估的准确率。不足之处是逐步回归方法对资料的精度要求较高,时空分辨率较高的农作物产量比和面积比在相关分析过程中灵敏度较高,而其他因子或因空间分辨率不足,或因时间分辨率不够,导致与减产率的相关系数下降,从而在一定程度上影响到因子入选。需要搜集更多、更精细的脆弱性指标数据,以进一步提高参数的准确性。

5.2　农作物旱涝灾损数理统计评估模型

5.2.1　农作物旱涝灾损数理统计评估思路

5.2.1.1　建模和验证样本的确定

(1)确定典型旱涝年

在进行农作物旱涝灾损评估时首先需要确定典型旱涝年,即农作物产量损失主要由旱涝灾害造成的年份。因此引入可表征较长时段作物水分平衡状况的指标—农作物缺水率作为判断站点作物旱涝的指标(霍治国等,2003;顾颖等,2007)。计算公式为

$$K = \frac{ET_m - R}{ET_m} \times 100\% \tag{5-22}$$

式中,K 为作物某阶段缺水率,R 为相应阶段的降水量,ET_m 为相应阶段的作物需水量即作物潜在蒸散量,计算方法见 3.1.2 节。

判断典型旱涝年需要考虑作物全生育期和需水关键期的水分供需情况,仍采取与减产率求相关的方法。将作物全生育期和需水关键期的缺水率以不同的权重组合与减产率进行相关分析。经计算,各作物全生育期和关键期缺水率的权重以 8∶2 较为合适。以此权重进行加权平均,得到农作物综合缺水率。

通过农作物综合缺水率与减产率的相关分析,并参考气象行业标准《小麦干旱灾害等级》(霍治国等,2007)、国家标准《农业干旱等级》(吕厚荃等,2015),确定了各作物综合缺水率的旱涝阈值(表 5-28)。

表 5-28　农作物缺水率旱涝阈值

作物	旱年(%)	涝年(%)
冬小麦	≥25	≤−15
夏玉米	≥12	≤−15
一季稻	≥15	≤−15

典型旱涝年的确定首先以冬小麦、夏玉米和一季稻逐年减产率为依据,分别挑选减产站点较多的年份,同时采用农作物缺水率指标,并结合各省灾害大典记录的干旱灾害实况,判断该年该作物减产是否由干旱或涝渍引起,并排除旱涝交替的年份,确定典型旱年或典型涝年。

（2）建模和验证样本的选择

对典型旱涝年的各站数据,再用累积湿润指数指标进一步筛选其确有旱涝灾害发生的台站和旱涝时段作为建模样本,规定生育期连续两旬或三旬累积湿润指数达轻旱或轻涝以上等级的台站入选。每个作物、每个灾种随机选择若干验证站点,其典型旱涝年的减产率作为验证样本,不参与建模。由于区域旱涝脆弱指数中含有抗灾能力因子,评估模型能够在一定程度上反映旱涝不减产甚至增产的情况,所以典型旱涝年(选中的连片区域)的所有台站,无论减产与否均参与建模和检验(其中不减产的样本灾损率为负值)。

5.2.1.2　旱涝灾损评估模型的建立

自然灾害损失是致灾因子、孕灾环境和承灾体三者综合作用的结果。因此自然灾害损失评估模型的一般形式可表示为

$$Y_D = f(Z, \alpha, V) \tag{5-23}$$

式中,Y_D 为灾损率,Z 为灾害强度,α 为作物水分敏感指数,V 为区域旱涝脆弱指数。各变量单位,减产率为百分数,各评估指标为 0～1 的归一化数值。

建模过程分为两步:首先确定评估因子综合指数的形式,再建立综合指数与减产率间的关系模型。

确定评估因子综合指数。由于作物减产率受灾害强度、敏感性和脆弱性的共同影响,因此这三者通常为乘积或者乘方关系。由于旱涝影响因子具有叠加效应,且旱涝强度指数和作物水分敏感指数为逐旬数据,而脆弱性指标为逐年数据,因此先将淮河流域冬小麦、夏玉米和一季稻典型旱涝年建模样本的全生育期逐旬干旱强度指数和逐旬作物水分敏感指数以乘方形式组合并累加,再与区域旱涝脆弱指数结合,组成不同形式的评估因子综合指数与减产率进行相关分析,确定相关显著的,最优的评估因子综合指数组合形式。如:

$$X = \sum Z^\alpha \cdot V \tag{5-24}$$

式中,X 为评估因子综合指数,Z 为灾害强度指数,α 为作物水分敏感指数,V 为区域旱涝脆弱指数。

建立灾损评估模型。分别利用线性、二次曲线、S 形曲线、Logistic 曲线等多种方法拟合旱涝灾害评估因子综合指数与作物减产率的相关方程,选择相关程度最好的形式作为某作物某灾种的灾损评估模型,如:

$$Y = ax^2 + bx + c \tag{5-25}$$

式中,Y 为减产率,单位为百分率;x 为评估因子综合指数,单位为无量纲数值。

5.2.1.3　旱涝灾损评估模型的检验标准

以淮河流域实际农作物减产率作为检验农作物旱涝灾损评估准确度的标准,对减产率中旱涝灾损样本数值进行概率分布分析。根据概率分布情况,将干旱灾损率分为 4 级,涝渍灾损率分为 3 级,加上正常等级,合并为 8 级(表 5-29)。

表 5-29　淮河流域农作物旱涝灾害损失分级及代码

等级	极重度（旱）	重度（旱）	中度（旱）	轻度（旱）	正常	轻度（涝）	中度（涝）	重度（涝）
代码	8	7	6	5	4	3	2	1

参考农作物产量预报业务中的减产率阈值，并对比了 3％和 5％减产率样本占全部样本的比例，最终确定以减产率≥3％作为淮河流域农作物灾损阈值。以轻度干旱灾损或轻度涝渍灾损以上的样本（减产率≥3％）为总体，根据农作物各等级旱涝实际出现的概率设定干旱特重度、重度、中度、轻度的比例为 10％、20％、30％、40％；涝渍重度、中度、轻度的比例为 20％、30％、50％，并参考作物减产率的行业标准，确定旱涝灾损评估阈值。

农作物减产率的旱涝灾损等级阈值见表 5-30 和表 5-31。

表 5-30　淮河流域农作物干旱减产等级阈值

作物	正常（4）	轻度（旱）（5）	中度（旱）（6）	重度（旱）（7）	特重度（旱）（8）
冬小麦	3.0)	[3.0,9.0)	[9.0,17.0)	[17.0,27.0)	[27.0
夏玉米	3.0)	[3.0,11.0)	[11.0,20.0)	[20.0,30.0)	[30.0
一季稻	3.0)	[3.0,8.0)	[8.0,17.0)	[17.0,30.0)	[30.0

注：")"为开区间，表示不包含括号内侧的数值，"["为闭区间，表示包含括号内侧的数值。

表 5-31　淮河流域农作物涝渍减产等级阈值

作物	正常（4）	轻度（涝）（3）	中度（涝）（2）	重度（涝）（1）
冬小麦	3.0)	[3.0,19.0)	[19.0,30.0)	[30.0
夏玉米	3.0)	[3.0,12.0)	[12.0,21.0)	[21.0
一季稻	3.0)	[3.0,12.0)	[12.0,22.0)	[22.0

注：")"为开区间，表示不包含括号内侧的数值，"["为闭区间，表示包含括号内侧的数值。

模型评估的旱涝等级与实际减产等级一致，也按照实际减产率划分旱涝阈值的方法，根据旱涝实损样本数值的概率分布确定各等级旱涝灾损阈值（表 5-32、表 5-33）。将评估结果与实际旱涝灾损等级进行回代（参与建模样本）和验证（未参与建模样本）检验。

表 5-32　淮河流域农作物干旱灾损数理统计评估等级阈值

作物	正常（4）	轻度（旱）（5）	中度（旱）（6）	重度（旱）（7）	特重度（旱）（8）
冬小麦	3.0)	[3.0,11.0)	[11.0,17.0)	[17.0,23.0)	[23.0
夏玉米	3.0)	[3.0,22.0)	[22.0,37.0)	[37.0,52.0)	[52.0
一季稻	3.0)	[3.0,10.0)	[10.0,15.0)	[15.0,21.0)	[21.0

注：")"为开区间，表示不包含括号内侧的数值，"["为闭区间，表示包含括号内侧的数值。

表 5-33　淮河流域农作物涝渍灾损数理统计评估等级阈值

作物	正常（4）	轻度（涝）（3）	中度（涝）（2）	重度（涝）（1）
冬小麦	3.0)	[3.0,19.0)	[19.0,27.0)	[27.0
夏玉米	3.0)	[3.0,17.0)	[17.0,28.0)	[28.0
一季稻	3.0)	[3.0,10.0)	[10.0,18.0)	[18.0

注：")"为开区间，表示不包含括号内侧的数值，"["为闭区间，表示包含括号内侧的数值。

5.2.2　冬小麦干旱灾损评估模型

5.2.2.1　冬小麦典型干旱年的选择

对 1972—2008 年以来淮河流域 156 站逐年的冬小麦产量进行趋势分解,得到逐年相对气象产量序列,按照 5.2.1.1(1)节的思路挑选各农业气候分区(见 1.1.5 节)的典型干旱年(表5-34)。

表 5-34　淮河流域冬小麦干旱灾损评估建模典型干旱年

区域	Ⅰ区	Ⅱ区	Ⅲ区	Ⅳ区
年份	1977、1980、1981、1982、1988、1989、2000、2002	1977、1980、1981、1982、1988、1989、2000、2002	1970、1980、1981、1982、1988、1989、2000	1977、1980、1981、1982、1988、1989、1995、2000

5.2.2.2　评估模型的建立

将累积湿润指数干旱强度指标按表 5-1 的阈值确定干旱强度等级。冬小麦生育期间逐旬水分敏感指数见表 5-21。冬小麦区域干旱脆弱指数的确定见 5.1.3 节。按照 5.2.1 节的思路选择了建模样本 889 个,随机抽取留用验证站点 20 个(142 个样本)。用 5.2.1.2 节的方法确定了冬小麦干旱评估因子综合指数形式,建立了冬小麦干旱灾损评估模型。

冬小麦干旱评估因子综合指数形式为

$$X_{i,k} = \sum_{j=1}^{n} (Z_{i,j,k}^{\alpha_{i,j,k}}) V_{i,k} \tag{5-26}$$

式中,$X_{i,k}$ 为评估因子综合指数,$Z_{i,j,k}$ 为干旱强度指数(累积湿润指数干旱等级,6,7,8,9,由轻到重),$\alpha_{i,j,k}$ 为作物水分敏感指数,$V_{i,k}$ 为区域干旱脆弱指数,i 为年,j 为旬,n 为涝灾旬数,k 为台站。

冬小麦干旱灾损评估模型为

$$Y = 0.032X^2 + 2841X - 8.819 \tag{5-27}$$

式中,Y 为评估减产率,X 为评估因子综合指数。

冬小麦干旱评估灾损率与评估因子综合指数相关拟合曲线见图 5-4,相关系数 $R = 0.6285$,$F = 289.6$,通过显著性检验($P < 0.01$)。

5.2.2.3　模型评估结果的检验

(1)评估减产率检验

利用参与建模的 889 个样本和未参与建模的 142 个样本对评估模型进行回代和验证检验。结果表明,回代结果与实际减产率的相关系数为 0.6197,验证结果与实际减产率的相关系数为 0.5148,均通过极显著性检验($P < 0.01$)(图 5-5)。模型回代的平均误差为 8.1%,分区结果以Ⅰ区最低,其次是Ⅱ区和Ⅲ区,Ⅳ区略高。从检验结果看,平均误差为 9.7%,各区误差在 10% 左右,仍以Ⅰ区最低,仅 5.5%,Ⅳ区最高,达 12.9%(表 5-35)。

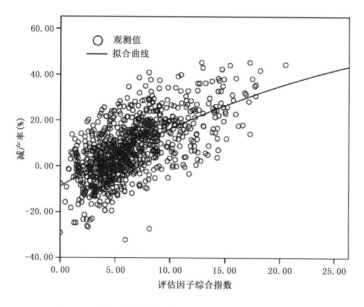

图 5-4 淮河流域冬小麦干旱灾害损失评估拟合曲线

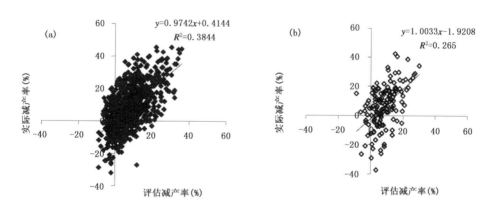

图 5-5 淮河流域冬小麦干旱灾害损失评估模型回代(a)和验证(b)相关检验

表 5-35 淮河流域冬小麦干旱灾损评估模型回代和验证的灾损率绝对误差(%)

	全区	Ⅰ区	Ⅱ区	Ⅲ区	Ⅳ区
回代	8.1	7.0	8.0	7.8	8.5
检验	9.7	5.5	7.5	11.1	12.9

从典型干旱年逐年统计结果看,评估误差大部分在 10% 以下,且有随年代降低的趋势,20世纪 70 年代至 80 年代初误差在 10% 左右,至 21 世纪初,评估误差降低至 6% 左右(表 5-36)。

表 5-36 淮河流域冬小麦典型干旱年灾损评估减产率绝对误差

年份	1977	1980	1981	1982	1988	1989	1995	2000	2002
样本数	99	147	115	107	145	147	56	150	65
误差(%)	10.1	9.3	9.2	10.7	7.6	8.1	7.3	5.8	6.4

（2）评估减产等级检验

根据淮河流域冬小麦干旱实际减产等级阈值（表 5-30）和评估减产等级阈值（表 5-32）进行评估等级符合率检验。

从回代结果看，模型评估结果与实际减产等级完全符合的比例平均为 55.7%，等级差≤1 的比例平均为 83.7%（表 5-4）。验证结果减产等级完全符合的比例为 32.4%，等级差≤1 的比例为 80.3%（表 5-37），可满足业务应用需求。

表 5-37　淮河流域冬小麦干旱灾害损失评估等级准确率检验

检验类型	分区	完全符合（%）	等级差≤1（%）	样本数
建模样本回代	Ⅰ区	52.9	85.7	70
	Ⅱ区	55.4	82.1	363
	Ⅲ区	48.8	82.9	129
	Ⅳ区	59.3	85.3	327
	全区	55.7	83.7	889
留存样本验证	Ⅰ区	33.3	87.5	24
	Ⅱ区	20.5	82.1	39
	Ⅲ区	42.4	78.8	33
	Ⅳ区	34.8	76.1	46
	全区	32.4	80.3	142

对冬小麦典型干旱年进行评估结果分析，结果表明，无论是完全符合还是等级差≤1 的比例均随年代提高，1988 年以后完全符合的达到 50% 以上，等级差≤1 的基本达到 85% 以上（表 5-38）。其原因为随着年代的推移，干旱脆弱性评估因子的准确度不断提高，因此模型评估结果的准确度也随之提高，评估模型的稳定性较好。

表 5-38　冬小麦典型干旱年灾害损失评估等级检验

年份	完全符合（%）	等级差≤1（%）	样本数
1977	27.3	75.8	99
1980	36.4	72.0	147
1981	50.8	78.3	115
1982	48.2	74.5	107
1988	51.4	85.8	145
1989	53.5	86.8	147
1995	54.1	85.2	56
2000	52.3	83.7	150

5.2.3　冬小麦涝渍灾损评估模型

5.2.3.1　冬小麦典型涝渍年的选择

通过计算逐年冬小麦各阶段作物缺水率，结合减产率和各省灾害大典记录的涝渍灾害实况确定主要由涝渍引起的减产年份。按 5.1.1 节的冬小麦农业气候分区进行典型涝渍年提取。若某年某区域冬小麦生育期或关键期出现了连片水分盈余,且造成大部分站点冬小麦减产,则该年为该区域的典型涝渍年。最终确定的典型涝渍年见表 5-39。

表 5-39　淮河流域冬小麦典型涝渍年

区域	Ⅰ区	Ⅱ区	Ⅲ区	Ⅳ区
年份	1990、1998	1990、1991、1998、2002、2003	1990、1991、1998、2002、2003	1973、1977、1985、1990、1991、1998、2002、2003

5.2.3.2　评估模型的建立

将累积湿润指数涝渍强度指标按表 5-1 的阈值确定冬小麦涝渍强度等级。冬小麦生育期间逐旬水分敏感指数见表 5-20。冬小麦涝渍脆弱性指标的确定见 5.1.3 节。根据 5.2.1 节的思路确定了 517 个涝渍灾损评估建模样本,并随机地选择 19 站(77 个样本)留作验证。然后根据建模思路,选择与减产率相关性最好的函数式构建了评估因子综合指数。

$$X_{i,k} = \sqrt{\sum_{j=1}^{n} (Z_{i,j,k}^{\alpha_{i,j,k}}) \times V_{i,k}} \tag{5-28}$$

式中,$X_{i,k}$ 为评估因子综合指数,$Z_{i,j,k}$ 为涝渍灾害强度指数(累积湿润指数原值),$\alpha_{i,j,k}$ 为作物水分敏感指数,$V_{i,k}$ 为区域涝渍脆弱指数,i 为年,j 为旬,n 为涝渍旬数,k 为台站。

将减产率与评估因子综合指数多种形式进行相关分析,最终采用一元二次回归方法,建立了冬小麦涝渍损失评估模型

$$Y = 1.320X^2 + 10.302X - 2.702 \tag{5-29}$$

式中,Y 为评估减产率,X 为评估因子综合指数。

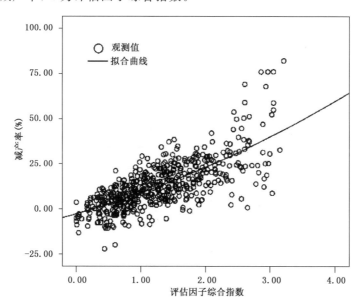

图 5-6　淮河流域冬小麦涝渍灾害损失评估拟合曲线

冬小麦涝渍评估灾损率与评估因子综合指数相关拟合曲线见图 5-6,相关系数 $R = 0.729$,$F = 292.2$,通过显著性检验($P < 0.01$)。

5.2.3.3　模型评估结果的检验

（1）评估减产率检验

利用参与建模的 571 个样本和未参与建模的 77 个样本对评估模型进行回代检验和验证检验。结果表明，回代结果与实际灾损的相关系数为 0.729，验证结果与实际灾损的相关系数为 0.746，均通过显著性检验（$P<0.01$）（图 5-7）。模型回代的平均绝对误差为 7.3%，分区结果以Ⅰ区最低，其次是Ⅱ区和Ⅲ区，Ⅳ区略高。验证检验结果的平均绝对误差为 8.3%，各区在 8%～10% 之间，以Ⅳ区最低，为 7.8%，Ⅰ区最高，为 10.6%（表 5-40）。

从典型涝渍年逐年评估误差分析结果看，逐年绝对误差仅 1991 年偏高，略超过 10.0%，其他大部分年份均在 7.0% 以下，评估结果稳定（表 5-41）。

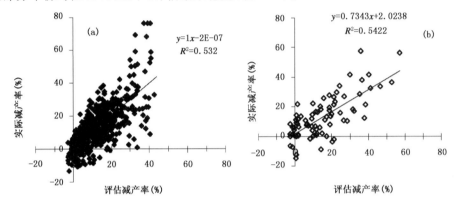

图 5-7　淮河流域冬小麦涝渍灾害损失评估模型回代（a）和验证（b）结果

表 5-40　淮河流域冬小麦涝渍灾损评估模型回代和验证的减产率绝对误差（%）

	全区	1 区	2 区	3 区	4 区
回代绝对误差	7.3	5.2	6.7	5.9	8.2
验证绝对误差	8.3	10.6	9.0	8.6	7.8

表 5-41　淮河流域冬小麦典型涝渍年灾害损失率评估绝对误差

年份	1990	1991	1998	2002	2003
样本数	114	98	134	75	89
绝对误差（%）	6.3	11.5	6.9	4.7	6.6

（2）评估减产等级检验

根据淮河流域冬小麦涝渍实际减产等级阈值（表 5-31）和灾损评估等级阈值（表 5-33）进行评估等级符合率检验。

从回代结果看，模型评估结果与实际减产等级完全符合的比例为 55%～80%，平均为 59.6%，等级差≤1 的比例各区均超过 90%；验证检验的灾损等级完全符合的比例为 57.1%，等级差≤1 的比例达到 90%（表 5-42），冬小麦典型涝渍年评估灾损等级与实际减产等级完全符合的比例均超过 55%，等级差≤1 的比例除 1991 年低于 90% 外，其他年份均高于 90%（表 5-43）。能够满足业务应用的精度要求。

表 5-42　淮河流域冬小麦涝渍灾损评估等级准确率检验

检验类型	分区	完全符合(%)	等级差≤1(%)	样本数
	Ⅰ区	81.3	100	16
	Ⅱ区	60.6	95.2	165
建模样本回代	Ⅲ区	56.8	100	81
	Ⅳ区	58.4	93.7	255
	全区	59.6	95.4	517
	Ⅰ区	0	100	1
	Ⅱ区	56.5	87	23
留存样本验证	Ⅲ区	50	87.5	16
	Ⅳ区	62.2	94.6	37
	全区	57.1	90.9	77

表 5-43　淮河流域冬小麦典型涝渍年灾损评估等级准确率

年份	完全符合(%)	等级差≤1(%)	样本数
1990	63.2	93.9	114
1991	60.2	87.8	98
1998	56.0	97.0	134
2002	66.7	100.0	75
2003	59.6	96.6	89

5.2.4　夏玉米干旱灾损评估模型

5.2.4.1　夏玉米典型干旱年的提取

根据 5.2.1 节的思路,计算了淮河流域 121 站夏玉米的减产率,确定了典型干旱年(表 5-44),筛选干旱建模样本 266 个。在淮河流域各夏玉米种植区随机选择 15 站点(共计 37 个样本)的干旱年留作验证,不参与建模。

表 5-44　淮河流域夏玉米典型干旱年

区域	Ⅰ区	Ⅱ区	Ⅲ区
年份	1985、1986、1988、1992、1994、1997、2002	1974、1985、1986、1988、1992、1994、1997、2002	1974、1978、1985、1986、1988、1992、1994、1997、2002

5.2.4.2　评估模型的建立

采用 5.1.1 节确定的累积湿润指数作为夏玉米干旱强度指标,按表 5-1 的阈值确定干旱强度等级。夏玉米生育期间逐旬水分敏感指数见 5.1.2 节。夏玉米区域干旱脆弱指数的确定见 5.1.3 节。按照 5.2.1 节的方法确定了评估灾因子综合指数的形式和评估模型。

评估因子综合指数形式同冬小麦干旱

$$X_{i,k} = \sum_{j=1}^{n} (Z_{i,j,k}^{a_{i,j,k}}) V_{i,k} \tag{5-30}$$

式中,$X_{i,k}$ 为评估因子综合指数。$Z_{i,j,k}$ 为干旱强度指数,即累积湿润指数干旱等级,6—9 级,由轻到重,$\alpha_{i,j,k}$ 为作物水分敏感指数,$V_{i,k}$ 为区域干旱脆弱指数,i 为年,j 为旬,n 为涝灾旬数,k 为台站。

夏玉米干旱灾损评估模型为

$$Y = 9.332X^2 + 8.644X - 6.861 \tag{5-31}$$

式中,Y 为评估灾损率,X 为评估因子综合指数。

评估模型的相关系数为 0.7635,$F = 183.88$ 达到极显著水平($P < 0.01$)。拟合曲线见图 5-8。

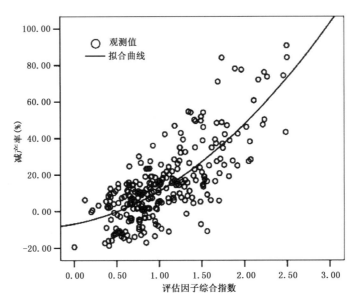

图 5-8　淮河流域夏玉米干旱灾害损失评估拟合曲线

5.2.4.4　模型评估结果的检验

(1)评估减产率检验

利用参与建模的 266 个样本对评估模型进行回代检验,并用未参与建模的 37 个样本进行验证检验。从回代结果来看,评估减产率与实际减产率之间的相关系数为 0.7644(图 5-9a),绝对误差平均值为 10.7%,分区评估减产率的绝对误差平均值为 10%~12%;从验证结果看,评估减产率与实际减产率的相关系数为 0.6759,通过 $P < 0.01$ 的显著性检验(图 5-9b)。模型验证的平均绝对误差为 11.4%(表 5-45)。

误差分析结果表明,评估减产率与实际率的绝对误差除 1986 年和 1994 年偏大,超过 10% 外,其他年份均在 10% 以内(表 5-46)。

表 5-45　淮河流域夏玉米干旱灾损评估模型回代和验证的灾损率绝对误差(%)

	全区	Ⅰ区	Ⅱ区	Ⅲ区
回代	10.6	10.9	9.8	11.4
验证	11.4	15.5	9.9	10.3

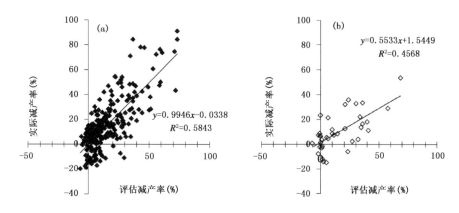

图 5-9　淮河流域夏玉米干旱灾损评估模型回代(a)和验证(b)结果

表 5-46　淮河流域夏玉米典型干旱年灾害评估损失率绝对误差

年份	1985	1986	1988	1992	1994	1997	2002
样本数	37	47	44	38	32	56	39
误差(%)	9.5	14.3	9.8	10.0	13.9	9.4	9.1

(2)评估减产等级检验

根据淮河流域夏玉米干旱实际减产等级阈值(表 5-30)和干旱灾损评估等级阈值(表 5-32)进行评估等级符合率检验。

从回代结果看,全流域评估等级与实际等级完全一致的比例为 36.3%,等级差≤1 的比例为 78.3%,分区评估结果,等级差≤1 的比例Ⅰ区为 63%,Ⅱ区和Ⅲ区在 75% 以上。从验证结果来看,全流域评估减产等级与实际减产等级的完全符合率和等级差≤1 的比例与回代接近,但是各区的符合率中,由于Ⅰ区和Ⅲ区的样本数较少,偏差较大,其中Ⅰ区偏低,Ⅲ区偏高,Ⅱ区结果与全区结果接近(表 5-47)。

从夏玉米典型干旱年评估结果看,评估的灾损等级与实际灾损率等级完全符合的比例为 30%~45%,有随年代提高的趋势,等级差≤1 的比例除 1986 年偏低外,其他在 70% 以上,其中有 3 年高于 80%,1985 年、1988 年高于 85%(表 5-48)。总体符合率达到业务应用的精度要求。

表 5-47　淮河流域夏玉米干旱灾害损失评估等级准确率

检验类型	分区	完全符合(%)	等级差≤1(%)	样本数
建模样本回代	Ⅰ区	31.6	63.2	19
	Ⅱ区	41.0	83.5	127
	Ⅲ区	31.8	76.4	110
	全区	36.3	77.3	256
留存样本验证	Ⅰ区	33.3	55.6	9
	Ⅱ区	40.0	80.0	20
	Ⅲ区	62.5	100.0	8
	全区	43.2	78.3	37

表 5-48　淮河流域夏玉米典型干旱年灾损评估等级准确率

年	完全符合(%)	等级差≤1(%)	样本数
1985	34.5	86.2	37
1986	32.6	62.4	47
1988	30.8	88.4	44
1992	39.4	73.9	38
1994	32.3	70.0	32
1997	40.0	84.5	56
2002	45.2	73.2	39

5.2.5　夏玉米涝渍灾损评估模型

5.2.5.1　夏玉米典型涝渍年的提取

计算了淮河流域 121 站夏玉米减产率(式 5-21),根据 5.2.1 节的思路,用缺水率指标结合流域内各省灾害大典记录的涝渍灾害实况确定了夏玉米典型涝渍年(表 5-49),其中范围较大的区域性涝年有:1979 年、1982 年、2003 年、2004 年、2005 年、2007 年。筛选了涝渍建模样本410 个和验证台站 15 站 68 个样本。

表 5-49　淮河流域夏玉米典型涝渍年

区域	Ⅰ区	Ⅱ区	Ⅲ区
年份	2003、2004、1990、2005、2007	1978、1979、1982、2007、2003、2004、2005	2003、2007、2005、1979、1982、1991、2000、1984、2004、1980、2008、1996、2006

5.2.5.2　评估模型的建立

利用累积湿润指数作为夏玉米涝渍强度指标,按表 5-1 的阈值确定涝渍强度等级。将累积湿润指数等级进行转换,将原等级 1、2、3、4 级(对应于特涝、重涝、中涝和轻涝)转化为 4、3、2、1,使得等级数字的大到小与涝渍程度由重而轻一致。夏玉米生育期间逐旬水分敏感指数见5.1.2 节。夏玉米涝渍脆弱指数的确定见 5.1.3 节。根据 5.2.1.3 的思路确定了评估因子综合指数的形式和评估模型。其评估因子综合指数形式同冬小麦涝渍

$$X_{i,k} = \sqrt{\sum_{j=1}^{n} (Z_{i,j,k}^{a_{i,j,k}})} \times V_{i,k} \tag{5-32}$$

式中,$X_{i,k}$ 为累积湿润指数等级的转化值,1,2,3,4,由轻到重,$Z_{i,j,k}$ 为涝渍灾害强度指数(累积湿润指数原值),$a_{i,j,k}$ 为作物水分敏感指数,$V_{i,k}$ 为区域涝渍脆弱指数,i 为年,j 为旬,n 为涝渍旬数,k 为台站。

夏玉米涝渍灾损评估模型为

$$Y = 10.241X^2 + 5.292X - 2.608 \tag{5-33}$$

式中,Y 为评估灾损率,X 为评估因子综合指数。

评估模型的相关系数为 $R=0.8228$,$F=426.781$,达到极显著水平($P<0.01$)。拟合曲线见图 5-10。

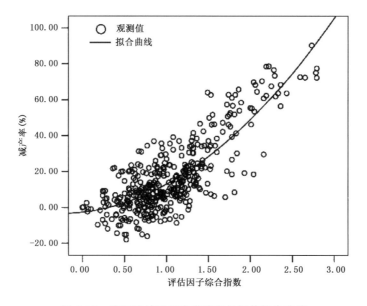

图 5-10　淮河流域夏玉米涝渍灾损评估拟合曲线

5.2.5.4　模型评估结果的检验

（1）评估减产率检验

利用参与建模的 410 个样本对评估模型进行回代检验,并用预留未参与建模的 15 站 68 个样本进行验证检验。结果表明,回代评估减产率与实际减产率之间的相关系数为 0.8230（图 5-11a）,绝对误差平均为 9.1%,分区评估减产率的绝对误差平均值为 8%～10%。其中Ⅰ区和Ⅱ区接近,低于 9%,Ⅲ区略高,低于 10%（表 5-56）;验证评估减产率与实际减产率之间的相关系数为 0.7631（图 5-11b）,绝对误差平均为 9.3%,从分区结果以Ⅱ区最低,仅为 5.7%,Ⅰ区其次,Ⅲ区最高,为 10.9%（表 5-50）。

对夏玉米典型涝渍年的损失评估误差分析结果表明,评估减产率与实际减产率的绝对误差除 2003 年偏大,超过 10%外,其他年份均在 10%以内（表 5-51）。

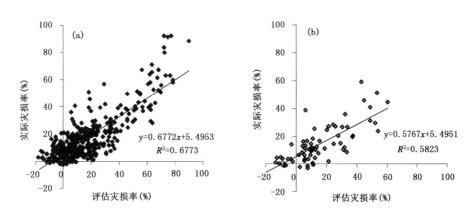

图 5-11　淮河流域夏玉米涝渍灾损评估模型回代（a）和验证（b）结果

表 5-50　淮河流域夏玉米涝渍灾损评估模型回代和验证的减产率绝对误差(%)

	全区	Ⅰ区	Ⅱ区	Ⅲ区
回代	9.1	8.4	8.5	9.7
检验	9.3	9.7	5.7	10.9

表 5-51　淮河流域夏玉米典型涝渍年灾损评估减产率绝对误差

	1979	1982	2003	2004	2005	2007
样本数	45	39	92	57	58	66
绝对误差(%)	9.0	8.0	11.4	8.5	8.6	9.4

（2）评估减产等级检验

根据淮河流域夏玉米涝渍实际减产等级阈值（表 5-31）和涝渍灾损评估等级阈值（表5-33）进行评估等级符合率检验。

从模型评估夏玉米涝渍灾害等级与实际等级对比分析结果看,回代结果与实际完全一致的比例为 50.5%,等级差≤1 的比例达到了 88.8%,分区评估结果与总体无明显差异;验证结果全区平均完全一致的比例为 52.9%,分区结果除Ⅱ区低于 50%外,其他两区均在 50%以上,等级差≤1 的比例在 80%以上,其中Ⅰ区和Ⅱ区在 90%以上（表 5-52）。

典型涝渍年的评估准确率,完全一致的比例除 1979 年较低,2004 年次低以外,其余 4 年均超过了 50%,等级差≤1 的比例除 1979 年略低于 80%以外,其他年份均高于 80%外,其中1982 年、2004 年和 2007 年高于 90%（表 5-53）,达到业务应用的精度要求。

表 5-52　淮河流域夏玉米涝渍灾损评估等级准确率

检验类型	分区	完全一致(%)	等级差≤1(%)	样本数
建模样本回代	Ⅰ区	53.1	89.8	49
	Ⅱ区	49.0	90.6	149
	Ⅲ区	50.9	87.3	212
	全区	50.5	88.8	410
留存样本验证	Ⅰ区	50.0	91.7	12
	Ⅱ区	44.4	100.0	18
	Ⅲ区	52.6	84.2	38
	全区	52.9	89.7	68

表 5-53　淮河流域夏玉米典型涝渍年灾损评估等级准确率

年份	完全符合(%)	等级差≤1(%)	样本数
1979	22.2	77.8	45
1982	53.8	92.3	39
2003	63.0	88.0	92
2004	42.1	93.0	57
2005	51.7	87.9	58
2007	51.5	93.9	66

5.2.6 一季稻干旱灾损评估模型

5.2.6.1 一季稻典型干旱年的提取

根据 5.2.1.1 节的思路筛选出典型干旱年,确定了该区域一季稻典型旱年为 1976 年、1978 年、1994 年和 2001 年,并筛选干旱样本。总样本数为 139,其中 128 个用于建模,随机选出 11 个样本用于检验。

5.2.6.2 评估模型的建立

采用累积湿润指数作为一季稻干旱强度指标见 5.1.1 节,干旱强度采用累积湿润指数绝对值。一季稻生育期间逐旬水分敏感指数见 5.1.2 节。一季稻干旱脆弱性指标的确定见 5.1.3 节。根据 5.2.1.2 节的思路确定评估因子综合指数自变量的形式,然后将其与减产率进行拟合,建立一季稻干旱损失评估模型。评估因子综合指数的形式同冬小麦干旱

$$X_{i,k} = \sum_{j=1}^{n} (Z_{i,j,k}^{\alpha_{i,j,k}}) V_{i,k} \tag{5-34}$$

式中,$X_{i,k}$ 为某站(k)某年(i)某旬(j)的累积湿润指数绝对值,$Z_{i,j,k}$ 为干旱强度指数(累积湿润指数干旱等级,6,7,8,9,由轻到重),$\alpha_{i,j,k}$ 为作物水分敏感指数,$V_{i,k}$ 为区域干旱脆弱指数,i 为年,j 为旬,n 为涝灾旬数,k 为台站。

一季稻干旱灾损评估模型为

$$Y = 0.222X^2 + 3.045X - 8.792 \tag{5-35}$$

式中,Y 为评估灾损率,X 为评估因子综合指数。

相关系数 $R = 0.8631$,$F = 182.88$,通过显著性检验($P < 0.01$)。拟合曲线见图 5-12。

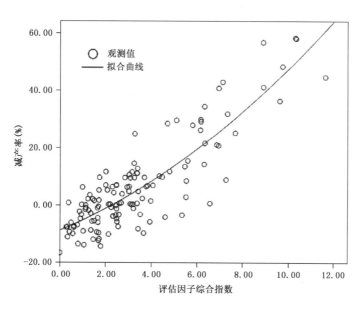

图 5-12 淮河流域一季稻干旱灾损评估拟合曲线

5.2.6.4　模型评估结果的检验

（1）评估减产率检验

利用 128 个建模样本和 11 个验证样本进行回代和验证检验。结果表明，模型回代和验证的相关系数分别为 0.8631 和 0.7308（图 5-13），均通过 $P<0.01$ 显著性检验。回代的绝对误差平均为 6.3%，验证的绝对误差平均为 6.0%（表 5-54）。4 年典型干旱年灾损率的绝对误差除 1976 年为 7.7% 外，其他 3 年均低于 7%，1978 年的绝对误差仅为 5.2%（表 5-55）。

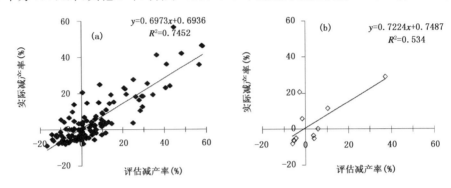

图 5-13　淮河流域一季稻干旱灾损评估模型回代(a)和验证(b)结果

表 5-54　淮河流域一季稻干旱灾损评估模型回代和验证的绝对误差

检验类型	样本数	绝对误差(%)
建模样本回代	128	6.3
留存样本检验	11	6.0

表 5-55　淮河流域一季稻典型干旱年灾损评估减产率绝对误差

年份	1976	1978	1994	2001
样本数	26	27	39	47
误差(%)	7.7	5.2	6.6	5.8

（2）评估减产等级检验

根据淮河流域一季稻干旱实际减产等级阈值（表 5-30）和干旱灾损评估等级阈值（表 5-32）进行评估等级符合率检验。

从一季稻干旱评估等级与干旱实际减产等级对比分析结果看，回代结果评估与实际等级完全一致的比例为 59.4%，等级差≤1 的比例达到了 85.2%；验证结果等级完全一致的比例为 54.6%，等级差≤1 的比例为 72.7%（表 5-56）。

典型干旱年的评估准确率，评估和实际等级完全一致的比例除 1994 年低于 50% 外，其余 3 年均超过了 50%，其中 2001 年高达 78.7%，等级差≤1 的比例均高于 75%，其中 2001 年高达 95.7%（表 5-57）。达到业务应用的精度要求。

表 5-56　淮河流域一季稻干旱灾损评估等级准确率

检验类型	完全符合(%)	等级差≤1(%)	样本数
建模样本回代	59.4	85.2	128
留存样本验证	54.6	72.7	11

表 5-57　淮河流域一季稻典型干旱年灾损评估等级准确率

年份	完全符合(%)	等级差≤1(%)	样本数
1976	50.0	76.9	26
1978	55.6	81.5	27
1994	43.6	76.9	39
2001	78.7	95.7	47

5.2.7　一季稻涝灾灾损评估模型

5.2.7.1　一季稻典型涝年的选取

根据 5.2.1.1 节的思路筛选典型涝灾年。当某个区域水稻减产的主要灾害为涝灾的站点占该区域全部站点的 50% 以上时,就确定该年为该区域的典型涝灾年。水稻典型涝灾年分别为 1980 年、2003 年和 2005 年。依据淮河流域各站点空间分布选取 5 站点典型涝年数据用于模型检验。用其他 38 个站点典型涝年(1980 年,2003 年,2005 年)的数据进行建模。

5.2.7.2　评估模型的建立

利用 5.1.1 节确定的累积湿润指数作为一季稻涝灾强度指标,涝灾强度指数采用累积湿润指数原值。一季稻生育期间逐旬水分敏感指数见 5.1.2 节。一季稻区域涝灾脆弱指数的确定见 5.1.3 节。

根据 5.2.1.2 节的思路确定了评估因子综合指数(自变量)的组合形式。自变量形式同冬小麦涝渍公式

$$X_{i,k} = \sqrt{\sum_{j=1}^{n}(Z_{i,j,k}^{\alpha_{i,j,k}})} \times V_{i,k} \tag{5-36}$$

式中,$X_{i,k}$ 为累积湿润指数原值,$Z_{i,j,k}$ 为涝渍灾害强度指数,$\alpha_{i,j,k}$ 为作物水分敏感指数,$V_{i,k}$ 为区域涝渍脆弱指数,i 为年,j 为旬,n 为涝渍旬数,k 为台站。

以区域台站资料为基础,评估因子综合指数为自变量,对应的灾损率为因变量,分别利用多种方法进行灾损率模拟,最终确定一季稻涝灾灾损的评估模型为二次曲线函数

$$Y = 0.012X^2 + 8.834X - 8.450 \tag{5-37}$$

式中,Y 为评估灾损率,X 为评估因子综合指数。

样本容量为 108,$R^2 = 0.673$,$F = 107.96$。拟合曲线见图 5-14。

5.2.7.4　模型评估结果的检验

(1)评估减产率检验

评估模型模拟灾损与实际灾损率回代的相关系数为 0.8202,与留存样本灾损率验证的相关系数为 0.6823(图 5-15),均达到极显著水平。

淮河流域一季稻涝灾灾损率回代的绝对误差分别为 6.22%(表 5-58),用其他 5 个站点典型涝灾年(1980 年,2003 年和 2005 年)数据验证的绝对误差为 4.76%(表 5-59)。

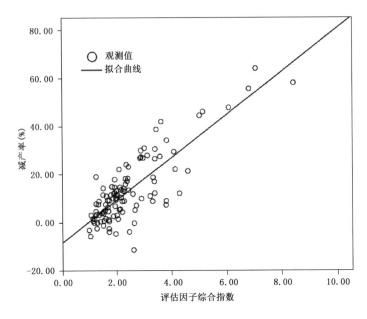

图 5-14 淮河流域一季稻涝灾灾损评估拟合曲线

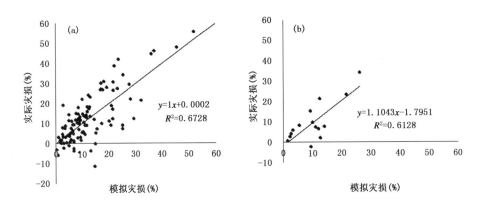

图 5-15 淮河流域一季稻涝灾灾损评估模型回代(a)和验证(b)结果

表 5-58 淮河流域一季稻涝灾灾损评估模型回代和验证的绝对误差

检验类型	绝对误差(%)
建模样本回代	6.22
留存样本验证	4.76

表 5-59 淮河流域一季稻典型涝灾年灾损评估减产率的绝对误差

年份	1980	2003	2005
样本数	34	38	36
绝对误差(%)	6.74	6.86	5.02

（2）评估减产等级检验

根据淮河流域一季稻涝灾实际减产等级阈值（表 5-31）和涝灾灾损评估等级阈值（表 5-33）进行评估减产等级符合率检验。

从模型评估一季稻涝灾灾损等级与实际涝灾灾损率等级对比分析结果看，回代结果评估与实际完全一致的比例为 47.2％，等级差≤1 的比例达到了 93.5％；验证结果完全一致的比例为 40.0％，等级差≤1 的比例为 93.3％（表 5-60）。

典型涝灾年的评估准确率，完全一致的比例超过 35％，等级差≤1 的比例均高于 89.7％以上（表 5-61）。达到业务应用的精度要求。

表 5-60　淮河流域一季稻涝灾灾损评估等级准确率

检验类型	完全符合（％）	等级差≤1（％）	样本数
建模样本回代	47.2	93.5	108
留存样本验证	40.0	93.3	15

表 5-61　淮河流域一季稻典型涝灾年灾损评估等级准确率

年份	完全符合（％）	等级差≤1（％）	样本数
1980	35.9	89.7	39
2003	62.7	97.6	43
2005	39.0	92.7	41

5.3　本章小结

（1）确定了基于区域灾害系统论理论的淮河流域农作物旱涝灾害损失评估的指标体系。其中，灾害强度指标采用在安徽成熟应用、并经过淮河流域验证的累积湿润指数；作物水分敏感指数利用淮河流域多年农作物发育期和土壤水分观测资料，采用詹森（Jensen）作物—水分模型新解法计算；区域旱涝脆弱指数结合淮河流域的具体情况和资料的可获取性选择农业经济、地理、土壤和水文等评估指标，并与减产率进行相关筛选后确定。

（2）建立了可较全面反映致灾因子、孕灾环境和承灾体对灾害损失的影响的淮河流域冬小麦、夏玉米和一季稻旱涝灾害损失评估模型。采用农作物缺水率和农业旱涝强度指标累积湿润指数相结合确定旱涝样本；为反映抗灾能力的影响，兼顾典型旱涝区域中的减产和不减产的样本；选择与作物灾损率相关显著的区域旱涝脆弱性指标构建区域旱涝脆弱指数计算式作为评估模型的参数，使得评估模型在一定程度上可以反映旱涝不减产的情形；分区分灾种建模，以反映不同区域的旱涝灾害影响特征，提高了评估模型的准确性。以作物实际减产率为真值进行旱涝灾损评估模型的回代（参与建模样本）和验证（未参与建模样本）检验，检验结果表明，绝大多数评估模型的绝对误差在 10％以内。旱涝灾损等级回代结果完全一致的比例在 50％左右（夏玉米干旱偏低），等级差≤1 的比例在 80％以上（涝渍大部分达到 90％以上），各模型验证结果的误差和等级准确率与回代结果基本一致，略低或略高。所建模型总体稳定。达到业务应用的要求。

（3）问题讨论。①受资料获取渠道的影响，区域旱涝脆弱性诸因子的时空分辨率不够高。

在时间方面,除作物产量、面积外,其他社会经济因子大部分没有逐年数据;在空间方面,产量、面积等数据是基于县(区)级,而其他社会经济因子一些省仅到市级,影响到评估模型的准确性和稳定性;②以社会产量得到的作物减产率作为模型准确度检验标准存在着不确定性。一是农作物社会产量与大田产量之间差异,二是气象产量的高低部分地受到趋势产量分解方法的影响,等等。但是在无其他更好的检验标准时,只能采用数据年代较长、连续性较好的农作物社会产量;③典型旱涝年的选择,虽然尽可能地采取了多种方法甄别,但是由于区域旱涝频繁,以旱或以涝为主的样本中也难免含有不显著的相反灾害,且灌溉因素考虑得不充分,均对评估结果的稳定性和准确性造成一定的影响。

参考文献

安徽省土壤普查办公室.1996.安徽土壤[M].北京:科学出版社.

陈玉民,郭国双,王广兴,等.1995.中国主要作物需水量与灌溉[M].北京:水利电力出版社:77-95.

丛振涛,周智伟,雷志栋.2002.Jensen模型水分敏感指数的新定义及其解法[J].水科学进展,13(6):730-735.

崔远来,茆智,李远华.2002.水稻水分生产函数时空变异规律研究[J].水科学进展,13(4):484-491.

邓国,李世奎.1999.中国粮食作物产量风险评估方法.中国农业气象灾害风险评价与对策[M].北京:气象出版社:122-128.

宫德吉,陈素华.1999.农业气象灾害损失评估方法及其在产量预报中的应用[J].应用气象学报,10(1):67-71.

顾颖,刘静楠,薛丽.2007.农业干旱预警中风险分析技术的应用研究[J].水利水电技术,38(4):61-64.

郭群善,雷志栋.1996.冬小麦水分生产函数Jensen模型敏感指数的研究[J].水科学进展,7(1):20-25.

何炎红,田有亮,郭连生.2007.乌兰布和沙漠可能蒸散的研究[J].干旱气象,25(2):61-66.

霍治国,李世奎,王素艳,等.2003.主要农业气象灾害风险评估技术及其应用研究.自然资源学报,18(6):692-703.

霍治国,刘荣花,姜燕,等.2007.QX/T81-2007小麦干旱灾害等级[S].北京:气象出版社.

梁银丽,山仑,康绍忠.2000.黄土旱区作物-水分模型[J].水利学报,31(9):29-35.

刘兰芳,刘盛和,刘沛林,等.2002.湖南省农业旱灾脆弱性综合分析与定量评价[J].自然灾害学报,11(4):78-83.

马晓群,吴文玉,张辉.2009.农业旱涝指标及在江淮地区监测预警中的应用[J].应用气象学报,20(2):186-194.

倪深海,顾颖,王会容.2005.中国农业干旱脆弱性分区研究[J].水科学进展,16(5).

彭世彰,索丽生.2004.节水灌溉条件下作物系数和土壤水分修正系数试验研究[J].水利学报,35(1):17-21.

荣丰涛,王仰仁.1997.山西省主要农作物水分生产函数中参数的试验研究[J].水利学报,28(1):78-83.

沈荣开,张瑜芳.1995.作物水分生产函数与农田非充分灌溉研究述评[J].水科学进展,6(3):248-254.

史培军.1996.再论灾害研究的理论与实践[J].自然灾害学报,5(4):1041-66.

宋丽莉,王春林,董永春.2001.水稻干旱动态模拟及干旱损失评估[J].应用气象学报,12(2):226-233.

万庆,等.1999.洪水灾害系统分析与评估[M].北京:科学出版社.

王静爱,商彦蕊,苏筠,等.2005.中国农业旱灾承灾体脆弱性诊断与区域可持续发展[J].北京师范大学学报(社会科学版),(3):130-137.

王仰仁,雷志栋,杨诗秀.1997.冬小麦水分敏感指数累积函数研究[J].水利学报,19(5):28-35.

吴乃元,张廷珠.1989.冬小麦作物系数的探讨[J].山东气象,(3):38-39.

杨小利等,吴颖娟,王丽娜,等.2010.陇东地区主要农作物干旱灾损风险分析及区划[J].西北农林科技大学学报(自然科学版),38(2):83-90.

尹海霞,张勃,王亚敏,等.2012.黑河流域中游地区近 43 年来农作物[J].资源科学,**34**(3):409-417.

张宏群,马晓群,陈晓艺.2011.基于 GIS 的安徽省冬小麦干旱脆弱性分析[J].中国农学通报,**27**(33):146-150.

张继权,李宁.2007.主要气象灾害风险评价与管理的数量化方法及其应用[M].北京:北京师范大学出版社:227-244.

Allen R G,Pereira L S,Raes D,et al. Crop evapotranspiration-Guidelines for computing crop water requirements. FAO Irrigation and drainage paper 56.

Blaikie P T,Davis C I,Wisner B. 1994. At Risk:Natural Hazard,People's Vulnerability and Disasters [M]. London:Routledge:141-156.

第6章　作物生长模型在旱涝胁迫影响层面的改进

　　作物生长模型以环境气象条件为驱动变量对作物生长发育及产量形成过程进行动态模拟,是进行作物生长定量评价的有效工具(高亮之,2004)。但是由于气象灾害对农业生产的影响是多方面的,作物生长模型还不能完全反映这种复杂性,特别是一些极端异常致灾的气象条件较难从机理上描述。国内外现有模型对干旱、高温胁迫影响的描述具有一定的经验性和局限性,需要注意收集当地有关农业气象灾害等研究成果进行补充、修正和改进,使之能更客观准确地模拟本地作物的生长发育及产量形成过程(王石立等,2008;吴玮,2013)。本章着重介绍利用淮河流域多站点小麦、水稻和玉米大田及盆栽水分控制试验数据构建的旱涝影响作物光合生产、干物质分配以及叶面积扩展的子模式,用以改进 W/RCSODS(小麦/水稻)和 WO-FOST(玉米)模型的旱涝影响模拟能力,以便使其更加适应开展淮河流域不同水分条件影响小麦、水稻和玉米生长及产量形成的模拟研究。

6.1　小麦/水稻生长模型在旱涝胁迫影响层面的改进

6.1.1　W/RCSODS 模型简介

　　W/RCSODS (Wheat/Rice Cultivational Simulation Optimization and Decision－Making System)是江苏省农科院自主研发的小麦/水稻栽培计算机模拟优化决策系统(高亮之等,1992),它将作物生理学、作物生态学、作物栽培学、农业气象学、土壤肥料学、植物保护学等学科的有关机理引入其中,包含了小麦/水稻发育进程、叶龄发育、叶面积扩展、茎蘖消长、群体光合生产、产量形成、穗粒结构形成、氮素运转等模拟子模型,以及最佳季节、最佳叶面积动态、最佳茎蘖动态、最佳产量、最佳施肥决策和主要病虫害的预测与防治等栽培优化模型,并将这两类模型有机地结合起来,因而同时具备了较强的机理性、应用性、通用性和综合性。

　　早先的 W/RCSODS 的基本假设是土壤水分正常或基本正常(高亮之等,2000),近年来,围绕氮素胁迫、光照胁迫、渍水胁迫等问题,R/WCSODS 应用性强和预测性强的特点得到进一步延伸和发展(高亮之等,2001;金之庆等,2006;马新明等,2008;曹宏鑫等,2010)。但要将这两个模型用于淮河流域小麦、水稻旱涝损失的精细化评估,尚须在模型的适应性和本地化研究基础上,重点从水分过少或过多对冬小麦、水稻产生的生理生态胁迫层面着眼,进一步改进现有模型,才能使农作物旱涝灾害损失评估更为准确、客观。

6.1.2　W/RCSODS 模型在淮河流域的适应性研究

　　W/RCSODS 用于淮河流域旱涝灾害损失评估时,需针对该区域特定的气候、农业生产条件、作物品种和精细化评估的要求,通过输入本地区相关变量和参数以及参数调试,开展

W/RCSODS模型的适应性检验,据此明确 W/RCSODS 模型在淮河流域的基本普适性(葛道阔等,2004)。

6.1.2.1　W/RCSODS 模型的输入变量和参数

W/RCSODS 模型的输入变量和参数包括:(1)冬小麦、水稻种植地点;(2)冬小麦、水稻品种类型;(3)纬度;(4)历年逐日气象资料(平均气温、最高气温、最低气温、日照时数、降水量),如仅能收集到逐月气象资料,W/RCSODS 也可以通过自带的"天气发生器"模块将上述逐月平均值(或总量)自动生成逐日值;(5)土壤参数;(6)其他,如种子发芽率、田间出苗率等(葛道阔等,2012;葛道阔等,2013)。

6.1.2.2　W/RCSODS 模型发育参数调试方法

W/RCSODS 的"品种参数调试子系统"中包括了淮河流域的不同地点、不同生态类型的品种参数。为满足区域性小麦和水稻旱涝灾害损失精细化评估的要求,需要依据农业气候分区(见1.1.5节)选择一定数量代表站的冬小麦、水稻品种类型,调试确定分区冬小麦发育期模型参数并检验模型。其中冬小麦农业气候区分为,东北丘陵半冬性小麦适宜区(Ⅰ区)、北部平原冬性半冬性小麦适宜区(Ⅱ区)、中部平原半冬性适宜、春性小麦次适宜区(Ⅲ区)和西部及沿淮半冬性、春性小麦适宜区(Ⅳ区)。选择了 4 个区的 21 个站点 1999—2007 年的冬小麦观测资料进行检验(表 6-1)。对各样点资料获取的要求是,不同年份间品种统一,试验田块、栽培方法一致。对生育期模型进行严格的检验,包括全流域多点单品种检验、分区多点单品种检验、单点多品种历史检验等(葛道阔等,2012)。

表 6-1　淮河流域代表站及小麦品种类型

分区	样点	经度(°E)	纬度(°N)	品种	试验年份
Ⅰ区	莒县	118.83	35.58	冬性	1998—2001
	临沂	118.35	35.05	冬性	2005—2007
Ⅱ区	商丘	115.65	34.44	半冬性	2003—2006
	沈丘	115.06	33.41	半冬性	2001—2004
	太康	114.85	34.06	半冬性	1998—2001
	永城	116.37	33.94	半冬性	2004—2007
	郑州	113.65	34.76	半冬性	1999—2002
Ⅲ区	蒙城	116.55	33.25	半冬性	1999—2002
	宿州	116.97	33.63	半冬性	2002—2005
	徐州	117.20	34.26	半冬性	2000—2003
Ⅳ区	方城	112.98	33.25	半冬性	1999—2002
	凤阳	117.40	32.86	春性	1998—2001
	阜阳	115.81	32.89	春性	1999—2002
	淮安	119.15	33.50	半冬性	2000—2004
	潢川	115.04	32.13	半冬性	2003—2006
	如皋	120.56	32.39	春性	2000—2006
	汝州	112.83	34.17	半冬性	2004—2007
	天长	119.00	32.68	春性	2001—2004
	西平	114.00	33.38	半冬性	1998—2001
	盱眙	118.05	33.00	半冬性	2000—2005
	驻马店	114.02	32.98	春性	2002—2005

　　由于水稻仅分布在淮河流域沿淮地区,因此不再分区。选择了区域内 9 个站点 1999—2008 年的水稻观测资料进行检验(表 6-2),对各站点资料获取的要求是不同年份间品种统一,试验田块、栽培方法一致,为适应对水稻生产精细化评估的要求,对生育期模型进行严格的检验(葛道阔等,2012)。

表 6-2　淮河流域代表站及水稻品种类型

站点	经度(°E)	纬度(°N)	品种	试验年份
六安	116.49	31.73	晚熟	1999—2001
五河	117.87	33.14	中熟	2000—2004
兴化	119.82	32.93	晚熟	2001—2003
淮安	119.15	33.50	晚熟	2004—2008
如皋	120.56	32.39	晚熟	2001—2005
滁州	118.31	32.33	中熟	2002—2003
天长	119.00	32.68	中熟	2003—2005
盱眙	118.05	33.00	中熟	2001—2005
信阳	114.08	32.13	中熟	2000—2001

　　发育期模型参数的调试方法为,首先在 W/RCSODS 品种参数库中选择与各代表站点类型相同的小麦品种生育期参数为初值,然后根据该站点试验资料,采用"试错法"对各遗传参数的初值逐个进行模拟调试,并将模拟值与实际值作比较,直至误差小到符合要求为止。调试确定后各站点的发育期参数值将构成模型区域化的基础。

　　以 WCSODS 模型为例,发育期模型参数按播种—出苗、出苗—春化、春化—拔节、拔节—抽穗、抽穗—成熟 5 个不同发育阶段设置,与小麦发育期有关的模型参数共有 13 个,各参数的功能和意义如下:K_i($i=1,2,3,4,5$,代表 5 个发育阶段,下同)为反映不同发育阶段发育特性的品种参数;P_i($i=1,2,3,4,5$)为不同发育阶段的增温促进系数;Q_3 为高温抑制系数,G_5 为感光系数,VE 为小麦春化因子,其计算方法和取值随品种及温度的变化而异(高亮之等,2000)。利用 4 个分区的 21 个站点的小麦生育期观测资料(表 6-1)、同期气候资料以及土壤资料,调试确定了各地主要栽培的 20 个小麦品种的发育期参数。站点的地理跨度为东经 112.83°—120.56°、北纬 32.13°—34.76°,涵盖了冬性、半冬性和春性 3 个小麦品种类型,调整确定的参数值符合流域内不同区域小麦品种特性和生产实际情况。调整后的小麦品种参数见表 6-3。

表 6-3　淮河流域不同小麦品种的发育期参数

站点	品种	生育期参数												
		K_1	P_1	K_2	P_2	VE	K_3	P_3	Q_3	K_4	P_4	K_5	P_5	G_5
商丘	温麦 6 号	−1.697	1.142	−3.403	0.996	20	−3.687	0.42	1.223	−2.628	1.077	−3.878	0.475	0.08
沈丘	矮早 781	−1.624	1.142	−3.403	0.996	20	−3.426	0.42	1.226	−2.81	1.077	−3.99	0.475	0.08
太康	新矮早	−2.06	0.934	−2.294	1.019	15	−3.54	0.639	2.791	−3.05	0.777	−3.79	0.588	0.065
永城	温麦 8 号	−1.793	1.142	−3.403	0.996	20	−3.809	0.42	1.223	−2.63	1.077	−3.9	0.475	0.08
郑州	郑麦 366	−1.662	1.142	−3.403	0.996	20	−3.698	0.42	1.223	−2.7	1.077	−4.03	0.475	0.08
蒙城	皖麦 56	−1.681	1.142	−3.403	0.996	20	−3.853	0.42	1.223	−2.65	1.077	−3.79	0.475	0.08
宿州	皖麦 19	−1.831	1.142	−3.403	0.996	20	−3.75	0.42	1.223	−2.72	1.077	−3.93	0.475	0.08
徐州	徐州 25	−1.69	1.142	−3.403	0.996	20	−3.79	0.42	1.223	−2.89	1.077	−3.99	0.475	0.08

续表

| 站点 | 品种 | 生育期参数 | | | | | | | | | | | | |
		K_1	P_1	K_2	P_2	VE	K_3	P_3	Q_3	K_4	P_4	K_5	P_5	G_5
方城	宛 33-88	-1.589	1.142	-3.403	0.996	20	-3.511	0.42	1.223	-2.76	1.077	-3.87	0.475	0.08
凤阳	豫麦 18	-1.999	1.142	-3.403	0.996	20	-3.37	0.42	1.223	-2.85	1.077	-3.84	0.475	0.08
阜阳	861	-2.032	0.934	-2.294	1.019	15	-3.58	0.639	2.82	-2.78	0.777	-3.81	0.588	0.065
淮安	温麦 6 号	-1.594	1.142	-3.403	0.996	20	-3.56	0.42	1.223	-2.8	1.077	-4	0.475	0.08
潢川	豫麦 18	-1.902	1.142	-3.403	0.996	20	-3.966	0.42	1.223	-2.54	1.077	-3.83	0.475	0.08
如皋	宁麦 8 号	-2.05	0.934	-2.294	1.019	15	-3.61	0.639	2.791	-2.9	0.777	-3.75	0.588	0.065
汝州	周麦 16	-1.755	1.142	-3.403	0.996	20	-3.845	0.42	1.223	-2.865	1.077	-3.93	0.475	0.08
天长	扬麦 158	-2.18	0.956	-2.294	1.019	15	-3.88	0.642	2.791	-2.89	0.777	-3.86	0.588	0.065
西平	温麦 4 号	-1.7	1.142	-3.403	0.996	20	-3.63	0.42	1.223	-2.79	1.077	-3.96	0.475	0.08
盱眙	皖麦 46	-1.97	1.142	-3.403	0.996	20	-3.77	0.42	1.223	-2.89	1.077	-3.88	0.475	0.08
驻马店	郑麦 9023	-1.761	0.934	-2.294	1.019	15	-3.95	0.639	2.791	-2.91	0.777	-3.74	0.588	0.065

6.1.2.3　W/RCSODS 模型生长参数调试方法

在 W/RCSODS 中,与旱涝灾损模拟相关的主要遗传参数除发育期参数外,还有叶面积与光合生产模型参数、作物性状等生长参数。其中,叶面积与光合生产模型参数包括光合作用参数和群体消光系数,作物性状参数包括穗粒结构参数、分蘖率参数和单株叶面积参数。其中水稻单株叶面积参数包括不同生育时期的叶面积特征值。在 W/RCSODS 中,发育期模型起着时标(time scale)作用,控制着整个系统在模拟过程中何时调用及应调用哪些子模型与相应的参数值,W/RCSODS 模型生长参数,主要由当地专家经验、水稻和小麦具体品种特性以及试验结果给出,并做适当的优化、调试。与本研究关系最为密切的水稻和小麦品种参数—光合作用、群体消光系数与适宜叶面积指数参数根据江苏兴化、河南信阳等地多年种植资料调试确定,参数值均因品种和生育期而异(表 6-4、表 6-5)。

表 6-4　基于观测资料确定的水稻光合作用、群体消光系数及适宜叶面积指数参数

| 站点 | 品种 | 光合作用参数 | | | 群体消光系数 | | 叶面积指数参数 | | | | |
		A1	A3	B1	E1	E3	F7S	FTS	FES	FHS	FMS
江苏兴化	淮稻 5 号	4.8	4.8	14.0	0.43	0.49	23.0	70.0	90.0	202.0	98.0
河南信阳	6 优 53	4.8	4.2	15.0	0.43	0.48	24.0	77.0	100.0	220.0	112.0

表 6-5　基于观测资料确定的小麦光合作用、群体消光系数及适宜叶面积指数参数

| 站点 | 品种 | 类型 | 光合作用参数 | | | 群体消光系数 | | 叶面积指数参数 | | | | |
			A1	A3	B1	E1	E3	F7S	FTS	FES	FHS	FMS
山东临沂	临麦 2 号	半冬性	4.81	4.83	1.00	0.50	0.47	7.22	41.8	53	118.0	47.0
河南郑州	温麦 6 号	半冬性	4.82	4.84	1.06	0.46	0.46	7.20	42.0	53	118.2	47.5
安徽宿州	皖麦 19	半冬性	4.40	7.30	0.90	0.46	0.49	7.20	42.0	57	118.0	51.0
安徽天长	扬麦 158	春性	5.80	6.20	1.20	0.40	0.48	7.18	42.3	54	120.0	48.0

注:表 6-4 和表 6-5 中,A1、A3 为抽穗前和抽穗后叶片光合作用参数,B1 为抽穗前弱光条件下光—光合响应曲线的初始斜率,E1、E3 为抽穗前和抽穗后群体消光系数,F7S、FTS、FES、FHS、FMS 分别为 7 叶期、分蘖期、拔节期、抽穗期和成熟期叶面积指数参数。

6.1.2.4　W/RCSODS 模型的适应性检验

检验方法。采用标准化方法比较模拟值与实测值（Janssen 等，1995），选取平均绝对偏差（MAE）、标准均方根误差（NRMSE）和一致性系数（IoA）评价与测试本模型的预测性与精准度。其 MAE 和 NRMSE 越小、IoA 越大，则表明误差越小，模型的预测性越好、精准度越高。计算公式为

$$MAE = \frac{\sum |(P_i - O_i)|}{N} \tag{6-1}$$

$$NRMSE = \sqrt{\frac{\sum\limits_{i=1}^{N} (P_i - O_i)^2}{N}} / \bar{O} \tag{6-2}$$

$$IoA = 1 - \frac{\sum\limits_{i=1}^{N} (P_i - O_i)^2}{\sum\limits_{i=1}^{N} (|P'_i| + |O'_i|)^2} \tag{6-3}$$

式中，N 为样本数，P_i 和 O_i 分别为预测值和观测值，$\bar{O}$ 为观测值的平均值，$P'_i = P_i - O$，$O'_i = O_i - O$。用线性方程的斜率 a、截距 b 和决定系数 R^2 验证模型模拟值与实测值的相关性。R^2 越接近 1，则模拟值与实测值的相关性越好。

小麦、水稻发育期检验。分别利用淮河流域小麦和水稻代表站的实际发育期观测数据对模拟结果进行检验，结果表明，小麦播种—抽穗、出苗—抽穗和播种—成熟天数模拟结果的 MAE、NRMSE 和 IoA 分别为 2.860d、0.019d、0.999d；3.246d、0.025d、0.999d；2.632d、0.014d、0.999d（图 6-1）。水稻播种—成熟天数模拟结果的 NRMSE、MAE 和 IoA 分别为 0.019d、2.330d、0.999d，表明模型发育参数调试效果较好，模型模拟精度较高（图 6-2）。

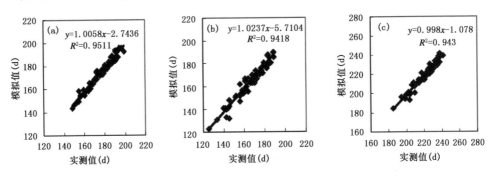

图 6-1　各小麦品种不同生育阶段发育期天数的验证

(a)播种—抽穗期；(b)出苗—抽穗期；(c)播种—成熟期

小麦、水稻产量检验。分别利用淮河流域小麦和水稻代表站的实际产量资料对模拟结果进行了检验，结果表明，小麦模拟产量的 MAE、NRMSE 和 IoA 分别为 413.82kg/hm²、0.110kg/hm² 和 0.997kg/hm²，水稻模拟产量的 MAE、NRMSE 和 IoA 分别为 988.07kg/hm²、0.161kg/hm² 和 0.994kg/hm²，模拟精度较高（图 6-3）。

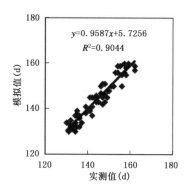

图 6-2　水稻播种—成熟期生育阶段各品种发育期天数的验证

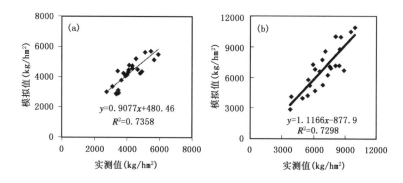

图 6-3　W/RCSODS 模型模拟的淮河流域多年小麦(a)、水稻(b)产量与实际产量的比较

6.1.3　WCSODS 模型在旱涝胁迫过程上的改进

6.1.3.1　土壤水分影响小麦出苗期子模式的构建

通过对淮河流域多年、多点农业气象观测资料和试验资料分析发现,土壤湿度和温度因子均影响小麦的出苗期,而前人就土壤湿度、温度对出苗的影响虽有较多的研究,但往往只关注其中单一因子(潘志华等,1998;严美春等,2000)。本研究试图在模型中包含上述二因子,即建立二元线性回归模型改进原小麦出苗期子模式。选择淮河流域 4 个冬麦区代表站,区分偏干和偏湿两种土壤水分状况建立了出苗天数与 10～20cm 土层土壤相对湿度(x_1)和土壤温度(x_2)的二元线性回归方程,各方程均达极显著水平($P < 0.01$)(表 6-6)。其中,土壤相对湿度通过模拟得到,土壤温度通过与气温的相关方程计算得到。由二元回归方程可见,x_2 的回归系数均为负值,表明土壤温度越高,越利于小麦顺利出苗,小麦的出苗期越短;而 x_1 的回归系数方向则与土壤干湿状况有关,当土壤相对湿度<70%时,其回归系数基本为负,当土壤相对湿度>80%时,其回归系数为正,说明当土壤相对湿度<70%时,其值越高,出苗期越短,干旱会抑制出苗过程;当土壤相对湿度>80%时,其值越高,出苗期越长,即土壤过湿也会延缓出苗。而当 10～20cm 土层土壤相对湿度为 70%～80%时,小麦出苗期子模式不需要订正,直接使用原"小麦钟"模型即可。由此可见,淮河流域小麦播种—出苗期的天数,在土壤偏干和偏湿的年份,受土壤湿度和温度的共同影响,而在土壤湿度相对正常的年份,主要受温度条件的影响。

表 6-6　淮河流域小麦播种—出苗期天数的二元线性回归模型

分区	代表站点	土壤相对湿度<70%	土壤相对湿度>80%
I 区	莒县、临沂	$-0.12 x_1 - 0.18 x_2 + 15.38$	$0.08 x_1 - 0.62 x_2 + 10.18$
II 区	商丘、郑州	$-0.04 x_1 - 0.25 x_2 + 14.38$	$0.03 x_1 - 0.67 x_2 + 16.49$
III 区	蒙城、徐州	$-0.15 x_1 - 0.11 x_2 + 19.22$	$0.41 x_1 - 0.15 x_2 - 23.64$
IV 区	汝州、驻马店	$0.10 x_1 - 1.22 x_2 + 22.43$	$0.20 x_1 - 0.36 x_2 - 0.22$

表中：x_1 为土壤相对湿度，x_2 为土壤温度。

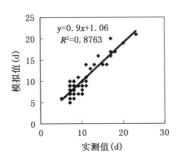

图 6-4　改进后 WCSODS 的淮河流域各小麦品种播种—出苗期模型的验证

图 6-4 为改进后小麦播种—出苗期模型的验证结果。模拟结果与实测值相关方程的决定系数 R^2 由改进前的 0.595 提高到改进后的 0.876，说明增加土壤湿度变量后模型的模拟能力增强，模拟检验的统计学评价指标 NRMSE、MAE 和 IoA 分别达到 0.145d、1.122d 和 0.995d，均在可信范围之内。表明模拟值与实测值表现出较高的一致性。

6.1.3.2　干旱、涝渍影响小麦和水稻光合速率订正模式的建立

干旱胁迫小麦和水稻光合速率的订正因子（DF_{pn}）可表示为

$$DF_{Pn} = \begin{cases} 1 & SW_{cr} < SW \leqslant SW_{fc} \\ (SW - SW_{wp})/(SW_{cr} - SW_{wp}) & SW_{wp} \leqslant SW < SW_{cr} \\ 0 & SW < SW_{wp} \end{cases} \tag{6-4}$$

式中，SW 为土壤含水量，SW_{fc} 为田间持水量，SW_{wp} 土壤萎蔫含水量，SW_{cr} 为干旱胁迫时的土壤含水量临界值（相对于田间持水量的百分率），可用作物凌晨叶水势和土壤含水量的阻滞函数关系计算（胡继超等，2004），其计算式为

$$SW_{cr} = 0.316[1 + 5.809\exp(2.476 \times PLWP_{cr})] \tag{6-5}$$

式中，$PLWP_{cr}$ 为发生干旱胁迫的凌晨叶水势临界值（MPa），采用胡继超等（2004）的方法求得。

渍水胁迫影响小麦净光合速率的订正因子（WF_{pn}）的计算则采用金之庆等（2006）的公式

$$WF_{pn} = \begin{cases} 1 \\ 1 - \dfrac{1}{1 + a \cdot e^{-bt}} \cdot \dfrac{SW - SW_{CR2}}{W_s - SW_{CR2}} \\ 1 - (1 + a \cdot e^{-bt})^{-1} \end{cases} \text{当} \begin{cases} SW_{CR1} < SW \leqslant SW_{CR2} \\ SW_{CR2} < SW \leqslant W_S \\ W_S < SW \end{cases} \tag{6-6}$$

式中，SW 为土壤含水量；SW_{CR1} 和 SW_{CR2} 分别为无水分逆境条件下土壤含水量的下、上临界指标，假定 SW_{CR2} 为麦田土壤适宜含水量的上限，SW_{CR1} 为其下限，假定其值为 0.7 与 SW_{CR2} 的乘

积;W_s 为土壤饱和含水量;t 为渍水持续天数。

式(6-6)中,参数 a,b 随不同发育阶段而变化,原文献区分孕穗前和孕穗后两个生育阶段取值。本研究利用淮河流域田间试验数据分析则发现,受水分胁迫程度影响,冬小麦在越冬前、返青至抽穗期,以及抽穗后的不同发育阶段净光合速率均有所差异,因此对以上三个发育阶段分别拟合了参数值 a,b,依次为 65、0.21;90、0.26;96、0.28。

以小麦为例,说明上述模型的检验方法。利用江苏兴化 2010—2012 年度小麦干旱胁迫盆栽试验、渍水胁迫大田和盆栽试验数据,将式(6-4)计算的土壤干旱条件下光合速率干旱胁迫影响因子 DF_{pn} 的拟合值,与小麦 DF_{pn} 的实际观测值(对照水分处理与干旱胁迫处理的单叶净光合速率观测值的比值)相比较,结果表明,拟合值与实测值的平均绝对偏差(MAE)和均方根误差(RMSE)分别为 0.054 和 0.042,决定系数(R^2)为 0.922(图 6-5a),两者具有很好的一致性。对光合速率的渍水胁迫订正因子 WF_{pn} 的计算公式(6-6)进行了同样的验证,其 MAE 和 RMSE 值分别为 0.072 和 0.021,R^2=0.872(图 6-5b),拟合值与实测值有较好的吻合度和一致性,表明算法拟合效果较好。

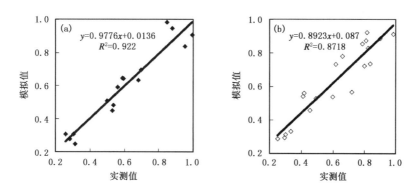

图 6-5　小麦 DF_{pn}(a)和 WF_{pn}(b)的模拟值和实测值的比较

涝灾对水稻光合速率的影响,利用相关田间试验数据拟合,获得了稻田淹水深度对水稻光合速率的影响率(Y_2)

$$Y_2=0.779x+0.817 \tag{6-7}$$

式中,x 为稻田淹水深度占植株高度的比例。

6.1.3.3　水分胁迫对小麦/水稻干物质分配的影响模式的建立

植株根冠比反映了植株光合产物的调配和地上部与地下部相对生长的差异。大量文献和本研究表明,作物遭受干旱胁迫时,根冠比增大,即地上部和根间碳水化合物的分配将有利于根生长;渍水时则因为土壤缺氧,根系生长首先受到抑制,根冠比降低。

根据 MACROS 模型(Penning de Vries 等,1989),影响小麦/水稻根冠比的干旱和渍水胁迫订正因子 DF_{rs},WF_{rs} 分别为

$$DF_{rs}=0.5+DF_{Pn}/2 \tag{6-8}$$
$$WF_{rs}=0.5+WF_{Pn}/2 \tag{6-9}$$

式中,DF_{Pn},WF_{Pn} 分别为净光合速率的干旱胁迫订正因子,则干旱和渍水胁迫下地上部干物质分配指数 PC_D 和 PC_W 可分别表示为

$$PC_D = DF_{rs} \times PC / [1 - PC(1 - DF_{rs})] \tag{6-10}$$

$$PC_W = WF_{rs} \times PC / [WF_{rs} + PC(1 - WF_{rs})] \tag{6-11}$$

式中，DF_{rs} 为影响小麦/水稻根冠比的干旱胁迫因子，WF_{rs} 为影响小麦/水稻根冠比的涝渍胁迫因子，PC 为无水分胁迫下干物质分配系数。显然，在干旱和渍水胁迫条件下，地下部干物质分配指数 $(PC_r)_D$ 和 $(PC_r)_W$ 分别为

$$(PC_r)_D = 1 - PC_D \tag{6-12}$$

$$(PC_r)_W = 1 - PC_W \tag{6-13}$$

式中，PC_D 和 PC_W 分别为干旱和渍水胁迫条件下地上部干物质分配指数。

　　以小麦为例说明上述模型的检验方法。利用江苏兴化旱涝胁迫试验资料，采用模拟土壤含水量计算根冠比的干旱胁迫订正因子（DF_{rs}）的数值和相对应的 DF_{rs} 实测值（即对照土壤含水量（适宜水分）的根冠比与干旱胁迫下根冠比的比值）进行比较，验证 DF_{rs} 算法的可靠性，其 MAE 和 RMSE 值分别为 0.054 和 0.072，$R^2 = 0.823$（$P < 0.01$），表明 DF_{rs} 的拟合值和实测值的吻合程度较高，模拟效果较好。根冠比渍水胁迫订正因子 WF_{rs} 模拟值和实测值的 MAE 和 RMSE 值分别为 0.043 和 0.059，决定系数（R^2）= 0.904（$P < 0.01$）（图 6-6），拟合值与实测值表现一致，表明此算法较为可靠。

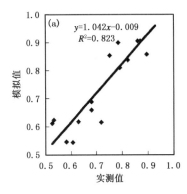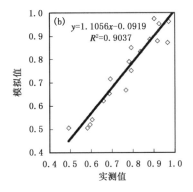

图 6-6　冬小麦 DF_{rs}（a）和 WF_{rs}（b）的模拟值和实测值的比较

　　小麦/水稻根冠比的干旱和渍水订正因子的确定解决了水分胁迫对干物质地上部分配比例的影响，还需确定小麦叶/地上部分干物质分配系数（PC_l）。利用宿州、兴化、寿县、郑州等地的小麦田间试验数据建立了 PC_l 随发育指数（DI）变化的子模式

$$PC_l = 5.09 \times \exp(-1.56DI) \tag{6-14}$$

　　对于水稻叶/地上部分干物质分配系数（PC_l），则利用兴化、信阳等地的水稻试验数据建立了其随发育指数（DI）变化的子模式

$$PC_l = 0.219 \times \exp(-0.524DI) \tag{6-15}$$

式（6-14）和式（6-15）中，发育指数（DI）为表征稻麦发育进程的量化数值，其中播种为 0，出苗为 1.0，拔节为 1.5，抽穗为 2.0，成熟为 3.0。通过试验数据分析发现，叶分配系数 PC_l 在干旱处理下略有减少趋势、而在涝渍处理下略有增加趋势，因此，旱、涝对叶/地上部分干物质分配系数的影响系数分别取 0.95 和 1.10。

6.1.3.4　干旱、涝渍影响光合累积量向穗部转移的订正子模式的建立

在 W/RCSODS 中，根据小麦、水稻光合累积量向穗部转移的基本规律，抽穗前和抽穗后的转移率 $k1$ 和 $k2$ 分别固定为 1/3 和 2/3(葛道阔等，2013)，但试验研究表明，$k1$ 和 $k2$ 数值受到发育过程中干旱和涝渍的显著影响。因此，本研究利用田间试验数据建立了小麦抽穗后的转移率 $k2_D$ 和 $k2_W$ 和不同发育期土壤含水量和涝渍天数的回归方程

$$k2_D = 0.0063 \cdot SW + 0.2221 \tag{6-16}$$
$$k2_W = -0.0245 \cdot d + 0.8464 \tag{6-17}$$

式中，SW 为土壤相对含水量，d 为涝渍天数，式(6-16)和(6-17)均达极显著水平($P<0.01$)。冬小麦抽穗前的 $k1_D$、$k1_W$ 为

$$k1_D = 1 - k2_D \tag{6-18}$$
$$k1_W = 1 - k2_W \tag{6-19}$$

同样地，利用田间试验数据建立了淮河流域水稻光合累积量抽穗后转移率 $k2_{D1}$、$k2_{D2}$ 和 $k2_{D3}$ 与孕穗期和抽穗期未见水天数和乳熟期土壤相对湿度的回归方程为

$$k2_{D1} = -0.0334 \cdot d - 0.7944 \tag{6-20}$$
$$k2_{D2} = -0.027 \cdot d + 0.7968 \tag{6-21}$$
$$k2_{D3} = 0.0069 \cdot SW + 0.1839 \tag{6-22}$$

式中，d 为未见水天数，SW 为土壤相对湿度，以上回归方程也均达极显著水平($P<0.01$)。

同样得到 $k1_{D1}$、$k1_{D2}$ 和 $k1_{D3}$ 为

$$k1_{D1} = 1 - k2_{D1}, \quad k1_{D2} = 1 - k2_{D2}, \quad k1_{D3} = 1 - k2_{D3} \tag{6-23}$$

涝灾对水稻产量形成的影响，则用水稻经济系数表示。利用田间试验资料拟合得到稻田不同淹水深度对水稻经济系数的影响率(Y_3)

$$Y_3 = -0.37 \cdot x + 1.039 \tag{6-24}$$

式中，x 为稻田淹水深度占植株高度的比例，经检验，二者关系达显著水平($P<0.05$)。

6.1.3.5　干旱、涝渍影响小麦/水稻叶面积指数的计算方法

W/RCSODS 模型中根据干物质分配系数、比叶面积(specific leaf area, SLA，叶片的单面面积与其干重之比)和叶片衰老速率计算叶面积指数(LAI)(金之庆等，2006)

$$LAI_{i+1} = LAI_i + \Delta W \cdot PC_g \cdot PC_l \cdot SLA_i - L_s \cdot LAI_i \tag{6-25}$$

式中，LAI_i 为出苗后第 i 天的叶面积，ΔW 为第 $i+1$ 天的干物质累积量，PC_g 为小麦、水稻地上部的分配系数，PC_l 为叶干重占地上部干重的比例，SLA_i 为出苗后第 i 天的比叶面积，L_s 为绿叶的相对日衰老速率。

其中 PC_g、PC_l 和 L_s 均参考 MACROS 模型分别进行干旱、涝(渍)胁迫影响订正。

另外还考虑了涝灾对水稻 LAI 的直接影响。采用试验资料拟合得到稻田不同淹水条件对 LAI 的影响率(Y_1)

$$Y_1 = -0.207 \cdot x + 1.1 \tag{6-26}$$

式中，Y_1 为不同稻田淹水条件对 LAI 的影响率，x 为稻田淹水深度占植株高度的比例。

利用江苏兴化 2011—2012 年度的小麦、水稻水分控制试验资料以及对应的逐日天气资料，调用经水分胁迫影响改进的 WCSODS 和 RCSODS，分别模拟了不同水分处理的冬小麦和水稻的 LAI(小麦以涝渍为例、水稻以干旱为例)，并与相应的水分适宜条件下的 LAI 进行了

比较。

由图 6-7 可见,小麦受涝渍胁迫影响,不同水分处理的 LAI 与水分适宜(对照)相比,均表现出不同程度的减小趋势,变化趋势基本一致,与生产实际相符。在水分不足和过量条件下叶面积指数模拟值与实测值的决定系数(R^2)为 0.965~0.982,经检验,相关性均达极显著水平($P<0.01$)。

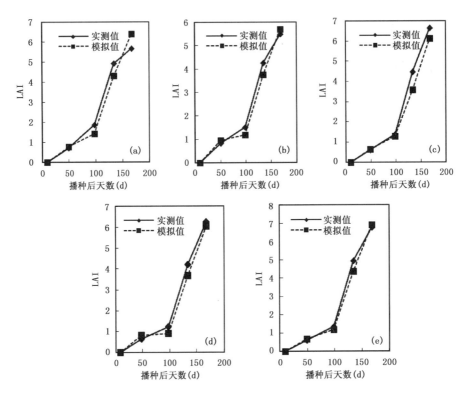

图 6-7　小麦品种扬麦 16 叶面积指数在不同时期及不同涝渍持续天数模拟值与实测值的比较
(a)拔节—孕穗期涝渍 10d;(b)拔节—孕穗期涝渍 20d;(c)抽穗—灌浆期涝渍 10d;
(d)抽穗—灌浆涝渍期 20d;(e)CK

水稻孕穗、抽穗和乳熟期受水分胁迫影响,其 LAI 与水分适宜(对照)相比,在不同阶段表现出不同程度的减小趋势,变化趋势基本一致,与研究区域的水稻生产实际相符(图 6-8)。叶面积指数模拟值与实测值的决定系数 R^2 为 0.950~0.988,经检验,相关性均达极显著水平($P<0.01$)。

6.1.3.6　水分胁迫小麦/水稻最终产量的模拟验证

以上从旱涝胁迫影响的多个生理生态层面,分别利用大田和盆栽的水分控制试验资料以及前人研究结论,获取了 W/RCSODS 中相关子模型的参数,并对干旱和涝渍胁迫订正因子的算法进行了测试、检验,进而分别对小麦/水稻生长模型的各个子模式进行了改进。通过相关子模式的嵌套或耦合,模拟最终产量,并与实测产量进行对比,以了解改进后模型的模拟能力和模拟效果以及能否适应淮河流域冬小麦、水稻旱涝损失评估的需要。

分别计算了不同水分条件下兴化 2011—2012 年小麦、水稻产量的模拟值与实测值间的决定系数(R^2)、平均绝对误差(MAE)和均方根误差(RMASE),可知产量模拟值和实测值在不同水分条件下的相关性均较好,并有一定精度。可用于研究区域小麦、水稻产量旱、涝灾害损失的精细化评估。如小麦涝渍产量模拟值与实测值间的 R^2 为 0.820,(MAE 和 RMSE 值分别为 $0.436kg/km^2$ 和 $0.502kg/km^2$,一季稻干旱产量模拟值与实测值间的 R^2 为 0.917,MAE 和 RMSE 值分别为 $0.551kg/km^2$ 和 $0.623kg/km^2$,均达极显著水平($P<0.01$)(图 6-9)。

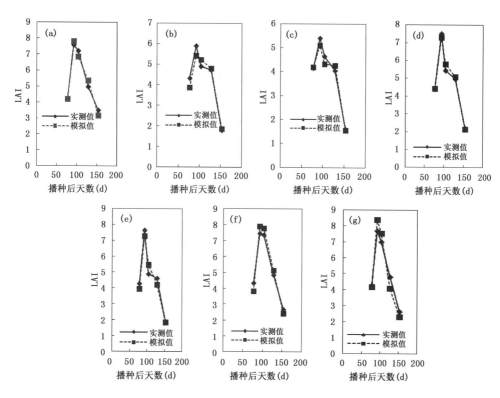

图 6-8　水稻品种淮稻 5 号叶面积指数在不同时期及不同水分控制条件下模拟值与实测值的比较

(a)水分适宜(CK);(b)孕穗期未见水 10d;(c)孕穗期未见水 20d;(d)抽穗期未见水 10d;

(e)抽穗期未见水 20d;(f)乳熟期相对湿度>60%;(g)乳熟期相对湿度<60%

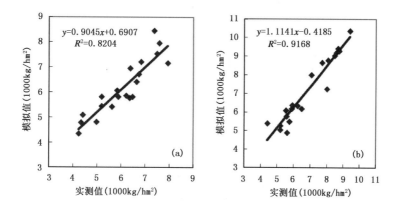

图 6-9　小麦涝渍(a)和水稻干旱(b)条件下 W/RCSODS 模型模拟产量与实际产量的比较

6.2　玉米生长模型在旱涝胁迫影响层面的改进

6.2.1　WOFOST 模型简介

WOFOST(WOrld FOod STudies)模型是世界粮食研究中心、瓦赫宁根农业大学和瓦赫宁根农业生物研究中心联合研制的作物生长通用模型(Supit 等,1994;Van Diepen 等,1989)。WOFOST 模型是 SUCROS 模型的实用简化形式。

WOFOST 模型能够逐日动态地模拟气候、土壤和水肥等环境因子影响下作物的生长发育过程(图 6-10)。模型通过每日吸收的太阳辐射和单叶的光合性能来计算作物的日潜在同化产物,一部分同化产物消耗于维持呼吸,剩下的被转化为结构干物质,在转化过程中又有一些同化产物被用于作物生长呼吸。模型同时还考虑了作物生长发育过程中叶片生理衰老对叶片枯死速率的影响,最终产生的干物质在根、茎、叶和贮存器官中进行分配,分配系数随发育阶段而不同。各器官的总干物重通过对每日分配到其中的同化产物进行积分得到。另外,模型包含大量有关作物遗传特性或品种生态类型的参数。通过改变相应参数可以应用于不同作物种类或品种。WOFOST 模型由气象、作物和土壤等三个模块构成。其中,气象模块用于输入和处理气象数据并驱动作物模块,作物模块描述作物对各种环境因子的动态响应。根据气象和作物模块的计算可以得出作物潜在生产力,再利用土壤模块考虑土壤养分与水分的运移来计算出作物水分胁迫生产力。

WOFOST 模型自研发至今,已经在多个国家和地区的多领域中得到了广泛应用。如作物产量预测、土地资源和利用的定量评价、气候变化对产量的影响评估及区域生产力水平的评价等。然而,WOFOST 模型主要是通过系统分析的方法对作物的生长发育过程进行了简化,许多有关作物的遗传特性或品种生态类型的参数只适用于一定的气候和地理环境,要准确模拟作物生长发育过程就必须确定能够适应当地条件的相关模型参数。

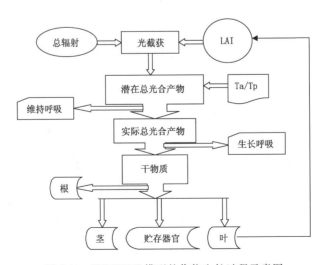

图 6-10　WOFOST 模型的作物生长过程示意图

6.2.2　WOFOST 模型在淮河流域的适应性研究

6.2.2.1　WOFOST 模型参数的确定

作物生长模型中作物的发育进程对其生长有明显的影响,因此准确模拟作物发育期尤为重要。WOFOST 模型中作物的发育期参数主要为完成不同生育阶段所需的有效积温,包括出苗到抽雄(TSUM1)和抽雄到成熟(TSUM2)的有效积温。玉米发育下限温度一般为 8℃,发育上限温度为 35℃。利用淮河流域各农业气象站点多年的夏玉米发育期及其对应的温度数据可以获得各站点历年的有效积温,然后以多年平均值作为该站点的发育参数。

WOFOST 模型的生长参数主要包括 CO_2 同化、维持呼吸、生长呼吸、干物质分配、叶片增长、根生长、器官死亡和水分利用等方面的参数。这些参数直接影响夏玉米的生物量积累和产量形成,但生物量对不同参数的敏感程度不同,因此需根据生长参数的生物学意义和敏感性制定不同的校准方案。一般情况下,对于不敏感的生长参数或敏感性较高但取值变化范围较小的生长参数,可以根据文献或模型默认值确定;对于敏感性较高且取值范围变化较大或与品种有关的生长参数,则先根据试验资料计算或查阅文献获得参数可能的取值范围,再利用"试错法"做适当调整。依据以上方案并利用淮河流域农业气象试验站数据计算可以获得 WOFOST 模型生长参数的取值。

6.2.2.2　WOFOST 模型的模拟检验

在 WOFOST 模型单点校准和参数确定的基础上,利用实测出苗期为模拟初始日期,以对应代表站点的逐日气象数据驱动 WOFOST 模型模拟夏玉米生长发育过程,与实际观测数据进行对比分析,以检验模型的适应性。其评价方式有模拟与实测结果的 1:1 图、决定系数、回归方程、平均偏差(ME)、平均绝对偏差(MAE)和均方根误差(RMSE)等指标。其中,平均偏差表示为:

$$ME = \frac{\sum_{i=1}^{N}(P_i - O_i)}{N} \tag{6-27}$$

式中:N 为样本数;P_i 和 O_i 分别为模拟值和观测值。

首先利用淮河流域及其邻近地区 18 个农业气象观测站 1992—2008 年的夏玉米观测数据进行 WOFOST 模型发育期参数的模拟检验。图 6-11 是 WOFOST 模型模拟淮河流域地区夏玉米发育期与实测值的 1:1 图。可以看出,2002—2008 年的回代检验中,出苗到抽雄天数的决定系数(R^2)为 0.62,平均偏差 0.9d,平均绝对偏差 2.3d,均方根误差 0.3d;抽雄到成熟天数的 R^2 为 0.44,平均偏差 −4.3d,平均绝对偏差 7.9d,均方根误差 1.6d,模拟结果较好。其中出苗到抽雄天数的模拟效果好于抽雄到成熟天数的模拟效果,部分原因可能是由于模拟抽雄到成熟天数积累了出苗到抽雄天数的模拟误差所致。

同时开展 WOFOST 模型在淮河流域夏玉米不同农业气候分区(见图 1-5)的发育期模拟效果回代检验(图 6-12,表 6-7)。可以看出,相对于Ⅰ区和Ⅲ区,Ⅱ区的模拟效果最好,模拟结果与实测值的相关系数在 0.77 以上,模拟抽雄期的均方根误差为 0.5d,模拟成熟期的均方根误差为 1.2d。利用 1992—2001 年的夏玉米观测数据进行独立样本模拟发育期检验发现,模拟误差有所升高,这与夏玉米品种改变和气候变化有关,但在较短时间内,发育参数仍较为稳定。总体来看,通过参数调整的 WOFOST 模型基本能够体现淮河流域夏玉米主要发育期的变化状况。

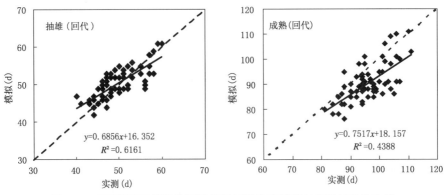

图 6-11　WOFOST 模拟淮河流域夏玉米生育进程与实测结果的比较

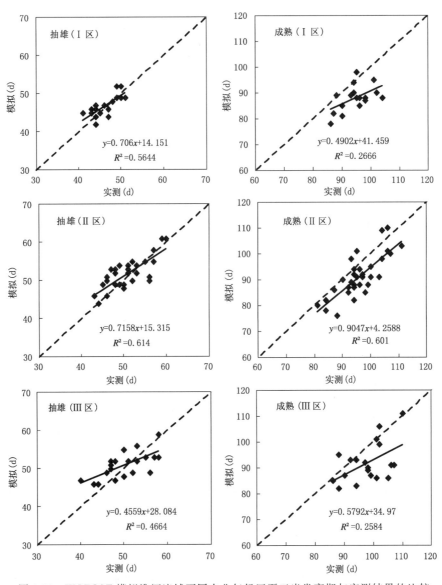

图 6-12　WOFOST 模拟淮河流域不同农业气候区夏玉米发育期与实测结果的比较

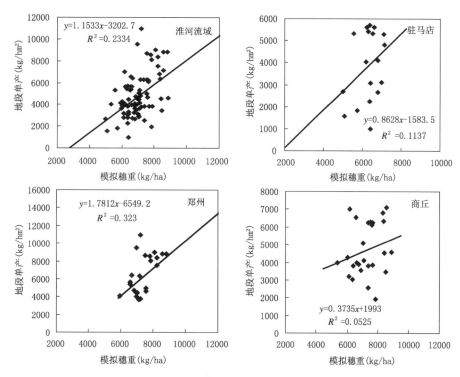

图 6-13 WOFOST 模拟淮河流域夏玉米穗干重与实际地段产量的比较

表 6-7 WOFOST 模拟淮河流域不同农业气候区夏玉米生育进程的误差分析

分区	平均偏差(d)		平均绝对偏差(d)		均方根误差(d)	
	抽雄	成熟	抽雄	成熟	抽雄	成熟
Ⅰ区	0.6	−6.8	1.6	7.3	0.5	2.0
Ⅱ区	1.0	−4.9	2.2	6.0	0.5	1.2
Ⅲ区	0.9	−1.2	3.3	11.7	0.8	5.0

其次利用淮河流域 3 个农业气象观测站 1982—2008 年夏玉米产量结构数据进行 WOFOST模型生长参数的模拟检验。图 6-13 为 WOFOST 模型模拟淮河流域多年夏玉米产量(最终穗重)的检验。可以看出,淮河流域多点多年模拟夏玉米最终穗重的决定系数 R^2 为 0.23,通过显著性水平检验。从单点看,郑州站多年夏玉米的模拟产量较好,决定系数 R^2 为 0.32,通过显著性水平检验;而商丘站多年模拟效果较差,决定系数 R^2 仅为 0.05,未通过显著性检验,这可能是由于最终穗重和产量并不完全等价,而利用地段单产来检验模拟的最终穗重,使得模拟检验效果变差。

6.2.3 WOFOST 模型在旱涝胁迫过程上的改进

WOFOST 模型中土壤水分仅通过相对蒸腾作用于作物叶片光合作用,而缺乏针对夏玉米生长过程各方面的具体描述,模拟效果常存在偏差。本节利用淮河流域及邻近地区多站多年的试验数据建立水分影响夏玉米生育进程、光合作用、干物质分配以及叶面积增长过程等方面的子模式,以此改进 WOFOST 模型。

6.2.3.1　土壤水分影响夏玉米发育子模式构建

作物生长需要一个连续的发育阶段。一般来说,夏玉米开花前的发育速率主要取决于温度和日长,开花后温度将起主导作用,但田间试验发现土壤水分对发育进程也起着延缓或促进作用。因此,t 时刻夏玉米的发育速率(D_t)可以描述为

$$D_t = f(D_{t,T}, f_{t,red}, D_{t,sm}) \qquad (6\text{-}28)$$

式中 $D_{t,T}$、$f_{t,red}$ 和 $D_{t,sm}$ 分别为温度、光周期和土壤水分影响项。具体表现为

$$D_t = D_{t,T} \cdot f_{t,red} + D_{t,sm} \qquad (6\text{-}29)$$

其中水分影响项为

$$D_{t,sm} = f(s_m) \qquad (6\text{-}30)$$

式中,s_m 为土壤相对湿度。

玉米水分控制田间试验发现,水分胁迫对玉米发育进程有一定影响,但从少量的试验数据中无法给予定量描述。本研究尝试利用淮河流域和邻近地区农业气象观测站的多年观测数据进行玉米土壤水分影响发育期的定量研究,以便建立相关模式。首先将温度影响项剔除,然后再探讨与水分的关系。以玉米实际发育进程与 WOFOST 中温度模式模拟结果求差,在没有其他因素影响的假定下认为该差值为土壤水分的影响项。图 6-14 为该差值与土壤湿度的相关关系。可以看出,土壤湿度的增加将促使玉米营养生长阶段的发育加速,导致抽雄期提前。

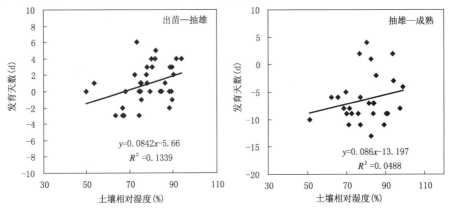

图 6-14　夏玉米发育进程与土壤水分的关系(1992—2001 年)

通过发育速度差和土壤相对湿度的关系构建土壤水分影响玉米生育期进程的子模式

$$f(s_m) = -0.08 \cdot s_m + 5.66 \quad (s_m \leqslant s_{mc,max}) \qquad (6\text{-}31)$$

$$f(s_m) = 0 \quad (s_m > s_{mc,max}) \qquad (6\text{-}32)$$

式中,$s_{mc,max}$ 为田间持水量。利用改进后的夏玉米发育子模式与只考虑温度影响的发育子模式进行对比检验(图 6-15),发现改进后模拟出苗至抽雄天数的平均绝对偏差从 2.35d 降低到 2.26d,均方根误差从 0.34 降低到 0.33,相关系数从 0.78 提高到 0.80。可见,改进后的夏玉米发育子模式模拟效果得到了一定的提高。

6.2.3.2　土壤水分影响夏玉米生长子模式构建

作物的生长过程主要和光合作用、维持呼吸、生长呼吸、干物质分配、叶片增长、器官死亡以及水分利用等有关。夏玉米不同时刻(t)的生长速率($G_{t,i}$)可以描述为

$$G_{t,i} = f(A_{p,t}, R_{m,t}, R_{g,t}, F_{i,t}, LAI_{g,t}) \qquad (6\text{-}33)$$

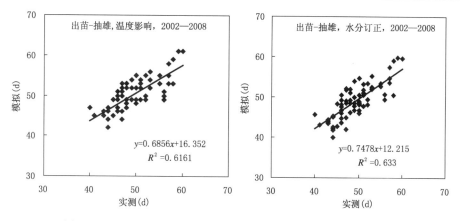

图 6-15　WOFOST 生育进程子模式改进前（左）后（右）的模拟效果

式中，$A_{p,t}$ 为光合作用影响项，$R_{m,t}$ 和 $R_{g,t}$ 分别为维持呼吸和生长呼吸，$F_{i,t}$ 为干物质分配影响项，$LAI_{g,t}$ 为叶面积影响项，$i=1,2,3$ 分别代表作物叶、茎和贮存器官。

土壤水分对作物生长过程的影响在 WOFOST 模型中仅通过相对蒸腾影响潜在光合速率来体现

$$A_t = A_{p,t} \cdot T_{a,t}/T_{m,t} \tag{6-34}$$

式中，A_t 为实际净光合速率 $\mu molCO_2 \cdot m^{-2} \cdot s^{-1}$；$A_{p,t}$ 为潜在净光合速率 $\mu molCO_2 \cdot m^{-2} \cdot s^{-1}$，它是最大净光合速率（$A_m$）和光强（$I$）的函数；$T_{a,t}$ 为实际蒸腾速率 $mmol \cdot m^{-2} \cdot s^{-1}$，$T_{m,t}$ 为潜在蒸腾速率 $mmol \cdot m^{-2} \cdot s^{-1}$。但试验发现，土壤水分对作物的最大光合能力、干物质分配以及叶面积扩展都有影响，可以分别描述为

$$A'_m = f(A_m, s_m) \tag{6-35}$$
$$F'_{i,t} = f(F_{i,t}, s_m) \tag{6-36}$$
$$LAI'_{g,t} = f(LAI_{g,t}, s_m) \tag{6-37}$$

式中，A'_m，$F'_{i,t}$，$LAI'_{g,t}$ 分别为水分胁迫条件下夏玉米最大净光合速率 $\mu molCO_2 \cdot m^{-2} \cdot s^{-1}$，分配系数和叶面积指数。$s_m$ 为土壤相对湿度。其中，干旱和涝渍对夏玉米光合作用、干物质分配和 LAI 增长的影响可具体表述为土壤水分对最大光合速率；比叶面积和干物质分配比例系数的影响。利用淮河海流及邻近地区域夏玉米田间水分试验数据可以定量确定这些影响，并构建相关子模式。

（1）干旱影响夏玉米光合能力子模式构建

比较水分控制试验中不同水分处理观测到的最大光合速率（A_{max}），以最大的 A_{max} 为水分适宜时的结果，则其余观测结果与它的差为水分亏缺导致 A_{max} 的降低。以 A_{max} 差与实测土壤相对湿度与适宜土壤相对湿度的差值建立相关关系（图 6-16）。结果表明，两者间基本为线性关系，相关程度达到显著水平（$P<0.05$）。说明较大幅度的土壤湿度变化将明显影响 A_{max}，土壤湿度降低导致最大光合能力降低。由此构造得干旱影响夏玉米最大光合能力的子模式：

$$A'_m = A_m + f(s_m) \tag{6-38}$$
$$f(s_m) = 0.346(s_m/s_{mfc} - 1) \quad (s_m \leqslant s_{mfc}) \tag{6-39}$$
$$f(s_m) = 0 \quad (s_m > s_{mfc}) \tag{6-40}$$

式中，A_m 为潜在条件下的夏玉米最大净光合速率 $\mu molCO_2 \cdot m^{-2} \cdot s^{-1}$，$A'_m$ 为干旱条件下的

最大净光合速率 $\mu molCO_2 \cdot m^{-2} \cdot s^{-1}$，$s_m$ 为土壤相对湿度，s_{mfc} 为田间持水量。

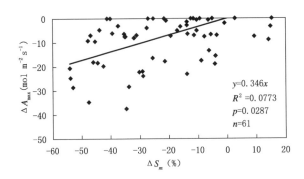

图 6-16　土壤相对湿度（s_m）对夏玉米叶片最大光合速率（A_{max}）的影响

（2）干旱影响夏玉米叶面积扩展子模式构建

用与土壤水分影响最大光合速率子模式构建的同样方法，建立了不同水分条件下比叶面积差与土壤相对湿度差之间的相关关系（图 6-17）。可以看出，二者之间存在极显著的线性相关（$P<0.01$），土壤湿度增加将导致比叶面积降低，使叶片变薄，从而在一定程度上弥补了由于干旱胁迫导致光合产物不足引起的叶片扩张乏力，这也可能是玉米叶片生长对逆境的适应。干旱影响夏玉米比叶面积子模式可以描述为

$$SLA' = SLA + f(s_m) \tag{6-41}$$

$$f(s_m) = -0.08(s_m/s_{mfc} - 1)/10^{-4} \quad (s_m \leqslant s_{mfc}) \tag{6-42}$$

$$f(s_m) = 0 \quad (s_m > s_{mfc}) \tag{6-43}$$

式中，SLA 为潜在条件下比叶面积，SLA' 为干旱条件下的比叶面积，S_m 为土壤相对湿度，s_{mfc} 为田间持水量。

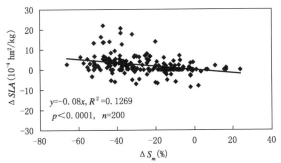

图 6-17　土壤相对湿度（s_m）对夏玉米比叶面积（SLA）的影响

（3）干旱影响夏玉米干物质分配子模式构建

同样地，建立了不同水分条件下干物质分配系数差与土壤相对湿度差之间的定量关系，分别通过了显著性水平检验。可以看出，在夏玉米营养生长阶段，土壤水分降低将导致光合产物更多地向茎秆而减少向叶片的分配。夏玉米生殖阶段的土壤水分降低使光合产物减少向贮存器官分配而增加向茎秆的分配（图 6-18）。由此建立了干旱影响夏玉米干物质分配子模式

$$F'_{lso} = F_{lso} + f_1(s_m) \tag{6-44}$$

$$f(s_m) = a \cdot \ln(100 + s_m) + b \text{ 或 } f(s_m) = a \cdot s_m + b \quad (s_m \leqslant s_{mfc}) \tag{6-45}$$

$$f(s_{\mathrm{m}})=0 \quad (s_{\mathrm{m}}>s_{\mathrm{mfc}}) \tag{6-46}$$

式中 F'_{lso} 为不同水分条件下夏玉米各器官的分配系数，F_{lso} 为潜在条件下夏玉米各器官的分配系数，s_{mfc} 为田间持水量，a,b 为系数（表 6-8）。

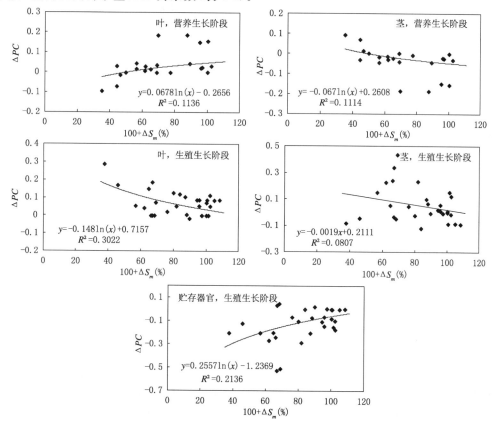

图 6-18　土壤相对湿度(s_{m})对夏玉米不同生长阶段干物质分配系数(PC)的影响

表 6-8　干旱影响夏玉米干物质分配子模式中 a,b 系数的取值

系数	营养生长阶段		生殖生长阶段		
	叶	茎	叶	茎	穗
a	0.0678	−0.067	−0.148	−0.0019	0.2557
b	−0.2656	0.2608	0.7157	0.2111	−1.2369

（4）涝渍影响夏玉米干物质分配子模式构建

利用淮河流域及邻近地区夏玉米田间水分试验数据分析涝渍对干物质分配的影响（图 6-19）。可以看出，前期发生 3 天以上涝渍将使干物质在抽雄期更多地向茎分配，而减少向叶和穗的分配，在乳熟期则更多地分配到茎和叶，而减少向穗的分配。由此构建了涝渍影响夏玉米干物质分配子模式：

$$F'_{\mathrm{lso}}=F_{\mathrm{lso}}+a \tag{6-47}$$

式中，a 为系数，取值见表 6-9。

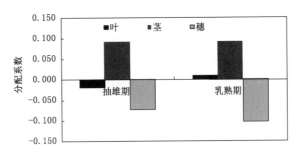

图 6-19　不同发育期涝渍对夏玉米干物质分配系数的影响

表 6-9　涝渍影响夏玉米干物质分配子模式中 a 系数的取值

系数	1.0<DVS<1.5			DVS≥1.5		
	叶	茎	穗	叶	茎	穗
a	−0.019	0.092	−0.073	0.01	0.093	−0.103

DVS:作物发育指数。

6.3　本章小结

（1）进行了 W/RCSODS（小麦/水稻）和 WOFOST（玉米）模型在淮河流域的适应性研究。利用多个站点作物试验资料,对各作物模型的发育参数和生长参数进行调试,并对调试结果进行了适应性检验,达到了预期目标。

（2）利用淮河流域及其邻近地区作物试验数据分析了土壤水分影响作物发育进程、光合能力、干物质分配及叶面积消长的规律,建立了相关子模式,用以改进 W/RCSODS（小麦/水稻）和 WOFOST（玉米）模型,最终建立了适用于淮河流域地区、可详细地描述旱涝胁迫过程的作物生长模型。试验观测表明,冬小麦出苗与土壤相对湿度和土壤温度显著相关,由此建立了出苗期的二元回归子模式;利用土壤含水量、渍水持续天数及土壤水文常数分别建立了旱涝影响小麦、干旱影响水稻光合速率及根冠比的订正子模式;根据田间试验数据建立了旱涝对冬小麦、水稻叶分配、光合累积量向穗部转移的子模式,并拟合得到不同淹水深度对水稻经济系数的影响率。经过以上各子模式的改进,W/RCSODS 模型对旱涝胁迫下的作物生长模拟结果与实测值表现出较高的一致性。试验观测还表明,土壤相对湿度降低使玉米发育速度减缓、叶片光合能力减弱,但叶片变薄（比叶面积增加）而有利于扩张;营养阶段的干旱或涝渍均减少光合产物向叶片的分配,而生殖阶段的旱或涝可导致向贮存器官分配的减少。根据旱涝造成的玉米生长发育变化量与土壤相对湿度的相关关系建立子模式,嵌套至 WOFOST 模型,使其对夏玉米生长发育的模拟能力得到一定提高。

参考文献

曹宏鑫,葛道阔,赵锁劳,等.2010.对计算机模拟在作物生长发育研究中应用的评价[J].麦类作物学报,**30**
　　(1):183-187.
高亮之,金之庆,黄耀,等.1992.水稻栽培计算机模拟优化决策系统（RCSODS）[M].北京:中国农业科技出
　　版社.

高亮之,金之庆,葛道阔,等.2001.水稻光合－蒸散耦合模型与不同株型的水分利用效率[J].江苏农业学报,**17**(3):135-142.

高亮之,金之庆,郑国清,等.2000.小麦栽培模拟优化决策系统(WCSODS)[J].江苏农业学报,**16**(2):65-72.

高亮之.2004.农业模型学基础[M].香港:天马图书有限公司.

葛道阔,曹宏鑫,吕淞霖,等.2013.基于干旱胁迫的水稻栽培模拟优化决策系统(RCSODS)的订正与检验[J].江苏农业学报,**29**(6):1193-1198.

葛道阔,曹宏鑫,张利华,等.2012.WCSODS 中小麦生育期模型在淮河流域旱涝胁迫环境下的改进[J].江苏农业学报,**28**(4):722-727.

葛道阔,金之庆,高亮之.2004.WCSODS 在江苏省优质饼干小麦栽培上的应用[J].江苏农业科学,(4):21-23.

胡继超,曹卫星,罗卫红,等.2004.小麦水分胁迫影响因子的定量研究 Ⅱ:模型的建立与测试[J].作物学报,**30**(5):460-464.

金之庆,石春林.2006.江淮平原小麦渍害预警系统(WWWS)[J].作物学报,**32**(10):1458-1465.

马新明,张娟娟,刘合兵,等.2008.基于氮素胁迫的 WCSODS 模型订正与检验[J].中国农业科学,**41**(2):391-396.

潘志华,龚绍先.1998.环境因子有效性与春小麦生育期模型的建立[J].中国农业大学学报,**3**(3):41-47.

王石立,马玉平.2008.作物生长模拟模型在我国农业气象业务中的应用研究进展及思考[J].气象,**34**(6):3-10.

吴玮.2013.基于 GECROS 模型的黄淮海地区夏玉米旱涝灾害评估研究[D].南京信息工程大学.

严美春,曹卫星,罗卫红,等.2000.小麦发育过程及生育期机理模型的研究 I:建模的基本设想与模型的描述[J].应用生态学报,**11**(3):355-359.

Janssen P H M, Heuberger P S C. 1995. Calibration of process-oriented models [J]. *Ecological Modeling*, **83**:55-66.

Penning de Vries F W T, Jansen D M, ten Berge H F M, et al. 1989. Simulation of ecophysiological processes of growth in several annual crops[M]. Wageningen and IRRI: PUDOC Press.

Supit I, Hooyer A A, van Diepen C A. 1994. System description of the WOFOST 6.0, crop simulation model implemented in CGMS, vol. 1: Theory and algorithms. EUR publication 15956, Agricultural series, Luxembourg.

Van Diepen C A, Wolf J, Van Keulen H, et al. 1989. WOFOST: a simulation model of crop production. *Soil Use Manage*, 516-24.

第7章　基于作物生长模型的农作物旱涝灾损评估

　　作物生长模型以气象、土壤等要素为环境驱动因子,能够模拟潜在生产条件(指水分、肥力等其它条件能够满足作物生长仅受温度和辐射的影响)下和受灾气象等环境因子作用下的作物生育进程以及生物量积累过程,因而可以根据二者的差异来评估作物不同生育阶段的旱涝受灾损失情况。它在农业气象灾害评估中的优势在于能够就环境气象变量对作物生长发育和产量形成的影响给出比较明确合理的解释,机理性强、外推效果好,可以实现不同年型和地域的动态决策和气候应变管理。在第 6 章 W/RCSDOS 和 WOFOST 模型本地化和水分影响改进的基础上,本章主要介绍利用作物生长模型进行淮河流域三大农作物(冬小麦、夏玉米和一季稻)水分敏感性分析、作物旱涝灾损指标确定,以及开展作物旱涝灾害损失评估的方法和应用。

7.1　基于作物生长模型的冬小麦旱涝灾损评估

7.1.1　基于作物生长模型的冬小麦旱涝敏感性分析

　　评估旱涝灾害对作物生长造成的损失,首先要了解作物不同发育阶段对水分胁迫的敏感程度。利用面向生长过程的作物生长模型,以水分条件变化后模拟生物量的变化量(相对变率)为指标,可以进行冬小麦旱涝敏感性分析。其得到的结果机理性强,更具说服力。水分条件一般由某发育阶段降水量、麦田初始土壤含水量(100cm)和某发育阶段实际根生长深度(简称根层)土壤相对湿度体现,变化幅度设为增加或减少 50%。由于初始土壤含水量的大小对冬小麦生长影响较大,不同初始土壤含水量可能导致冬小麦对旱涝的敏感性出现差异,因此假设两种初始状况,即根层土壤相对湿度(WAV)分别为 40% 和 70%,代表土壤干旱和土壤水分适宜。

　　在淮河流域境内选择 3 个代表站点:丰县、蒙城和凤阳,开展 48a(1961—2008 年)的逐年冬小麦生长模拟,分析 3 站多年冬小麦敏感性的平均表现,并比较不同站点的差异。

7.1.1.1　冬小麦对降水量的敏感性

　　图 7-1 为降水量变化后冬小麦最终地上总干重(TAGP)和麦穗干重(DWP)相对变率的三站平均值,即水分条件变化后,上述干重相对于降水量不变时的变化百分比,下同。由图 7-1 可见,当冬小麦各发育期降水量增加 50% 时,若麦田初始土壤相对湿度为 40%,则旱情缓解,地上总干重和麦穗干重有所增加;而若麦田初始土壤含水量为 70%,则涝渍发生,地上总干重和麦穗干重减少,其中最敏感时段为孕穗期,其次是抽穗期。地上总干重和麦穗干重因涝减少幅度大于旱情缓解的增加幅度。当降水量减少 50% 时,若麦田初始土壤相对湿度为 40%,则旱情加重,地上总干重和麦穗干重明显减少,表现敏感的孕穗期和抽穗期减幅达 42.4%～57.1%;若麦田初始土壤含水量为 70%,则旱情发生,地上总干重和麦穗平均干重有所减少,

敏感时段也为孕穗期和抽穗期,减少幅度为 $13.6\%\sim18.4\%$。从各站情况看,凤阳、蒙城干重减幅较小,而丰县干重减幅较大。分析其原因,与各地冬小麦生长季的降水量有关。丰县冬小麦生长季降水量只有 245mm,而凤阳和蒙城分别达到 335mm 和 343mm。当降水量减半时,降水量少的地区减产幅度必定大于降水量相对富裕的地区。

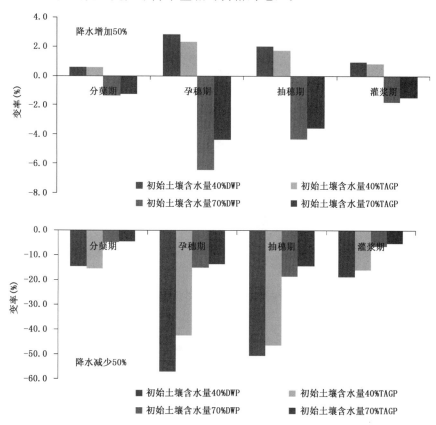

图 7-1　降水量变化后冬小麦最终地上总干重(TAGP)和麦穗干重(DWP)的变率

7.1.1.2　冬小麦对麦田初始土壤含水量的敏感性

图 7-2 为麦田初始土壤相对湿度变化后(其后的水分条件保持正常状态)冬小麦最终地上总干重(TAGP)和麦穗干重(DWP)的相对变率。由图可以看出,在麦田初始土壤含水量增加 50% 情况下,当初始土壤相对湿度由 40% 升至 60% 后,旱情缓解,冬小麦最终地上总干重(TAGP)和麦穗干重(DWP)表现增加,其中孕穗期和抽穗期表现敏感,干重增加幅度为 $7.2\%\sim14.2\%$,而初始土壤含水量由 70% 升至 105% 时,则造成严重涝渍,冬小麦最终地上总干重(TAGP)和麦穗干重(DWP)减少,表现敏感的孕穗期和抽穗期干重减少幅度为 $12.1\%\sim18.5\%$。反之,在麦田初始土壤含水量减少 50% 情况下,几乎所有试点都发生严重干旱,导致TAGP 和 DWP 显著下降,以孕穗抽穗期影响最大。

7.1.1.3　冬小麦对根层土壤相对湿度的敏感性

图 7-3 为各生育阶段的根层土壤相对湿度变化后冬小麦最终地上总干重(TAGP)和麦穗干重(DWP)的变率。可以看出,一般情况下,无论麦田初始土壤含水量(土壤相对湿度)多寡,不

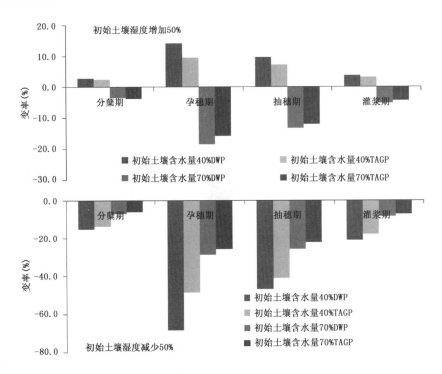

图 7-2　麦田初始土壤含水量变化后冬小麦最终地上总干重(TAGP)和麦穗干重(DWP)的变率

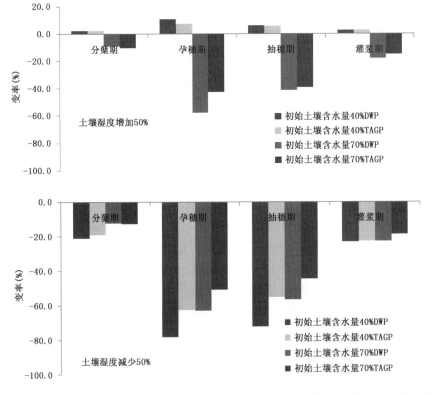

图 7-3　根层土壤湿度变化后冬小麦最终地上总干重(TAGP)和麦穗干重(DWP)的变率

同生育阶段根层土壤相对湿度增减 50% 都将导致最终地上部分总干重和麦穗干重不同程度的变化,对不同生育阶段的影响程度,均为孕穗期>抽穗期>灌浆期>分蘖期。

土壤相对湿度增加 50% 时,若初始土壤含水量为 40%,干旱缓解,地上部分总干重有小幅增加,若初始土壤相对湿度是 70%,土壤则处于过湿状态,干重明显下降;而土壤相对湿度减少 50% 时,若初始土壤含水量为 40%,旱情明显加剧,干重减少幅度最大,而若初始土壤含水量为 70%,则旱情普遍发生,干重降低。穗干重变化程度多大于总干重。分析不同区域冬小麦生长对根层土壤湿度的敏感性发现:在降水量相对较少、土壤初始水分较低的地区,冬小麦对根层土壤湿度减少的敏感性明显地高于对土壤湿度增加的敏感性;从整个区域冬小麦干重平均变化看,冬小麦对土壤湿度减少亦比对土壤湿度增加更为敏感。

通过各代表站冬小麦不同发育期对降水量、麦田初始土壤含水量和根层土壤相对湿度的敏感性分析确定了冬小麦受旱涝灾害影响的敏感时段。冬小麦对干旱和涝渍的敏感时段为拔节孕穗期以及抽穗开花期,冬小麦产量积累比整个地上部干重积累对水分变化更为敏感。其原因可能与此阶段为冬小麦营养生长和生殖生长并进阶段,是冬小麦各产量因素建成的关键时期有关。

通过对比各代表站不同发育期降水量、初始土壤相对湿度和根层土壤相对湿度变化后冬小麦穗干重(DWP)和总干重(TAGP)的变率,尤其是敏感时段孕穗期、抽穗期的 DWP 变率,可以发现,干旱对冬小麦干重的影响大于涝渍的影响,因此,从淮河流域的平均状况而言,冬小麦生产对干旱的敏感性要高于对涝渍的敏感性。

7.1.2　基于作物生长模型的冬小麦站点旱涝灾损评估

7.1.2.1　冬小麦旱涝灾损指数的定义和检验

当冬小麦发生干旱时,土壤湿度降低,作物的干旱响应主要表现在生育过程中生长量(干重)下降和最终产量降低。改进后的 WCSODS 模型可以模拟水分适宜条件和水分胁迫条件下的冬小麦生长过程,两者间的差异可以确定干旱造成的冬小麦生长损失。考虑到实际应用的时效需求,定义了出苗以来和近 20d 的干旱灾损指数和涝渍灾损指数,用于冬小麦生长季不同时段的旱涝灾害损失精细化评估。

为了描述冬小麦出苗以来所遭受到的干旱,首先假定评估当日之后的气象条件正常,并利用多年平均气象数据代替,然后以水分胁迫造成模拟成熟期籽粒干重的损失率(%),定义冬小麦干旱灾损指数(WDI_{em})为

$$WDI_{em} = \frac{WWSO_{pet} - WWSO_{lmt}}{WWSO_{pet}} \times 100\% \tag{7-1}$$

式中,$WWSO_{pet}$ 和 $WWSO_{lmt}$ 分别为适宜水分和实际水分条件下的冬小麦籽粒干重(kg/hm^2)。

近 20d 的冬小麦干旱灾损指数(WDI_{20})定义为该时段前后模拟地上生物量遭受干旱的损失率(%)

$$WDI_{20} = \frac{(WAGP_{pet,i} - WAGP_{pet,i-20}) - (WAGP_{lmt,i} - WAGP_{lmt,i-20})}{WAGP_{pet,i} - WAGP_{pet,i-20}} \times 100\% \tag{7-2}$$

式中,$WAGP_{pet}$ 和 $WAGP_{lmt}$ 分别为适宜水分和实际水分条件下的植株地上总干重(kg/hm^2),i 为评估日的年内日序。

同样地,当麦田土壤水分过多发生涝渍灾害时,定义水分正常和水分过多状况下冬小麦的

生物量积累间的相对差异(%)为涝渍灾损指数。出苗以来(WDI$_{em}$)和近 20d(WDI$_{20}$)的冬小麦涝渍灾损指数为

$$WDI_{em} = \frac{WWSO_{lmt} - WWSO_{wlg}}{WWSO_{lmt}} \times 100\% \tag{7-3}$$

$$WDI_{20} = \frac{(WAGP_{lmt,i} - WAGP_{lmt,i-20}) - (WAGP_{wlg,i} - WAGP_{wlg,i-20})}{WAGP_{lmt,i} - WAGP_{lmt,i-20}} \times 100\% \tag{7-4}$$

式中,WWSO$_{wlg}$和 WAGP$_{wlg}$分别为考虑水分过多时作物生长积累的籽粒干重(kg/hm^2)和地上总干重(kg/hm^2)。

利用淮河流域冬小麦代表站实际减产率对全生育期干旱灾损指数和涝渍灾损指数进行了检验。从图 7-4 可以看出,站点平均干旱灾损指数(a)、涝渍灾损指数(b)与实际减产率的相关系数(r)分别为 0.6172(P<0.05)和 0.6656(P<0.01),干旱灾损指数和涝渍灾损指数均能较好地反映冬小麦的实际减产情况。

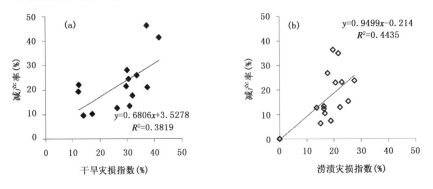

图 7-4　淮河流域冬小麦干旱灾损指数(a)、涝渍灾损指数(b)与实际减产率的相关关系

7.1.2.2　站点冬小麦旱涝灾害损失评估

利用淮河流域各代表站 1972—2008 年逐日气象数据驱动改进后的 WCSDOS 模型,计算逐年全生育期旱涝灾损指数,可进行站点冬小麦历年旱涝灾害损失评估。

从淮河流域代表站干旱灾损指数和涝渍灾损指数的多年平均值可以看出,淮河流域不同冬麦区受干旱影响造成损失的差别较大,损失率北高南低,有明显的纬向分布特点,Ⅰ区的沂源和Ⅱ区的郑州、Ⅲ区的东海干旱灾损指数分别为 32.6%、26.3%和 22.3%,而Ⅳ区的淮南、六安、信阳和兴化等地仅为 0.2%~6.6%(图 7-5a);淮河流域不同冬麦区中,涝渍灾损指数的区域分布趋势相反,Ⅳ区的安徽六安最高,为 22.6%,Ⅰ区的沂源和Ⅱ区郑的州仅为 0.4%和 0.6%(图 7-5b)。

从淮河流域代表站冬小麦干旱和涝渍灾损指数的逐年变化看,冬小麦产量因旱损失程度有随着年代降低的变化趋势,但未通过显著性检验,与冬小麦生长季降水量呈不显著递减趋势有关。全流域冬小麦干旱损失最严重和比较严重的年份主要包括 2000 年、1986 年、1978 年和1981 年、1982 年。从分区情况看,1988 年的旱灾情况区域差异较大,以Ⅰ区的沂源干旱灾损最为严重,Ⅱ区的郑州和Ⅲ区的东海干旱灾损程度明显降低(图 7-6),与实际典型旱灾年较为吻合。冬小麦涝渍灾损指数没有随年代变化趋势,但年际波动大,其中,2002 年、1998 年和1993 年等年份涝渍严重(图 7-7),与实际的典型涝渍年较为吻合。

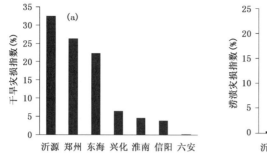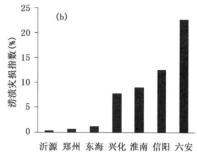

图 7-5　淮河流域代表站干旱灾损指数(a)和涝渍灾损指数(b)的多年平均

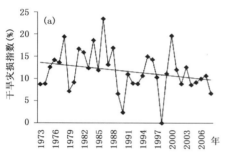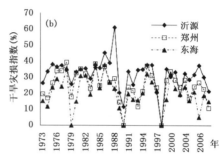

图 7-6　淮河流域代表站冬小麦干旱灾损指数的逐年变化(a:平均值,b:站点值)

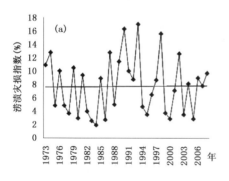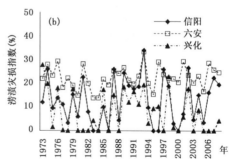

图 7-7　淮河流域代表站冬小麦涝渍灾损指数的逐年变化(a:平均值,b:站点值)

7.2　基于作物生长模型的夏玉米旱涝损失评估

7.2.1　基于作物生长模型的夏玉米旱涝敏感性分析

与冬小麦旱涝敏感性分析方法一样,本节开展淮河流域夏玉米对旱涝的敏感性分析。其中,夏玉米田初始土壤含水量的深度为150cm,三个代表站点为郑州、驻马店和莒县。

7.2.1.1　夏玉米对降水量的敏感性

图 7-8 为某发育阶段降水量变化后夏玉米最终地上总干重(TAGP)和贮存器官干重

（WSO）的相对变率。可以看出，一般情况下，无论初始土壤水分的多寡，若不同生育阶段的降水量增加或减少都相应导致最终地上总干重和贮存器官干重增加或减少。当初始土壤较干时（相对湿度为40％），若降水量增加50％，则旱情缓解，储存器官干重明显增加，且以拔节到抽雄、抽雄到乳熟阶段增加最为明显，达1.4％～1.6％；若降水量减少50％，则旱情显著加重，其中以抽雄到乳熟阶段的降水减少可使贮存器官干重减少最多，为2.6％。当初始土壤水分正常时（相对湿度为70％），若出苗到七叶、七叶到拔节期间降水量增加50％，则可能出现涝渍，导致最终贮存器官干重减少0.6％左右，而拔节以后再增加降水量，则对最终贮存器官仍然是正效应，表明夏玉米对涝灾的反应在发育前期比中后期更敏感；而当降水量减少50％时，旱情出现，抽雄到乳熟阶段的降水量减少使贮存器官干重减少1.8％。另外，土壤水分变化对储存器官干重的影响要显著大于地上总干重。从夏玉米对缺水和水分过多影响干重的变化情况看，夏玉米对缺水的敏感性远高于水分过多。

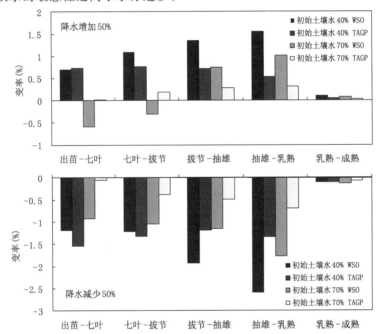

图7-8　降水量变化后夏玉米最终地上总干重（TAGP）和贮存器官干重（WSO）的变率

　　图7-9为不同地区夏玉米生长对降水量的敏感性，其初始土壤含水量均设为40％。可以看出，夏玉米对降水量的敏感性驻马店和郑州较莒县高。特别是抽雄到乳熟阶段，当降水量减少50％时驻马店和郑州夏玉米的WSO降水量减少50％，最终降低了3.8％～4.2％，而莒县仅降低1.2％。分析三个地区夏玉米生育期间的降水情况发现，驻马店和郑州的降水量相对于莒县小。这表明降水量相对较少地区的夏玉米对降水量变化更敏感。

7.2.1.2　夏玉米对初始土壤含水量的敏感性

　　图7-10为初始土壤含水量（土壤相对湿度）变化后夏玉米最终地上总干重（TAGP）和贮存器官干重（WSO）的相对变率。可以看出，初始土壤含水量对夏玉米最终产量有很大影响，初始土壤含水量越低，其变化对夏玉米最终产量的影响越大。一般情况下，无论表层（SMLIM）或整层（WAV）的土壤含水量发生增减，则最终生物量也发生相应增减。只有在整

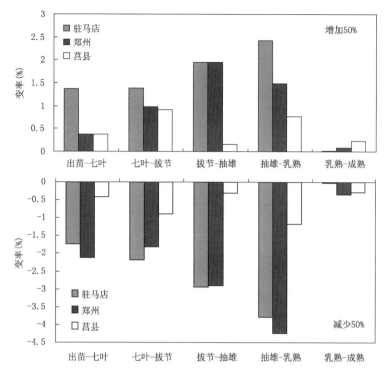

图 7-9　降水量变化后不同地区夏玉米最终贮存器官干重(WSO)的变率

层土壤含水量较高时(70%),再增加 50% 将出现涝渍,导致最终生物量降低,贮存器官干重降低 7% 左右,而地上总干重降低达 16%。WAV 较低时(40%),再减少 50% 将导致严重干旱,使最终产量损失明显,WSO 降低了 22%,而 TAGP 降低达 29%。整层土壤初始水分变化对夏玉米干重的影响大于表层。

　　与夏玉米生长对降水量的敏感性相比,初始土壤含水量对最终产量的影响要大得多,甚至大 1 个量级。不同区域的土壤初始含水量对夏玉米生长的敏感性分析发现,降水量相对较少地区的夏玉米对土壤初始含水量变化更敏感。

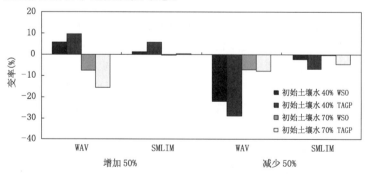

图 7-10　初始土壤含水量变化后夏玉米 TAGP 和 WSO 的变率

(WAV 为整层,SMLIM 为表层)

7.2.1.3　夏玉米对根层土壤湿度的敏感性

　　图 7-11 为某发育阶段根层土壤湿度变化后夏玉米 TAGP 和 WSO 的相对变率。可以看

出，一般情况下，无论初始土壤水分多寡，若不同生育阶段的根层土壤湿度增减都将导致最终地上总干重和贮存器官干重相应增减。当初始土壤较干时（土壤相对湿度为 40%），若根层土壤相对湿度增加 50%，旱情得到缓解，将导致地上总干重增加 7% 左右；而土壤相对湿度降低 50%，旱情进一步加剧，将导致地上总干重减少达 48%，贮存器官干重也降低 33%。当初始土壤水分正常时（土壤相对湿度为 70%），拔节到抽雄阶段，增加土壤水分则可能出现涝渍，导致最终贮存器官干重降低。总体来看，出苗到七叶，抽雄到乳熟阶段的土壤湿度对夏玉米生长量以及产量积累的影响较大，而乳熟到成熟的土壤湿度对夏玉米产量影响较小。不同区域的根层土壤湿度对夏玉米生长的敏感性分析发现，降水量相对较少地区的夏玉米对根层土壤湿度的变化更敏感。

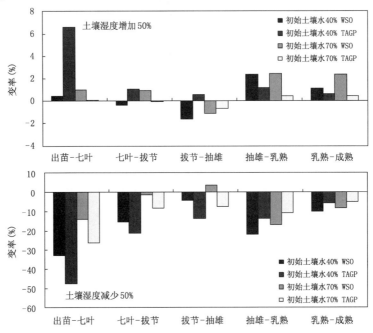

图 7-11　根层土壤相对湿度变化后夏玉米 TAGP 和 WSO 的变率

　　通过夏玉米生长发育对不同生育时期、不同区域的降水量、初始土壤含水量和根层土壤相对湿度的敏感性分析确定了夏玉米受旱涝灾害的敏感时段。夏玉米对干旱的敏感时段一般为抽雄—乳熟期，这与多个观测研究结果一致（孙景生等，1999；郭晓华等，2000；纪瑞鹏，等 2012；姜鹏等，2013）。但模拟结果表明，夏玉米的干旱敏感时段还可能包括拔节—抽雄期以及出苗—七叶期。夏玉米对涝渍的敏感时段为出苗—七叶以及拔节—抽雄期，这与试验结果基本一致（Zaidi 等，2007；房稳静等，2009）。另外土壤湿度越低或夏玉米生育期降水量越少的地方，夏玉米产量积累对水分变化越敏感。夏玉米主要发育期旱涝敏感性的测试结果，作物生长模型模拟与田间试验观测两种方法基本一致，但模型可以给出多点多年代的模拟分析，得出各发育阶段对旱涝敏感性的排序，可为农业生产的田间管理以及灌溉措施等提供更为细致的指导。

7.2.2　基于作物生长模型的站点夏玉米旱涝灾损评估

7.2.2.1　夏玉米旱涝灾损指数的定义和检验

夏玉米出苗以来和近 20d 旱涝灾损指数的定义与冬小麦相同[见公式(7-1)—(7-4)]。利用淮河流域各代表站 1961—2008 年逐日气象数据驱动改进后的 WOFOST 模型,计算夏玉米出苗以来全生育期的干旱灾损指数或涝渍灾损指数,并利用各代表站实际减产率对相应的灾损指数进行了检验。从图 7-12 可以看出,站点的干旱灾损指数平均与实际减产率相关较好,相关系数为 0.4993。表明干旱灾损指数可以反映夏玉米的实际减产情况。

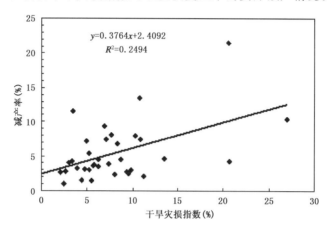

图 7-12　淮河流域夏玉米干旱灾损指数与实际减产的相关关系

7.2.2.2　站点夏玉米旱涝灾损评估

利用代表站出苗以来全生育期的干旱灾损指数或涝渍灾损指数,即可进行站点夏玉米旱涝灾损评估。

首先计算淮河流域部分代表站点夏玉米旱涝灾损指数的多年平均值,评估它们之间的差异。可以看出,各地夏玉米受干旱影响造成的年平均损失率一般为 5%~16%,差异不太明显。损失较大的地区主要包括河南的新乡、开封、驻马店以及山东的朝城等,年平均损失率在 9% 以上;损失较小的地区为河南西峡和江苏徐州,年平均损失率在 6% 以内(图 7-13)。

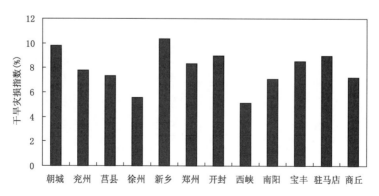

图 7-13　淮河流域代表站夏玉米干旱灾损指数多年平均值分布图

　　然后计算淮河流域所有代表站点夏玉米旱涝灾损指数的逐年平均值,评估整个淮河流域旱涝灾损指数的年际变化(图 7-14)。由图可见夏玉米干旱程度随时间有不明显降低的趋势,与夏玉米生长季降水呈不显著增加趋势有关。严重干旱的年份主要包括 1997 年、2002 年、1986 年以及 1966 年。从部分代表站点的年际变化看,河南新乡的干旱也体现了这一特点,而西峡历年均未出现较大旱灾损失,莒县在 2002 年出现大的旱灾损失(图 7-15)。

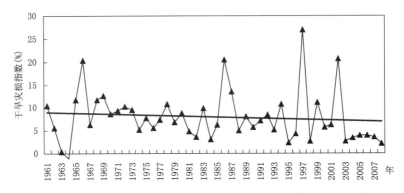

图 7-14　淮河流域代表站夏玉米干旱灾损指数平均值的逐年变化

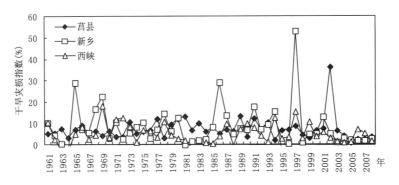

图 7-15　淮河流域代表站夏玉米干旱灾损指数的逐年变化

　　最后利用实时滚动的气象数据驱动作物生长模型并输出干旱灾损指数,可逐日动态评估各站点的作物旱涝损失率。图 7-16 为淮河流域部分代表站点夏玉米干旱灾损指数的逐日变化个例。可以看出,干旱比较严重的 1997 年和 2002 年在夏玉米生长发育进程中,新乡和莒县的降水量减少,干旱灾损指数均逐渐增加,受灾损失不断扩大,新乡最终产量损失率在 60%左

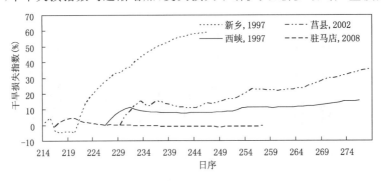

图 7-16　淮河流域代表站点夏玉米干旱灾损指数的逐日变化

右,莒县的产量损失率也达到了 35% 以上。而 1997 年的西峡并未发生大的旱灾,产量损失率比较平稳地维持在 10% 左右。驻马店在 2008 年未有干旱发生。

由于目前的作物生长模型对夏玉米涝渍的反应还不够灵敏,因此在站点上检测出的涝渍年份较少。图 7-17 为淮河流域一些代表站点涝渍灾损指数的多年合计值。可以看出,南阳、驻马店、徐州和新乡有发生夏玉米涝渍灾害的年份,其余站点则不明显。从夏玉米涝渍灾损指数的历年变化看,仅 1990 年、1991 年、1963 年、2000 年以及 1998 等年份出现涝渍灾害。

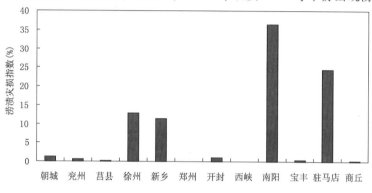

图 7-17　淮河流域代表站点夏玉米涝渍灾损指数的多年合计值分布

7.3　基于作物生长模型的水稻旱涝灾害损失评估

7.3.1　基于 RCSODS 的一季稻旱涝敏感性分析

有关涝灾和干旱对水稻生长影响的研究较为一致的结论为,尽管水稻属于半水生植物,灌浆前的大部分生育阶段要求稻田表面有不同深度的水层,但水层超过一定深度仍会造成涝灾胁迫,淹水深度是涝灾的关键影响因素,反之,如果灌浆前需水期水层过薄或者灌浆后土壤湿度过低,则会造成干旱胁迫。另外不同的初始水分条件可能造成水稻对水分状况敏感性的不同。因此,将水分条件设置一定的变化幅度,模拟一季稻生物量和产量对不同水分条件变化的敏感度,进行一季稻旱涝敏感性分析。

淮河流域一季稻主要生育期最适宜的水分条件是:寸水返青(稻田水层深度 0.3~3.5cm)、薄水分蘖(稻田水层深度 1.5~2.0cm)、深水抽穗(稻田水层深度 2.0~3.0cm)、乳熟期干干湿湿(以干为主)。根据水稻的生长对水分条件的要求分发育阶段设置不同类型的初始水分条件,即在分蘖期、孕穗期和抽穗期为稻田初始水层深度、乳熟期为土壤相对湿度。稻田初始水层深度设置为 0.5cm 和 2.5cm,土壤相对湿度设置为 40% 和 80%,分别代表上述生育期的土壤干旱和正常。稻田水分条件变化由水稻生育阶段降水量、稻田初始水分和稻田水分状况体现,变化幅度设为增加或减少 50%。

同样选择 3 个代表性站点怀远、兴化和如皋开展淮河流域一季稻对干旱和涝渍影响的敏感性分析。

7.3.1.1　一季稻对降水量的敏感性

图 7-18 为降水量变化后一季稻最终地上总干重(TAGP)和稻穗干重(DWP)的相对变率。

由图可见,当初始水分条件为分蘖期、孕穗期和抽穗期稻田初始水深为 0.5cm、乳熟期初始土壤含水量为 40%时,如一季稻各发育期降水量增加 50%,则旱情有所缓解,地上总干重和稻穗干重略有增加;而当初始水分条件为分蘖期、孕穗期和抽穗期稻田初始水深为 2.5cm、乳熟期初始土壤含水量为 80%时,如一季稻各发育期降水量增加 50%,则有涝灾或水分过多情况发生,地上总干重和稻穗干重减少,其中敏感时段均为孕穗期和抽穗期,而分蘖期的减产幅度大于乳熟期,可能与分蘖期的稻田适宜水层深度较浅有关。而不管在上述哪种初始水分条件下,当降水量减少 50%时,一季稻均有不同程度的旱情发生,地上总干重和稻穗干重减少,以孕穗期表现最为敏感,减产幅度达到 13.5%～23.7%,其次是抽穗期,减幅为 7.0%～9.7%,穗干重减少幅度大于总干重,对干旱的敏感性大于涝灾。

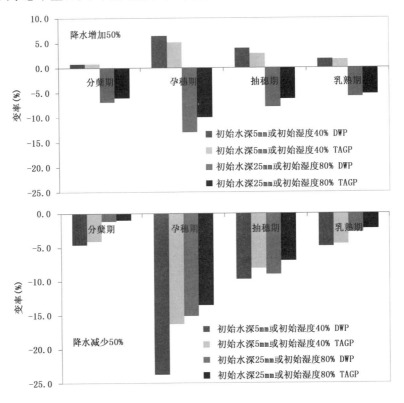

图 7-18 降水量变化后一季稻 TAGP 和 DWP 的变率

分析了不同地区一季稻最终穗干重(DWP)对降水量变化的敏感性的差异。其稻田初始水分条件均设为分蘖期、孕穗期和抽穗期,稻田初始水深为 0.5cm、乳熟期初始土壤含水量为 40%。结果表明,怀远、兴化和如皋三地一季稻生长对降水量变化的敏感性规律一致,均以孕穗期最敏感。在初始干旱情况下,降水量增加 50%,旱情缓解,各地一季稻各发育期 DWP 均有所增加,以孕穗期增加最多;而降水量减少 50%时,旱情加剧,各地各发育期 DWP 均有所减少,也以孕穗期减少最多,从地区间比较看,随降水条件变化,DWP 的变化量以怀远最大,其次是兴化,如皋最小。分析其原因发现,一季稻生育期间的降水量怀远<兴化<如皋,说明降水量相对较少地区的一季稻生长对降水量变化更敏感(图 7-19)。

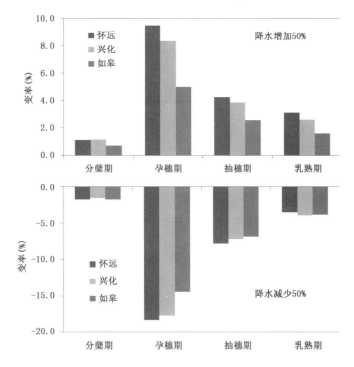

图 7-19　降水量变化后不同站点一季稻 DWP 的变率

7.3.1.2　一季稻对稻田初始水分条件的敏感性

稻田初始水分条件变化(仅指土壤水分条件初值的变化,其后的水分条件保持适宜状态)对水稻最终地上总干重(TAGP)和稻穗干重(DWP)有显著影响。由图 7-20 可见,当初始水分条件为分蘖期、孕穗期和抽穗期的稻田初始水深为 0.5cm、乳熟期初始土壤含水量为 40％时,如一季稻各发育期初始水分条件增加 50％,则旱情有一定程度缓解,地上总干重和稻穗干重均有所增加,较为敏感的孕穗期和抽穗期干重增加幅度为 3.6％～8.0％;而当初始水分条件为分蘖期、孕穗期和抽穗期稻田初始水深为 2.5cm、乳熟期初始土壤含水量为 80％时,如一季稻各发育期初始水分条件增加 50％,则导致前期稻田水层过深,后期土壤涝渍甚至出现水层,使得地上 TAGP 和 DWP 减少,其中敏感时段也为孕穗期,减少幅度为 19.9％～22.3％;其次是抽穗期,减少 10.2％～13.2％,原因同上,可能与分蘖期的适宜水层深度较浅有关。在上述两种初始水分条件下,若各发育期初始水分条件减少 50％,则使得前期稻田水层变浅,或后期土壤干旱,使得分蘖期、乳熟期地上总干重和稻穗干重减少幅度为 4.5％～8.8％,而表现敏感的孕穗期和抽穗期的减幅达 8.9％～41.0％。从一季稻对水分条件增加和减少的敏感性看,水稻对干旱的敏感性大于涝灾。

7.3.1.3　一季稻对稻田水分条件的敏感性

在两种土壤水分条件初值下(稻田水深或土壤相对湿度),不同发育阶段稻田水分状况变化对一季稻最终地上总干重(TAGP)和稻穗干重(DWP)会有不同的影响。

当分蘖期、孕穗期和抽穗期稻田初始水深为 0.5cm、乳熟期初始土壤含水量 40％时,如各发育期内水分(稻田水深或土壤相对湿度)增加 50％时,旱情得到明显缓解,孕穗期和抽穗期地上总干重增加幅度为 8.2％～14.7％,稻穗干重增加幅度更大,达 14.2％～24.4％,可能与

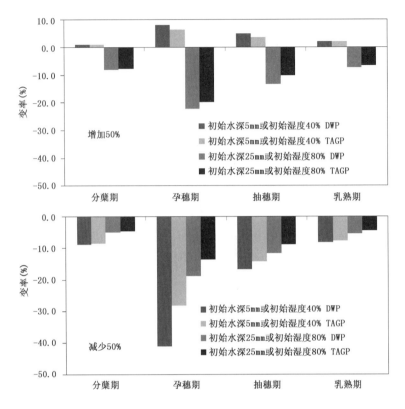

图 7-20　稻田初始水深变化后一季稻 TAGP 和 DWP 的变率

水分优先满足幼穗分化和穗发育有关；而当分蘖期、孕穗期和抽穗期稻田初始水深为 25mm、乳熟期初始土壤含水量 80％时，如各发育期内水分（稻田水深或土壤相对湿度）增加 50％，水分过多或涝灾导致地上总干重和稻穗干重减少，其中敏感时段的孕穗期和抽穗期减幅达 11.6％～25.0％。在上述两种初始水分条件下，当各个主要生育期间水分减少 50％时，旱情均较为严重，表现敏感的孕穗期和抽穗期的 TAGP 和 DWP 减幅高达 17.9％～52.2％（图 7-21）。

通过一季稻生长发育对不同生育时期、不同区域的降水量、稻田初始水分条件和稻田水分状况的敏感性分析，确定了一季稻受旱涝灾害的敏感时段。一季稻对干旱和涝灾的敏感时段一般为孕穗期以及抽穗期，且一季稻产量积累比整个地上部干重积累对水分变化更为敏感。

7.3.2　基于作物生长模型的一季稻站点旱涝灾损评估

7.3.2.1　一季稻旱涝灾损指数的定义和检验

一季稻旱涝灾损指数的定义也与冬小麦的相同［见公式(7-1)—(7-4)］。利用淮河流域各代表站 1971—2008 年逐日气象数据驱动改进后的 RCSDOS 模型，计算出苗以来全生育期的干旱灾损指数或涝渍灾损指数。并利用各代表站实际减产率对相应的干旱灾损指数和涝灾灾损指数进行了检验。

图 7-22 分别为淮河流域水稻干旱灾损指数、涝灾灾损指数与实际减产率的相关关系。可以看出，站点平均干旱灾损指数与平均实际减产率相关系数为 0.8989（$P < 0.01$），达极显著水平，而涝灾灾损指数与实际减产率的相关系数为 0.5514（$P < 0.05$），达显著水平。如 RC-

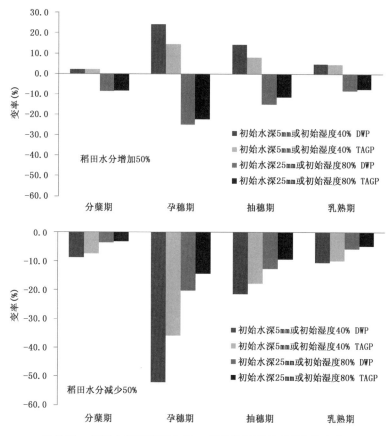

图 7-21　根层土壤湿度变化后一季稻 TAGP 和 DWP 的变率

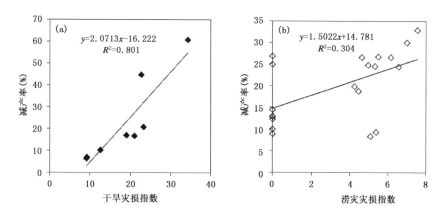

图 7-22　淮河流域一季稻干旱灾损指数(a)和涝灾灾损指数(b)与实际减产率的相关关系

SODS 模型对轻度涝灾的反应更加灵敏一些,则利于进一步提高二者相关性。总之,干旱灾损指数和涝灾灾损指数均能较好地反映一季稻受旱涝影响后的实际减产情况。

7.3.2.2　一季稻站点旱涝灾害损失评估

一季稻出苗以来和近 20d 旱涝灾损指数的定义亦与冬小麦相同[见公式(7-1)—(7-4)]。利用淮河流域各站历年(1971—2008 年)逐日气象数据驱动改进后的 RCSDOS 模型,并计算一季稻出苗以来全生育期干旱灾损指数和涝灾灾损指数,则可进行站点一季稻干旱灾损和涝灾灾损评估。

图 7-23 分别为淮河流域代表站一季稻干旱灾损指数和涝灾灾损指数的多年平均值。由图 7-23 可见,淮河流域不同站点一季稻受干旱和涝灾影响造成损失的差异较小,干旱灾损指数为 2.8%～4.3%,涝灾灾损指数为 1.4%～1.7%。

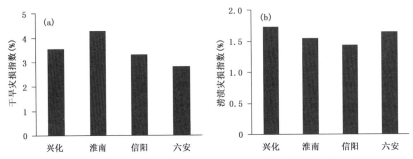

图 7-23　淮河流域代表站一季稻干旱灾损指数(a)和涝灾灾损指数(b)的多年平均

图 7-24 和图 7-25 为淮河流域代表站一季稻干旱灾损指数和涝灾灾损指数的逐年变化。从多站点的平均来看,一季稻旱灾程度和涝灾程度均有随着年代增大的变化趋势,但未通过显著性检验。干旱灾损指数绝对值>3%的年份有 10 年,包括实际资料显示的典型干旱发生年 1994 年和 1978 年,一季稻涝灾灾损指数也有不显著的随年代增大的变化趋势。涝灾灾损指数绝对值>3%的年份有 6 年,包括实际资料显示的典型涝灾发生年 2005 年和 2003 年,其中 2005 年最为典型,涝灾灾损指数为 7.2%,六安站点达 12.3%。

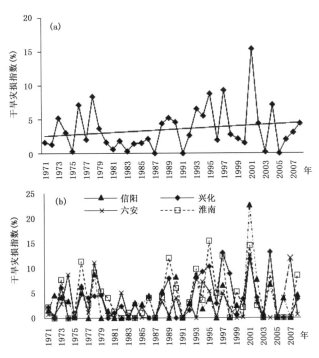

图 7-24　淮河流域代表站一季稻干旱灾损指数的逐年变化

(a)平均值;(b)站点值

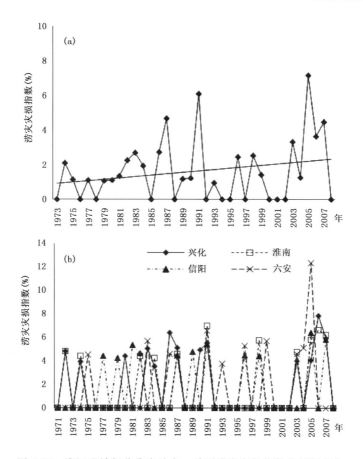

图 7-25　淮河流域部分代表站点一季稻涝灾灾损指数的逐年变化
(a)平均值；(b)站点值

7.4　本章小结

本章阐述了利用作物生长模型开展农作物旱涝灾害损失评估方法和内容，主要包括以下几个方面：

（1）首先利用作物生长模型分析了三大农作物对不同生育时期、不同区域降水量、初始土壤含水量、根层土壤湿度或淹水深度的敏感性，确定了各作物生长发育过程和产量对旱涝的敏感程度和敏感时段。冬小麦对干旱和涝渍的敏感时段均为拔节孕穗期和抽穗开花期，夏玉米对干旱的敏感性一般为拔节—抽雄及抽雄—乳熟期，对涝渍的敏感性为出苗—七叶以及拔节—抽雄期。一季稻对旱涝的敏感时段一般均为孕穗期和抽穗期，这些结论与多个水分控制试验结果基本一致。旱涝敏感性分析为淮河流域农作物不同发育阶段的旱涝灾害损失评估指明了方向。

（2）然后将作物生长模型模拟水分正常与水分胁迫条件下作物生长量间的相对差异定义为旱涝灾损指数，并作为作物旱涝损失评估指标。根据作物生长模型的阶段模拟结果（出苗以来或近 20d）计算相应的旱涝灾损指数，可进行旱涝损失评估。通过旱涝灾损指数的多年平均可以评估不同站点间的差异,根据多个代表站点旱涝灾损指数的历年平均可以评估淮河流域旱涝灾损指数的年际变化,而利用实时滚动的气象数据驱动作物生长模型还可逐日动态地评估各站点的作物旱涝损失。

(3)最后利用气象数据驱动作物生长模型并结合指标进行作物旱涝灾损历史和实时评估。灾损评估结果与实际减产率相关程度良好,较好地反映了农作物旱涝的减产程度。多个代表站点的农作物旱涝灾害损失评估结果表明,淮河流域冬小麦和夏玉米旱灾损失程度随时间呈降低的趋势,而一季稻旱灾损失程度有增加趋势;冬小麦灾损涝渍指数无明显的年际变化,而夏玉米和一季稻的涝渍灾损指数有增加趋势。

参考文献

房稳静,武建华,陈松,张静,李晨,刘端.2009.不同生育期积水对夏玉米生长和产量的影响试验[J].中国农业气象,**30**(4):616-618.

郭晓华.2000.生态因子对玉米产量构成因素的调控作用[J].生态学杂志,19(1):6-11.

纪瑞鹏,车宇胜,朱永宁,梁涛,冯锐,于文颖,张玉书.2012.干旱对东北春玉米生长发育和产量的影响[J].应用生态学报,**23**(11):3021-3026.

姜鹏,李曼华,薛晓萍,李鸿怡.2013.不同时期干旱对玉米生长发育及产量的影响[J].中国农学通报,**29**(36):232-235.

李乐农,郭宝江,等.1998.淹水处理对杂交水稻产量及生理生化特性的影响[J].广东农业科学,(3):5-6.

千怀遂,焦士兴,赵峰.2005.河南省冬小麦气候适宜性变化研究[J].生态学杂志,**24**(5):503-507.

任三学,赵花荣,郭安红,等.2005.底墒对冬小麦植株生长及产量的影响[J].麦类作物学报,**25**(4):79-85.

孙景生,肖俊夫,段爱旺,张淑敏,张寄阳.1999.夏玉米耗水规律及水分胁迫对其生长发育和产量的影响[J].玉米科学,**7**(2):45-48.

赵国强,朱自玺,邓天宏,等.1999.水分和氮肥对冬小麦产量的影响及其调控技术[J].应用气象学报,**10**(3):314-320.

Zaidi P H,Mani S P,Sultana R,Srivastava A,Singh A K,Srinivasan G,Singh R P,Singh P P.2007.Association between line per se and hybrid performance under excessive soil moisture stress in tropical maize (Zea mays L.)[J]. *Field Crops Research*,**101**(1):117-126.

第 8 章 农作物旱涝灾害损失精细化评估方法

旱涝灾害是我国最严重的气象灾害,其影响研究起步较早,成果丰富,其中旱涝灾害对农作物的影响评估也取得了长足的进展(魏丽等,1998;干莲君等,2001;徐乃璋等,2002)。但目前的大多数研究都是针对站点的,区域尺度上格点水平的评估成果还较少。旱涝灾害频发的态势和农业防灾减灾工作迫切需要提高旱涝灾害损失评估的准确性、时效性和精细化程度;同时,3S 技术的应用以及作物生长模型的日趋成熟,使得从宏观和微观角度全面、动态地评估农作物旱涝灾害的影响成为可能。本章全面介绍利用数理统计模型和作物生长模型进行区域旱涝灾损精细化评估的技术方法,包括逐日气象数据插值、两类模型的参数区域化,以及利用两类模型开展旱涝灾损空间分布和时间动态评估的方法。

8.1 气象要素空间插值

精细化的旱涝灾害损失评估需要有高密度的空间分布逐日气象观测数据,但是由于我国地形、地貌、人员和经费等多方面的原因,气象台站存在空间分布不均、密度不足的问题,目前较常用和成熟的解决方法是根据已知气象站点的观测数据,使用空间插值方法估算非站点区域气象要素数据,以获得区域内连续的空间气象要素。

8.1.1 ANUSPLIN 插值方法简介

8.1.1.1 ANUSPLIN 插值原理

ANUSPLIN 软件是目前国际上广泛应用的,针对气候数据曲面拟合插值的专用软件之一。它基于样条插值理论,同时允许引进多元协变量线性子模型,且模型系数可根据数据自动确定。因此 ANUSPLIN 可以平稳地处理二维以上的样条,这就为引入多个影响因子作为协变量进行气象要素空间插值提供了可能。更为重要的是,它能同时进行多个表面的空间插值,对于时间序列的气象数据尤其适合。

ANUSPLIN 软件基于普通薄盘和局部薄盘样条函数插值理论,局部薄盘光滑样条法是对薄盘光滑样条原型的扩展(Bates 等,1987)。

局部薄盘光滑样条的理论统计模型为

$$z_i = f(x_i) + b^{\mathrm{T}} y_i + e_i \quad (i=1,2,\cdots,N) \tag{8-1}$$

式中:z_i 是位于空间 i 点的因变量;x_i 为 d 维样条独立变量;$f(x_i)$ 为需要估算的关于 x_i 的未知光滑函数;b 为 y_i 的 p 维系数;y_i 为 p 维独立协变量;e_i 为具有期望值为 0 且方差为 $w_i \sigma^2$ 的自变量随机误差,其中 w_i 为作为权重的已知局部相对变异系数,σ^2 为误差方差,在所有数据点上为常数,但通常未知(Hutchinson,1991)。由式(8-1)可见,当式中缺少第二项,即协变量

维数 $p=0$ 时，模型可简化为普通薄盘光滑样条；当缺少第一项独立自变量时，模型变为多元线性回归模型；但 ANUSPLIN 中不允许这种情况出现（刘志红等，2006）。

函数 $f(x_i)$ 和系数 b 可通过下式的最小化确定，即最小二乘估计确定

$$\sum_{i=1}^{N}\left(\frac{z_i - f(x_i)\,pb^{\mathrm{T}}y_i}{w_i}\right)^2 + \rho J_m(f) = \min \tag{8-2}$$

式中，$J_m(f)$ 为函数 $f(x_i)$ 的粗糙度测度函数，m 在 ANUSPLIN 中称为样条次数，也叫粗糙度次数；ρ 为正的光滑参数，在数据保真度与曲面的粗糙度之间起平衡作用。当 ρ 接近于零时，拟合函数是一种精确插值方法；当 ρ 接近于无穷时，函数接近于最小二乘多项式，多项式的阶数由粗糙次数 m 决定。而光滑参数值通常由广义交叉验证（generalized cross validation，GCV）的最小化来确定，也可由最大似然估计（generalised max likelood，GML）或期望真实平方误差（expected true square error，MSE）的最小化来确定（Hutchinson，2004）。

SPLINA 和 SPLINB 是 ANUSPLIN 的两个基本模块，功能基本一致。二者都是 Fortran 90 程序，均利用局部薄盘样条函数根据已知点得到拟合表面。可以输出提供统计分析、数据错误检测等多种信息的 5～6 种文件。其区别主要在于对已知点数量多少的适用性，使用 SPLINA 时，用于拟合曲面的已知点一般不超过 2000 个，SPLINB 可用于较多数据点（10000 个已知点）（钱永兰等，2010）。

LAPGRD 是 ANUSPLIN 的另一重要模块，它引入高程数据，根据 SPLINA 或 SPLINB 生成的拟合表面系数来得到每一格点上的预测值。SPLINA 或 SPLINB 产生的要素表面文件和误差表面文件都可以作为它的输入文件，前者是必选项，产生格点预测值；后者是可选项，可以得出预测标准误差（钱永兰等，2010）。

8.1.1.2　ANUSPLIN 插值流程

（1）数据准备

将气象要素空间插值所需要的淮河流域境内 171 个及其周边 16 个地面气象观测站（图 8-1）1971—2010 年的日平均气温、日最高气温、日最低气温、降水、风速、水汽压、相对湿度和日照时数数据，分别按日序利用 Matlab 软件处理成 ANUSPLIN 标准格式，包括站点代码、经度、纬度、高程和气象要素值。对标准文件进行检查修正处理，剔除重复站点、缺值和错值。

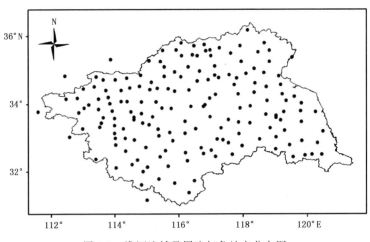

图 8-1　淮河流域及周边气象站点分布图

将气象要素数据处理成 ANUSLIN 程序要求的标准格式,生成文本文件。ANUSPLIN 所需要的数字高程(DEM)数据要求按 ASCII 形式书写,将原来以栅格形式(GEOTIF 或其他)存储的 DEM 数据转成 ASCII 格式,同时检查和保证转换过程中数据的正确性。高程数据的空间范围由需要进行插值的目标区域决定,采用淮河流域 5km×5km 的 DEM 数据(图 8-2)。

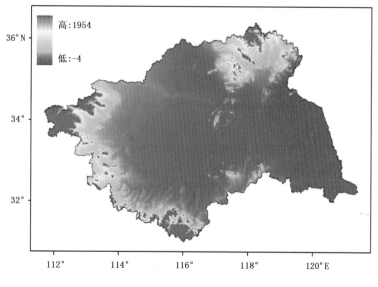

图 8-2　淮河流域 DEM 分布图

输入文件:包含了经度、纬度、高程及其他影响因子的 ASCII 文件,为方便起见,最好定义一定的排列序列。另外还有协变量文件,如 ASCII 格式的 DEM。

输出文件:光滑参数 RHO,拟合数据误差列表文件(贝叶斯标准误差、模型误差和置信区间),拟合表面系数的协方差矩阵,拟合表面和误差表面等,可在执行过程中按需要设定输出内容和格式,以便在 ArcGIS 等系统中显示。

(2)参数选择

对于时间序列气象要素的空间插值,既要保证每个表面的插值精度,又要保证插值模型的相对稳定性,使其在时间连续性上具有可比性。根据插值要素,采用不同样条变量、不同表面样条变量、不同表面协变量、不同样条次数组合形成多个参数组合形式。通过统计参数比较,依据最佳模型判断标准,初步选出每个气象要素的最优待用模型。

(3)运算过程及误差分析

首先,根据 ANUSPLIN 的格式要求,编写 SPLINA. cmd(或 SPLINB. cmd)文件和 LAPGRD. cmd 文件。然后根据数据量的大小选择选择插值 SPLINA 命令或 SELNOT 命令进行插值运算。最后进行误差分析。ANUSPLIN 空间分析软件提供了一系列用于判别误差来源和插值质量的统计参数和输出文件。统计参数有观测数据平均值、方差、标准差、拟合曲面参数的有效数量估计 Signal(又称信号自由度)、剩余自由度(Error)、光滑参数(RHO)、广义交叉验证和期望真实均方误差、最大似然估计误差(GML)、均方残差(MSR)、方差估计(VAR)及其平方根;统计结果还给出了具有最大剩余误差(root mean square residual)的数据点序列,用以检验并消除原始数据在位置和数值上的错误。

其中的广义交叉验证法因为其直观性强,是插值误差结果分析中应用较为普遍的一种方法。广义交叉验证计算采用"one point move"方法,即首先假定每一站点的要素值未知,依次移去一个站点,用剩余站点在一定的光滑参数下进行曲面拟合,得到该站点的估测值,再计算观测值和估测值的误差,以全部站点整体误差的最小化来确定估值方法的最优参数(刘志红等,2008)。

8.1.2　淮河流域气象数据插值结果分析

8.1.2.1　气象要素插值结果

淮河流域气象要素插值结果表明,主要气象要素格点年平均值的空间分布和站点年平均值的空间分布具有同样的基本特征,即年平均气温呈由北向南逐步递增的纬向分布,其中秋、冬两季平均气温的空间分布规律与年平均气温基本一致,而春、夏两季的平均气温则由东北向西南递增。年日照时数呈现由东北向西南逐渐递减的空间分布特征,平原多于山区。其中日照时数在秋季和冬季的空间分布规律与年日照时数基本一致,春季呈由北向南递减的空间分布特征,夏季则为北部和中部地区较大,东、西部较小。多年平均降水量的空间分布呈现南部多于北部、山区多于平原的特点,其中春季、秋季和冬季的降水量空间分布特征呈较明显的南部多于北部的纬向特征,而夏季降水量则为东部和西南山区较多,西北地区降水较少。

然而格点逐日气象要素的空间分布不仅受地理特征的影响,还受到每日不同天气系统等因子的影响,因此虽然在总体上仍遵循气候要素的一般分布规律,但相同要素在不同日期的空间分布规律存在明显差异,与常年的气候态分布相比随机性更强。其中降水的随机性最强,波动幅度最大,其次是风速,日照时数,气温和水汽压的随机性相对较弱,波动幅度较小。从季节来看,夏季的随机性最强,其次是春季和秋季,冬季的随机性相对较弱。图 8-3 和图 8-4 以 1971 年 1 月 1—3 日和 1971 年 7 月 1—3 日为例,展示了相关气象要素的插值结果。由图可见,冬季的日平均气温相邻日期之间存在连续的分布规律(图 8-3,1 月 1—3 日平均气温),而夏季的降水分布相邻日期之间则无规律可循(图 8-4,7 月 1—3 日降水量)。

8.1.2.2　气象要素插值误差分析

表 8-1 为淮河流域逐日气象要素插值的部分广义交叉验证结果,其中 t_{ave}、t_{max}、t_{min}、e_a、wind speed、s_{sd} 和 p_{re} 分别代表平均气温、最高气温、最低气温、水汽压、风速、日照时数和降水量。

从 1971 年、1981 年、1991 年、2001 年和 2011 年等 5 个代表年份不同季节代表月份的验证结果看,7 种气象要素中,除降水以外的 6 种气象要素总体以日照时数插值误差最大,其次是最低气温和风速,平均气温和最高气温居中,水汽压的误差最小。从不同季节看,由于最低气温在冬季的波动最大,因此插值误差也最大,其次是春、秋两季,夏季的误差相对较小,平均气温和最高气温插值误差的季节差异较小;风速在其变化较大的春、夏两季误差较大,在秋、冬季误差较小;由于夏季降水过程较多且分布不均,日照时数长度的逐日连续性较差,导致日照时数的插值误差在夏季最大,其次是冬季,春、秋两季误差较小;水汽压由于空间上更连续,波动幅度也较小,所以插值精度最高,四个季节插值误差的差异也较小。降水要素由于为了提高其插值结果的合理性和可靠性,在插值过程中对数据进行了平方根转换,因此表 8-1 中降水广义交叉验证结果并非真正的实际误差,无法与其他要素的插值误差进行比较。针对降水的插

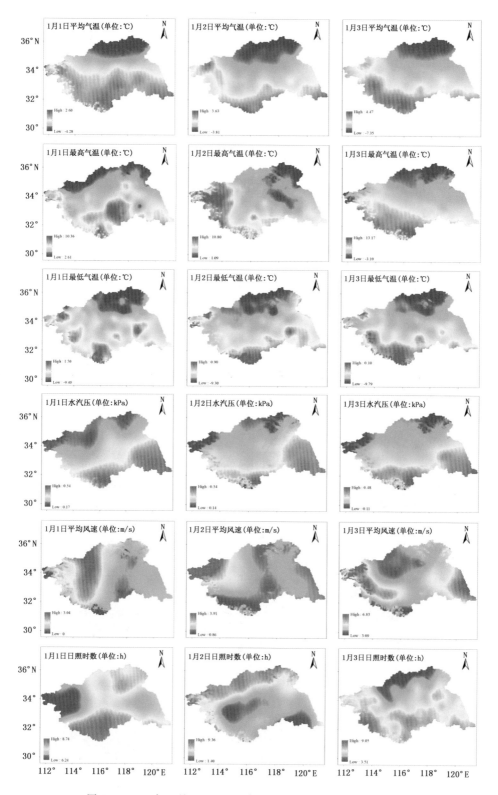

图 8-3　1971 年 1 月 1 日—3 日淮河流域主要气象要素插值结果

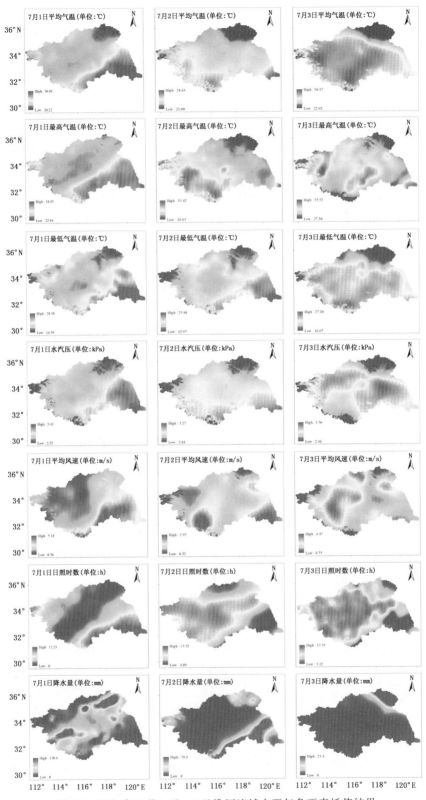

图 8-4　1971 年 7 月 1 日—3 日淮河流域主要气象要素插值结果

值误差分析发现,标准误差的季节分布差异很明显,在降水量最多、最不稳定的夏季标准误差最大,而在无降水(标准误差为 0)日数最多的冬季标准误差最小。以上分析表明,气象要素的波动程度是影响插值误差大小的主要因素。整体上看,淮河流域 5 个年代各季节代表月份 7 种气象要素的插值误差均较小,其中水汽压相对误差未超过 0.5%,除少数站点的日照时数相对误差在冬、夏两季接近 10.0% 外,其他要素的相对误差基本在 5.0% 以内,精度可以满足应用需求,插值获得的气象要素格网化数据集可作为灾害损失评估模型区域化的基础数据(表 8-1)。

表 8-1　淮河流域逐日气象要素插值的部分广义交叉验证结果

年	日期	t_{ave} (℃)	t_{max} (℃)	t_{min} (℃)	e_a (kPa)	wind speed (m/s)	s_{sd} (h)	p_{re} (mm)
1971 年	1 月 1 日	0.341	0.179	1.060	0.001	0.416	0.294	0.000
	1 月 2 日	0.251	0.191	0.862	0.001	0.358	1.600	0.000
	1 月 3 日	0.345	0.202	1.250	0.001	1.060	0.285	0.000
	4 月 1 日	0.188	0.697	0.461	0.005	0.753	2.200	0.003
	4 月 2 日	0.084	0.332	0.188	0.002	0.602	0.428	0.035
	4 月 3 日	0.097	0.360	0.243	0.002	0.534	0.257	0.065
	7 月 1 日	0.133	0.344	0.307	0.006	0.523	1.620	1.080
	7 月 2 日	0.094	0.135	0.279	0.007	0.455	1.970	0.649
	7 月 3 日	0.147	0.162	0.705	0.009	0.711	1.680	0.320
	10 月 1 日	0.056	0.126	0.473	0.002	0.356	0.008	0.089
	10 月 2 日	0.057	0.431	0.219	0.002	0.282	0.097	0.103
	10 月 3 日	0.062	0.102	0.211	0.002	0.229	0.372	0.066
1981 年	1 月 1 日	0.304	1.490	0.858	0.001	0.582	0.323	0.000
	1 月 2 日	0.421	0.431	1.200	0.001	0.221	0.197	0.000
	1 月 3 日	0.501	0.184	1.460	0.001	0.270	0.596	0.000
	4 月 1 日	0.037	0.082	0.111	0.001	0.668	0.194	0.246
	4 月 2 日	0.119	0.208	0.571	0.001	0.306	0.742	0.019
	4 月 3 日	0.057	0.150	0.134	0.001	0.224	0.233	0.053
	7 月 1 日	0.075	0.248	0.195	0.004	0.262	1.320	0.502
	7 月 2 日	0.133	0.243	0.334	0.005	0.321	1.730	0.713
	7 月 3 日	0.116	0.440	0.161	0.006	0.505	2.380	0.117
	10 月 1 日	0.083	0.186	0.130	0.001	0.174	0.577	0.090
	10 月 2 日	0.131	0.203	0.609	0.003	0.317	0.426	0.023
	10 月 3 日	0.055	0.153	0.159	0.002	0.296	0.051	0.139
1991 年	1 月 1 日	0.126	0.195	0.284	0.000	0.300	1.410	0.042
	1 月 2 日	0.187	0.150	0.770	0.000	0.166	0.802	0.001
	1 月 3 日	0.175	0.194	0.803	0.000	0.245	2.410	0.000
	4 月 1 日	0.265	0.150	0.839	0.001	0.166	0.210	0.001
	4 月 2 日	0.409	0.164	1.310	0.002	0.266	0.237	0.000
	4 月 3 日	0.377	0.175	1.540	0.001	0.325	0.483	0.000
	7 月 1 日	0.109	0.227	0.408	0.006	0.229	1.400	0.455
	7 月 2 日	0.108	0.306	0.302	0.004	0.293	2.380	0.049
	7 月 3 日	0.131	0.251	0.299	0.004	0.277	2.280	1.370
	10 月 1 日	0.290	0.149	1.040	0.002	0.208	0.461	0.001
	10 月 2 日	0.204	0.214	0.634	0.002	0.409	2.210	0.005
	10 月 3 日	0.112	0.298	0.161	0.001	0.324	1.060	0.050

续表

年	日期	t_{ave} (℃)	t_{max} (℃)	t_{min} (℃)	e_a (kPa)	wind speed (m/s)	s_{sd} (h)	p_{re} (mm)
2001 年	1 月 1 日	0.214	0.370	0.958	0.001	0.482	0.438	0.001
	1 月 2 日	0.278	0.244	0.958	0.001	0.211	2.640	0.000
	1 月 3 日	0.207	0.627	0.604	0.001	0.341	2.870	0.000
	4 月 1 日	0.468	0.193	1.800	0.001	0.378	0.452	0.000
	4 月 2 日	0.393	0.310	2.260	0.002	0.357	0.551	0.001
	4 月 3 日	0.278	0.557	0.817	0.003	0.472	1.490	0.002
	7 月 1 日	0.241	0.373	0.523	0.014	0.411	1.390	0.282
	7 月 2 日	0.286	0.359	1.320	0.017	0.617	1.770	1.310
	7 月 3 日	0.384	0.470	0.694	0.014	0.308	1.780	1.200
	10 月 1 日	0.702	0.145	2.090	0.008	0.180	0.603	0.000
	10 月 2 日	0.563	0.421	1.840	0.009	0.228	1.180	0.023
	10 月 3 日	0.147	0.268	0.437	0.004	0.353	1.190	0.028
2011 年	1 月 1 日	0.334	0.144	1.550	0.002	0.165	0.584	0.000
	1 月 2 日	0.168	0.116	0.700	0.001	0.145	1.530	0.004
	1 月 3 日	0.293	0.110	1.090	0.002	0.091	2.530	0.004
	4 月 1 日	0.434	0.854	1.430	0.001	0.200	1.720	0.000
	4 月 2 日	0.067	0.290	0.136	0.001	0.604	0.292	0.039
	4 月 3 日	0.180	0.199	0.592	0.002	0.130	1.750	0.018
	7 月 1 日	0.171	0.246	0.337	0.001	0.278	3.270	0.079
	7 月 2 日	0.151	0.299	0.342	0.001	0.382	1.660	0.316
	7 月 3 日	0.185	0.496	0.265	0.001	0.249	1.450	0.869
	10 月 1 日	0.196	0.282	0.467	0.002	0.144	2.360	0.004
	10 月 2 日	0.165	0.291	0.475	0.002	0.152	0.603	0.237
	10 月 3 日	0.306	0.167	0.562	0.003	0.117	2.030	0.012

8.2　基于数理统计模型的农作物旱涝灾损精细化评估

基于数理统计模型的农作物旱涝灾损精细化评估思路是将淮河流域冬小麦、玉米、水稻干旱、涝渍评估指标要素值进行区域格点化(精度为 5km×5km),然后利用格点数据运行灾损评估模型,得到格点水平的旱涝灾损评估结果,实现 GIS 环境下的区域尺度的旱涝灾害损失评估。

8.2.1　模型各指标要素的区域化

灾害强度指数。利用插值得到的逐日格点气象要素值(5km×5km),计算格点上的参考作物蒸散量,按照淮河流域农作物气候分区的作物系数(表 3-3,表 3-4),估算格点作物潜在蒸散量和累积湿润指数,得到区域内逐格点旱涝灾害强度指数(图 8-5)。

作物水分敏感指数。第 5 章中计算得到的各作物气候分区代表站的作物水分敏感指数分辨率为各农业气候区(表 5-20、表 5-22 和表 5-24),即每区一个数值。在格点旱涝损失评估过程中需要逐格点域判别其所属分区,得到相应格点的作物旱涝敏感性指数。

区域旱涝脆弱指数。9 个评估因子的分辨率因各自的性质而有所不同,其中单产比、面积比、森林覆盖率、旱涝保收面积比、有效灌溉面积比和人均 GDP 等农业经济因子的分辨率为县

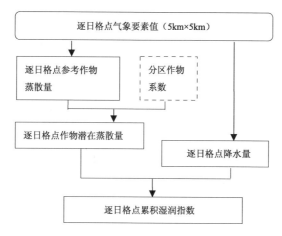

图 8-5　淮河流域逐日格点累积湿润指数的计算流程

（区）行政单元，而地理、水文和土壤等自然环境因子的分辨率为格点。因此，首先按照各评估因子的分辨率，通过每个格点的区域判别，获得相应格点的指标值，再采用各作物各区域的区域旱涝脆弱指数计算式进行逐格点计算，得到区域旱涝脆弱指数格点化数值（图 8-6）。

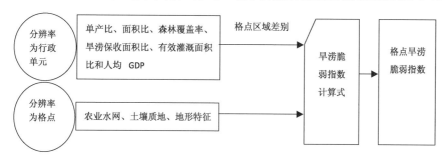

图 8-6　淮河流域旱涝区域脆弱指数的格点化流程

8.2.2　旱涝灾害损失精细化评估

利用淮河流域 1971—2008 年冬小麦、夏玉米和一季稻逐年旱涝灾损评估指标格点数据，采用开发的淮河流域农作物旱涝损失数理统计计算机软件系统，实现旱涝灾害强度指数的格点计算、敏感性和脆弱性指数的格点判别，最终运行评估模型进行基于格点数据的农作物旱涝灾害损失精细化评估，其参数计算界面见图 8-7。

评估过程通过各类区域化的图层运算实现。具体的区域化图层种类有：农作物分区、行政县界、旱涝强度等级、农作物水分敏感指数、区域旱涝脆弱指数等图层。评估系统通过作物种类选择、灾害种类判别选择评估模型、进行图层运算，得到格点旱涝灾损率数值，再根据各作物旱涝灾损等级阈值得到淮河流域逐年旱涝灾损等级区域分布结果（图 8-8）。

8.2.3　旱涝灾害损失精细化评估结果检验

8.2.3.1　格点实际减产率的获取

由于精细化的旱涝灾害损失评估结果是基于区域格点的，而由实际产量得到的减产率是

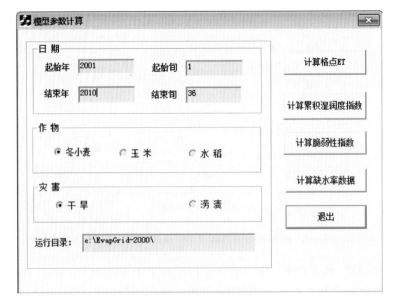

图 8-7　淮河流域农作物旱涝灾损数理统计评估模型参数计算界面图

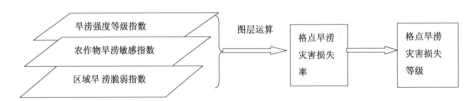

图 8-8　淮河流域农作物旱涝灾损区域评估流程

基于站点的,因此需要对站点的逐年减产率进行区域化处理,形成格点减产率数据;又由于针对产量的区域化没有可借鉴的成熟方法,因此根据现有技术,对站点减产率的区域化采用两种方法实现,其一是插值方法,其二是色斑方法,后面的结果比较也分别针对插值格点和色斑格点数据进行。

插值方法即是采用 ANUSPLIN 插值软件实现。该方法的插值数据特征表现为同一行政区域内各点上减产率的数值不同,其相邻格点的数值连续性较好,相邻行政区域的边界数值连续,没有明显的行政区域边界。不足之处是同一行政区域内气象数据的差异仅依据经纬度,影响因素考虑不足(图 8-9a,c)。

色斑方法即保留各行政单元(县、区)的分界,将全区按既定分辨率(5km×5km)划分格点,每行政单元内所有格点上的减产率数值相同,相邻行政单元数值有明显边界。其优点是保留了各行政单元的原始产量水平,缺点是同一单元内部的产量差异难以体现,不同行政单元的产量差异明显。此外,由于每个格点的减产率源于所在行政单元的减号常有值。因此,产量数据缺失的县(区)其相应的格点即无数据(图 8-9b,d)。

8.2.3.2　格点实际减产率的灾损等级

采用与站点减产率确定灾损等级阈值确定的相同方法(见 5.2.1.3 节),得到了格点农作物减产率的旱涝灾损等级阈值(表 8-2,表 8-3,表 8-4)。

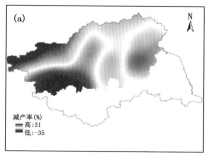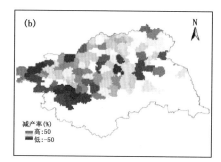
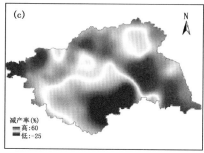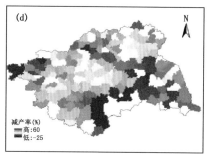

图 8-9　淮河流域农作物实际减产率区域化结果分布图

(a)1987 年夏玉米减产率插值;(b)1987 年夏玉米减产率色斑;(c)2003 年冬小麦减产率插值;(d)2003 年冬小麦减产率色斑

表 8-2　基于格点的淮河流域冬小麦旱涝减产等级阈值

类型	正常(4)	轻度(旱)(5)	中度(旱)(6)	重度(旱)(7)	特重度(旱)(8)
插值格点	3)	[3.0,9.0)	[9,16.0)	[16.0,22.0)	[22.0
色斑格点	3)	[3.0,12.0)	[12,19.0)	[19.0,25.0)	[25.0
类型	正常(4)	轻度(涝)(3)	中度(涝)(2)	重度(涝)(1)	
插值格点	3)	[3.0,22.0)	[22.0,36.0)	[36.0	
色斑格点	3)	[3.0,23.0)	[23.0,38.0)	[38.0	

注:")"为开区间,表示不包含括号内侧的数字,"["为闭区间,表示包含括号内侧的数字。

表 8-3　基于格点的淮河流域玉米旱涝减产等级阈值

类型	正常(4)	轻度(旱)(5)	中度(旱)(6)	重度(旱)(7)	特重度(旱)(8)
插值格点	3.0)	[3.0,15.0)	[15.0,27.0)	[27.0,32.0)	[32.0
色斑格点	3.0)	[3.0,14.0)	[14.0,26.0)	[26.0,38.0)	[38.0
类型	正常(4)	轻度(涝)(3)	中度(涝)(2)	重度(涝)(1)	
插值格点	3.0)	[3.0,18.0)	[18.0,32.0)	[32.0	
色斑格点	3.0)	[3.0,20.0)	[20.0,35.0)	[35.0	

注:")"为开区间,表示不包含括号内侧的数字,"["为闭区间,表示包含括号内侧的数字。

表 8-4　基于格点的淮河流域一季稻旱涝减产等级阈值

类型	正常(4)	轻度(旱)(5)	中度(旱)(6)	重度(旱)(7)	特重度(旱)(8)
插值格点	3.0)	[3.0,9.0)	[9.0,18.0)	[18.0,25.0)	[25.0
色斑格点	3.0)	[3.0,13.0)	[13.0,24.0)	[24.0,34.0)	[34.0
类型	正常(4)	轻度(涝)(3)	中度(涝)(2)	重度(涝)(1)	
插值格点	3.0)	[3.0,13.0)	[13.0,21.0)	[21.0	
色斑格点	3.0)	[3.0,17.0)	[17.0,28.0)	[28.0	

注:")"为开区间,表示不包含括号内侧的数字,"["为闭区间,表示包含括号内侧的数字。

8.2.3.3　评估结果检验

根据农作物旱涝实际减产等级阈值(表 8-2—表 8-4)和评估旱涝减产等级阈值(表 5-30,表 5-31),对评估结果进行检验,先检验准确率样本的总体分布,再分别进行分类准确率和等级准确率检验。由于评估模型是针对已出现的旱涝进行灾害损失评估,因此准确率检验的样本总体为通过缺水率判断为旱涝的格点总数。

分类准确率是指评估为干旱减产(5~8 级)、涝渍减产(1~3 级)或不减产(4 级)的类型与实际旱涝类型相符的格点数占全区实际该类型格点数的百分率。

等级准确率包含等级完全符合和等级差≤1 两种情况。完全符合率是指评估减产等级与实际减产等级完全一致的格点数占全部格点数的百分率,等级差≤1 的符合率指评估减产等级与实际减产等级完全一致的格点数和差一个等级的格点数之和占全部格点数的百分率。

准确率分布。由于农作物实际减产率有插值格点和色斑格点两种区域化数值,所以将数理统计模型旱涝损失区域评估结果与分两种区域化数值分别进行了比较和统计。从比较统计结果看,两者结果近似,实际减产率的两种区域化结果对最终评估准确率无显著影响。图 8-10 为评估结果与实际减产率色斑格点相比较的准确率分布。由图可见,各作物均以完全符合的比例最高,其次是差一个等级的,差两个以上等级的格点数较少,图形基本呈正态分布。其中一季稻完全符合和低一个等级的比例较大,不是典型的正态分布形态,但是等级差≤1 的符合比例超过 90%。

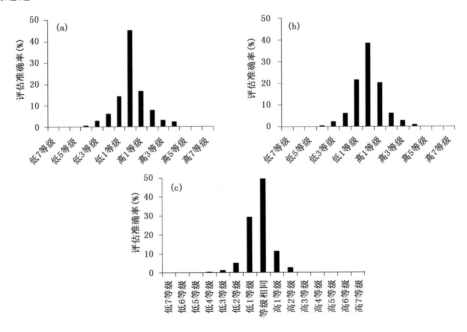

图 8-10　淮河流域农作物旱涝灾损数理统计模型评估结果与实际减产率色斑格点比较的准确率分布图
(a)冬小麦;(b)夏玉米;(c)一季稻

分类准确率。分别统计区域格点评估结果与相应的实际减产率的插值格点和色斑格点的分类准确率。总体来看,分类准确率涝渍在 70% 以上,其中冬小麦在 80% 左右;旱灾准确率有所降低,冬小麦为 60%、夏玉米为 75% 以上,一季稻较低,仅 30% 以上(表 8-5)。

表 8-5　淮河流域农作物旱涝灾损数理统计模型评估分类准确率(%)

作物	与插值格点比			与色斑格点比		
	涝	正常	旱	涝	正常	旱
冬小麦	79.0	54.3	60.7	82.5	58.2	60.5
夏玉米	73.2	40.4	75.6	76.4	39.2	76.5
一季稻	72.0	60.1	35.2	71.3	63.1	30.4

等级准确率。分别统计评估结果与实际减产等级的插值格点和色斑格点数值的符合率。结果表明,评估结果与减产等级的两种区域化数值的符合率大体相近,与色斑格点相比的结果略好于插值格点。完全符合率的多年平均值在 40%～50%,夏玉米略低,接近 40%;等级差≤1 的符合率大都在 80%～90%,冬小麦略低,在 75% 左右(表 8-6)。

表 8-6　淮河流域农作物旱涝灾损数理统计模型逐年平均准确率(%)

作物	完全符合		等级差≤1	
	插值格点	色斑格点	插值格点	色斑格点
小麦	43.0	45.3	72.4	76.3
玉米	38.6	38.5	83.2	80.5
水稻	49.6	53.2	90.3	92.4

从各作物近 30 年评估结果的准确率分布看,多数年份评估结果的完全符合率在 50% 左右,等级差≤1 的符合率在 80% 左右,夏玉米评估结果的完全符合率偏低。从准确率的逐年变化看,冬小麦的完全符合率和等级差≤1 的符合率均有显著地随年代升高的趋势,时间趋势系数分别为 0.4266 和 0.4483,均通过 0.01 水平的显著性检验,夏玉米和一季稻的完全符合率也有随时间微弱上升趋势(图 8-11),其主要原因是年代较近的评估因子资料(尤其是农业经济数据)的准确性和精细化程度都高于早期年代,评估准确率也随着评估因子资料(尤其是农业经济数据)准确度的提高而得到改善。

8.2.4　旱涝灾害损失精细化评估结果分析

图 8-12 为数理统计模型模拟淮河流域冬小麦、夏玉米和一季稻典型年份旱涝灾害与实际情况的比较。可以看出,多数年份模型评估结果与实际灾损率在空间分布上比较一致,如夏玉米 1994 年的干旱、夏玉米和一季稻 2003 年的涝灾以及冬小麦 2003 年的北旱南涝,旱涝区域和程度的评估结果分布基本正确。但模型对某些年份旱涝评估的等级与实际有偏差。如 1995 年冬小麦干旱评估范围偏大,2001 年一季稻干旱评估偏轻。

8.3　作物生长模型的区域化方法

面向生长过程的作物生长模型已经被人们广泛应用,但作物生长模型最初是在单点尺度上建立起来的,仅适用于均一的田块作物生长情况。而目前大范围区域尺度的作物生长状况越来越被人们所关注,作物生长模型也面临区域应用的需求(刘布春等,2002;马玉平等,2005)。农作物生长模型的区域化主要指模型的升尺度,即实现气象驱动数据、作物参数、土壤

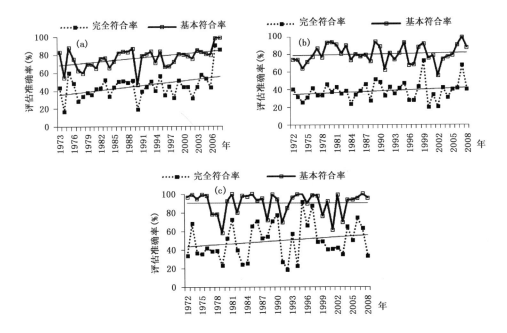

图 8-11　淮河流域农作物旱涝灾害损失数理统计模型评估准确率逐年分布图
(a)冬小麦;(b)夏玉米;(c)一季稻

参数以及状态变量初值在空间上的分布,而模型的核心机理不变。气象数据的区域化已经在 8.1 节阐述,本节介绍其余要素的区域化。

8.3.1　小麦生长模型区域化方法

WCSODS 是通过多品种、多年和多点的大量小麦生理生态试验和文献资料,基于系统分析方法和数学建模技术,在站点尺度上建立的,研制者在模型建立阶段就对作物模拟技术怎样在大面积生产中发挥作用展开了深入的讨论,其中生长模型区域化是重要问题之一(高亮之等,2000)。WCSODS 生长模型区域化包括作物遗传参数、土壤参数以及播期的区域化。与发育有关的遗传参数区域化采用的升尺度方法,一是淡化品种间差异,将品种代之以品种生态类型;二是遵从粮食生产地域性差异和区域性类同的事实,选择适度的空间尺度(江敏等,2009),在分区水平上调试小麦遗传参数。淮河流域 4 个农业气候区(见 1.1.5 节)各采用 1 套遗传参数,利用 21 个样点 1998—2007 年间小麦观测资料,采用"试错法"分别调试得到所在分区遗传参数,包括:品种类型参数、增温促进系数、高温抑制系数、感光系数和小麦春化因子等。由于与生长有关的遗传参数,如净光合速率、根冠比、小麦地上部的分配系数(PC_g)和叶面积指数、叶分配系数(PC_l)以及抽穗前与抽穗后光合累积量向穗部转移率(k1 和 k2)等(葛道阔等,2013)没有明显的空间变化规律,可以利用淮河流域多个观测点多年平均值代表区域参数。土壤参数主要包括了凋萎湿度、田间持水量及容重等参数,利用南京土壤所提供的全国 1∶100 万的各类土壤参数格点数据(图 8-13)。由于小麦播期在分区内差异较小,因此分别用各区多个观测点多年平均值代表分区参数。

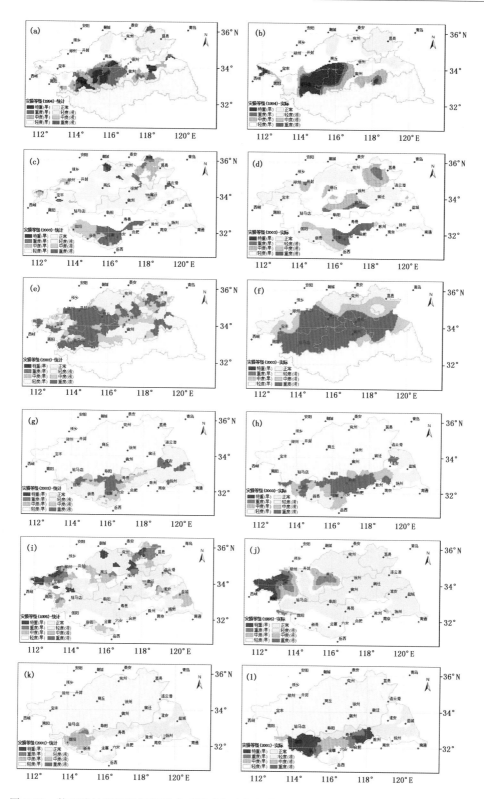

图 8-12　数理统计模型淮河流域典型旱涝年灾损评估结果(左列)与实际灾损(右列)分布图

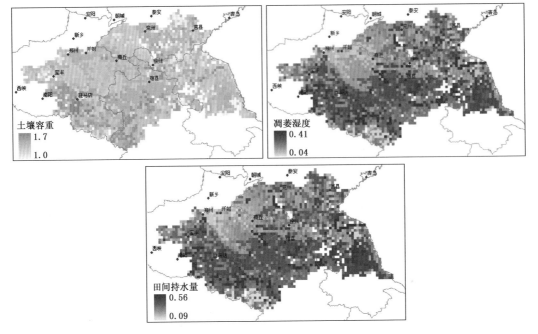

图 8-13　淮河流域主要土壤参数分布图

8.3.2　玉米生长模型区域化方法

　　WOFOST 玉米模型的区域化主要包括发育参数、生长参数、土壤参数以及初始发育期的区域化。WOFOST 中发育参数用积温(TSUM)表示。各个地区由于地理和气候条件的差异使得夏玉米各生长阶段的积温不尽相同。考虑到温度要素空间分布的地理属性特征以及作物发育特性形成的气候生态差异,可以根据积温的空间分布特征,结合地形地势,并参照我国玉米气候生态区划结果(中国农林作物气候区划协作组,1987),大致确定生育期参数的分区。但参数分区后,在两区域交界处存在人为分割的差异,容易导致模拟结果存在明显的区域边界。为了避免这种区域间的参数分布不连续,可以采用空间插值的方法实现发育参数的区域化。利用淮河流域农业气象站点多年夏玉米的生育期和气象数据,计算出淮河流域各站点生育期参数。然后进行空间插值获得发育参数的空间分布。图 8-14 为 WOFOST 模型在淮河流域的出苗到抽雄(发育参数 1)和抽雄到成熟(发育参数 2)有效积温空间分布情况。

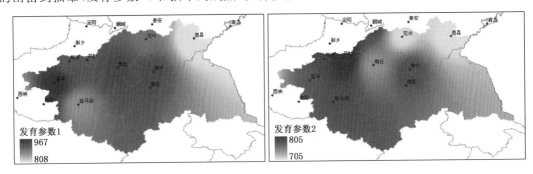

图 8-14　淮河流域夏玉米发育参数(有效积温)的空间分布(℃ · d)

对于生长参数,如最大光合速率(A_{max})、比叶面积(SLA)和分配系数(F)等,可以利用淮河流域多个观测点多年平均值代表该区域的玉米品种生态型参数。土壤参数主要包括凋萎湿度、田间持水量及容重等,同样利用南京土壤所提供的全国 1：100 万的各类土壤参数格点数据。

作物生长模型实现区域化后,可以开展区域模拟。图 8-15 为 1997 年淮河流域夏玉米贮存器官干重 WSO 和地上总干重 TAGP 的模拟结果。可以看出,1997 年的高产区在淮河流域的东北丘陵区,而北部平原的郑州开封一带多年产量较低。

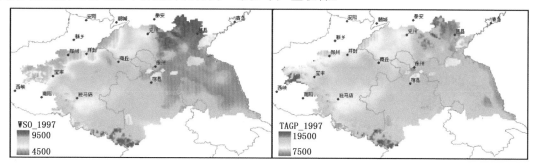

图 8-15　1997 年淮河流域 WOFOST 模型 WSO 和 TAGP 的模拟结果(kg/hm^2)

8.3.3　水稻生长模型区域化方法

RCSODS 生长模型区域化也包括作物遗传参数、土壤参数以及播期的区域化。与 WC-SODS 小麦模型类似,本模型与发育有关的遗传参数利用淮河流域水稻种植区内 9 个样点 1999—2008 年间水稻观测资料,采用"试错法"分别调试得到该区域水稻品种的遗传参数,包括:基本营养生长性参数、感温性参数和感光性参数等。对于与生长有关的遗传参数,如净光合速率、根冠比、水稻地上部的分配系数(PC_g)、叶面积指数、叶分配系数(PC_l)以及水稻孕穗期、抽穗期和乳熟期抽穗后转移率等(葛道阔等,2013),同样利用淮河流域多个观测点多年平均值代表该区域水稻品种生态型参数。土壤参数同样采用南京土壤所提供的全国 1：100 万的各类土壤参数格点数据。对于水稻播期,1 个分区内差异较小,用多个观测点多年平均值代表该区域参数。

8.4　基于作物生长模型的旱涝灾损精细化评估

8.4.1　冬小麦旱涝灾损精细化评估

8.4.1.1　冬小麦生长区域旱涝灾损指标

利用区域化的 WCSODS 模型模拟 1973—2008 年各年淮河流域冬小麦网格点旱涝灾损指数,结合实际产量损失出现的概率确定旱涝灾害指标的分级阈值。

对于出苗以来的旱涝灾损评估,首先参照"小麦干旱灾害等级"的气象行业标准以及作物生长模型对冬小麦旱涝的敏感性分析,将淮河流域冬小麦旱涝灾害损失程度分为八级,即特重度(旱)、重度(旱)、中度(旱)、轻度(旱)、正常、轻度(涝)、中度(涝)和重度(涝)。按照 5.2.1.3

节的方法,根据旱涝灾损样本数值概率分布确定各级灾损阈值。淮河流域1973—2008年冬小麦由特重度(旱)到重度(涝)实际出现各等级的概率依次为0.2、2.3、4.2、7.2、76.8、6.3、3.0和0.1。以此概率对作物生长模型模拟计算得到的干旱灾损指数和涝渍灾损指数进行分级,并对结果进行微调,从而确定了淮河流域冬小麦全生育期旱涝灾损等级的分级阈值(表8-7),其对应的实际产品损失等级阈值见表8-2。

表8-7 淮河流域冬小麦旱涝灾损作物生长模型评估等级的分级阈值(%)

等级	涝(渍)			正常		干旱		
	重度(<)	中度(<)	轻度(<)	正常(<)	轻度(<)	中度(<)	重度(<)	特重度<)
阈值	13	9	6	4	6	10	18	28

8.4.1.2 冬小麦旱涝灾损精细化评估结果检验

根据冬小麦实际减产等级(表8-2)对作物生长模型模拟的1973—2008年旱涝灾损评估结果进行验证。可以看出,模拟灾损等级与实际减产等级相同的格点占总体的62.3%,等级差≤1的准确率为83.3%(图8-16)。从作物生长模型模拟的淮河流域冬小麦旱涝准确率的历年结果可以看出,71%以上的年份模拟等级与实际减产等级差≤1的格点比例在80%以上。个别年份的模拟准确率较低,如2003年、1999年和1986年(图8-17)。

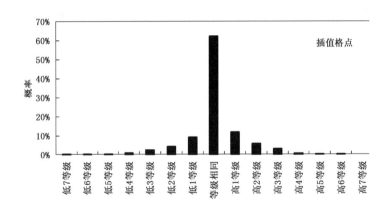

图8-16 作物生长模型模拟淮河流域冬小麦旱涝灾损等级的总体准确率

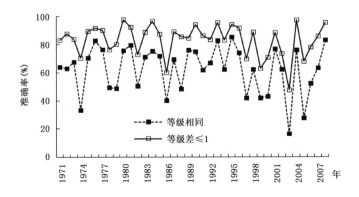

图8-17 作物生长模型模拟淮河流域冬小麦旱涝灾损等级的逐年准确率

　　在分类准确率方面,将 WCSODS 模型模拟 1973—2008 年淮河流域冬小麦干旱、涝渍和正常网格点与相应格点的实际旱涝类型对比,分别统计干旱减产、涝渍减产和正常的模拟准确率。结果显示,作物生长模型评估干旱减产、涝渍减产和不减产的准确率分别为 67.5%、90.8% 和 50.9%。说明模型评估流域内不同水分胁迫影响的能力均较高。

　　图 8-18 为作物生长模型模拟一些典型年份淮河流域冬小麦旱涝灾损与实际情况的比较。可以看出,大多数年份模型对旱涝模拟评估,在空间分布的走向、范围上均与实际结果较为一致,尤其是典型旱涝年份更为一致。如模拟结果对 2000 年的干旱、2002 年、2003 年的北旱南涝以及 2007 年的水分正常年型都有正确反映。

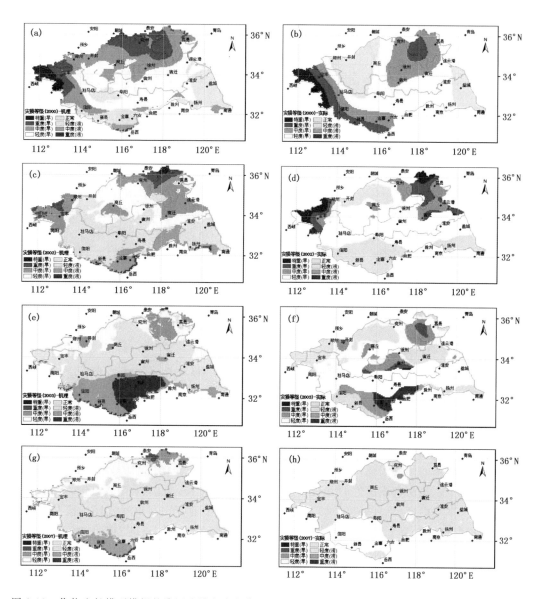

图 8-18　作物生长模型模拟的淮河流域冬小麦典型旱涝年灾损等级(左列)与实际减产等级(右列)比较

8.4.1.3　冬小麦旱涝灾损精细化评估结果

　　图 8-19 为淮河流域所有网格点干旱灾损指数和涝渍灾损指数平均值的历年变化。可以看出，淮河流域冬小麦干旱灾害损失大于涝渍。二者均有随时间呈微弱降低的趋势，但均未通过显著性检验。近些年出现旱灾损失较大的年份主要有 1986 年、1978 年、2000 年和 1981 年，涝渍灾害造成损失较大的年份主要有 1998 年、1989 年、1979 年和 1990 年。

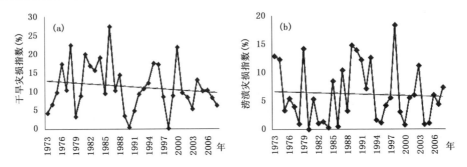

图 8-19　淮河流域格点冬小麦干旱灾损指数(a)和涝渍灾损指数(b)平均值的历年变化

　　图 8-20 为一个 10 年(1999 — 2008 年)的淮河流域冬小麦旱涝灾损区域评估图。可以看出，流域旱涝灾损分布有典型的越往北旱灾损失越重、越往南涝灾损失越重的特点。2000 年几乎为全流域的干旱年，仅仅安徽霍山和江苏如皋局部有一些涝灾损失。2001 年、2002 年和 2003 年为典型的北旱南涝，而旱涝灾损分布和等级又有不同。2001 年在莒县、商丘和南阳一线以北有旱灾损失、而安徽六安和江苏海安以南少部分地区为中度涝灾损失以上，其余大部分地区为正常或仅有轻涝灾损。2002 年北部干旱灾损严重、2003 年南部涝渍灾损严重。2006 年的涝渍灾损则呈沿流域南部带状分布特点。2004 年、2005 年以及 2007 年该流域大部分地区未出现旱涝灾损。值得一提的是，图 8-20 中还可以清晰地显示较小区域(乡镇级)局部的干旱或涝渍灾损的等级差异，体现出空间精细化评估的优势。

8.4.2　夏玉米旱涝灾损精细化评估

8.4.2.1　夏玉米生长区域旱涝灾损指标

　　利用区域化的 WOFOST 模型模拟 1971—2008 年各年淮河流域夏玉米网格点旱涝灾损指数，结合 5.2.1.3 节的作物实际减产率出现的概率确定旱涝灾损指标的分级阈值。根据评估时效的需要，灾损指标阈值分为出苗以来和近 20d 旱涝两种。

　　对于出苗以来的旱涝灾损评估，首先参考"小麦干旱灾害等级"的气象行业标准以及作物生长模型对夏玉米旱涝的敏感性的分析，将淮河流域夏玉米旱涝灾损等级分为八级，即特重度(旱)、重度(旱)、中度(旱)、轻度(旱)、正常、轻度(涝)、中度(涝)和重度(涝)。按照 5.2.1.3 的方法，根据旱涝灾损样本数值概率分布确定各级灾损阈值。淮河流域 1971—2008 年夏玉米实际出现各旱涝灾损等级的概率依次为 2.7%、0.8%、2.9%、7.8%、65.3%、14%、3.3%、3.3%。根据此概率对作物生长模型得到的干旱灾损指数和涝渍灾损指数进行分级，并对结果进行微调，从而确定了淮河流域夏玉米全生育期旱涝灾损等级的分级阈值(表 8-8)，其对应的夏玉米实际减产率等级阈值见表 8-3。

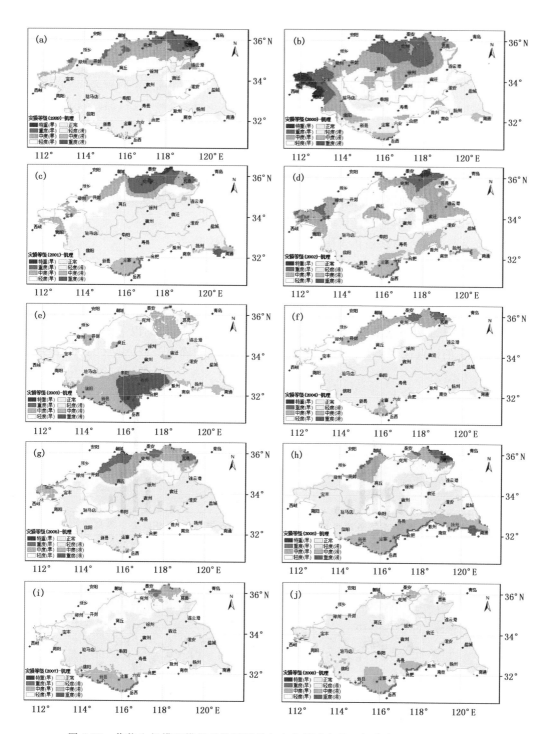

图 8-20 作物生长模型模拟的淮河流域冬小麦旱涝灾损逐年分布图(1999—2008)

表 8-8　淮河流域夏玉米旱涝灾损作物生长模型评估等级的分级阈值(%)

等级	涝(渍)			正常		干旱		
	重度(<)	中度(<)	轻度(<)	正常(<)	轻度(<)	中度(<)	重度(<)	特重度<)
全生育期	15	10	1	0	10	30	40	50
出苗—拔节	35	25	15	0	15	30	35	40
拔节—抽雄	25	20	10	0	10	20	35	40
抽雄—乳熟	10	6	2	0	5	10	20	30
乳熟—成熟	10	5	1	0	20	50	70	80

对于近 20d 的旱涝灾损评估,由于不同发育阶段夏玉米对旱涝的敏感性不同,因此分出苗—拔节、拔节—抽雄、抽雄—乳熟和乳熟—成熟等阶段分别确定旱涝灾损等级的阈值(表 8-8),确定方法与出苗以来的旱涝灾损评估一致。

8.4.2.2　夏玉米旱涝灾损精细化评估检验

首先利用夏玉米实际减产率等级(表 8-3)对作物生长模型模拟 1971—2008 年的旱涝灾损评估的 8 个等级进行检验(图 8-21)。由图可见,模拟效果总体较好。模拟等级与实际减产等级相同的格点占 42.3%~44.2%,等级差≤1 的准确率为 80.3%~81.3%。图 8-22 为作物生长模型模拟淮河流域夏玉米旱涝准确率的历年结果。可以看出,63% 以上的年份模拟与实际结果等级差≤1 的格点比例在 80% 以上。个别年份的模拟准确率较低,如 2003 年、1999 年和 1986 年。

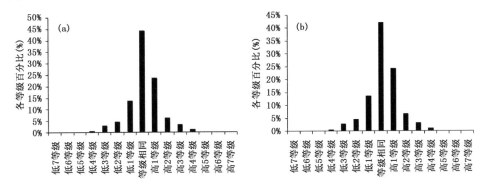

图 8-21　作物生长模型模拟淮河流域夏玉米旱涝灾损等级的总体准确率
(a)与插值格点气象产量比;(b)与色斑格点气象产量比

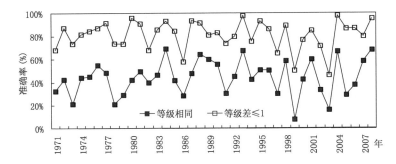

图 8-22　作物生长模型模拟淮河流域夏玉米旱涝灾损等级的逐年准确率(与插值格点气象产量比)

然后对作物生长模型评估 1971—2008 年淮河流域夏玉米的干旱减产、不减产和涝灾减产等三个分类进行验证。评估准确率分别为 74.1%、54.8% 和 42.4%。可见,模型评估干旱减产的准确性最高,而涝渍减产评估准确率较低。究其原因,模型将较多涝渍减产格点评估为不减产,表明模型对涝渍减产的敏感性还不够,需在今后的研究中继续进行改进。

最后利用作物生长模型对淮河流域一些典型年份的夏玉米旱涝灾害损失进行评估,并与实际灾损的空间分布情况进行比较(图 8-23)。可以看出,多数年份模型模拟评估与实际结果在空间分布上比较一致,各年份旱涝的分界也比较明显。如模拟结果对 1997 年、2002 年的干旱减产、不减产的 2001 年以及 2003 年、2007 年的涝灾减产都有正确反映。但模型对个别年份旱涝灾损评估的等级与实际有差异。如 2002 年模拟干旱评估偏重,2007 年模拟涝渍评估偏重。

8.4.2.3　夏玉米旱涝灾损精细化评估结果

首先分析淮河流域夏玉米旱涝损失评估结果的逐年变化。图 8-24 为淮河流域所有网格点干旱灾损指数平均的逐年变化。由图可见,淮河流域夏玉米干旱程度随时间有降低的趋势。20 世纪 90 年代干旱的波动性更明显,2003—2011 年均未出现严重干旱。近些年出现旱灾损失较大的年份主要包括 1994 年、1997 年、1999 年、2002 年和 2013 年。

图 8-25 为淮河流域所有网格点涝渍灾损指数平均的逐年变化。可以看出,淮河流域夏玉米涝渍损失程度有随时间增加的趋势。但自 20 世纪 90 年代以来,涝渍的波动性明显加大。近些年出现涝渍灾害造成损失较大的年份主要包括 2000 年、2003 年、2005 年、2006 年和 2007 年。

然后分析了近些年淮河流域夏玉米旱涝损失评估结果的空间变化。图 8-26 为近 10 年(2004—2013 年)淮河流域夏玉米生长旱涝损失评估状况。可以看出,2004 年及 2008—2011 年中,除个别零星格点外,淮河流域夏玉米生长基本为正常年,未出现旱涝灾害损失。2005—2007年玉米生长连续三年出现中度涝灾损失,造成产量损失在 18% 以上。夏玉米涝渍灾损发生区域主要分布在河南驻马店、安徽宿县至江苏北部等地区。2012 与 2013 年淮河流域夏玉米生长在空间上发生了旱涝灾损并存的情况。2012 年淮河流域内沿南阳、商丘、宿县到淮安一线以及山东部分出现轻到重涝,而其两侧发生了轻旱。2013 年流域内山东兖州到江苏徐州再至安徽宿州一带发生轻到中度涝灾损失,而河南出现旱灾损失,其北部甚至发生了特重度旱灾损失。

8.4.3　一季稻旱涝灾损精细化评估

8.4.3.1　一季稻生长区域旱涝灾损指标

利用区域化的 RCSODS 模型模拟 1971—2008 年各年淮河流域一季稻网格点旱涝灾损指数,结合实际产量损失出现的概率确定旱涝灾害指标的分级阈值。

对一季稻出苗以来的旱涝灾损评估,首先将淮河流域一季稻旱涝灾害损失按照统一的分级数,分为八级,即特旱、重旱、中旱、轻旱、正常、轻涝、中涝和重涝。按照 5.2.1.3 的方法,根据旱涝灾损样本数值概率分布确定各级灾损阈值。淮河流域 1971—2008 年一季稻由特旱到重涝实际出现各等级的概率依次为 1.4、0.6、3.2、7.2、65.9、14.1、4.4 和 3.4。以此概率对作物生长模型模拟结果进行分级,并对结果进行微调,从而确定了淮河流域一季稻全生育期旱涝灾损等级的分级阈值(表 8-9),其对应的一季稻旱涝减产等级阈值见表 8-4。

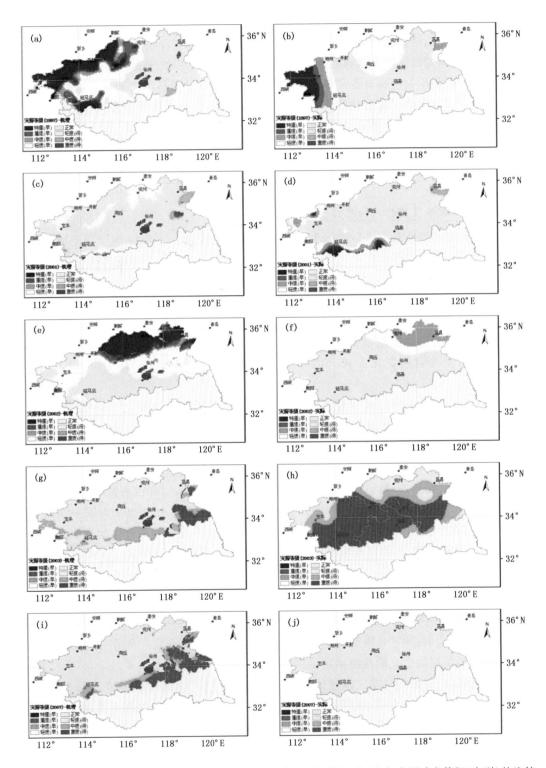

图 8-23　作物生长模型模拟的淮河流域夏玉米典型旱涝年灾损等级（左列）与实际减产等级（右列）的比较

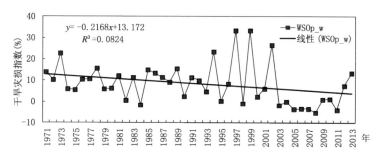

图 8-24　淮河流域代表站网格点夏玉米干旱灾损指数平均的逐年变化

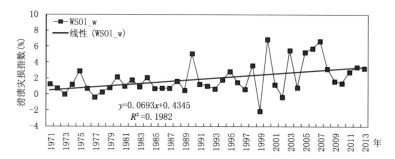

图 8-25　淮河流域所有网格点夏玉米涝渍灾损指数平均的逐年变化

表 8-9　淮河流域一季稻旱涝灾损作物生长模型评估等级的分级阈值(%)

等级	涝(渍)			正常		干旱		
	重度(<)	中度(<)	轻度(<)	正常(<)	轻度(<)	中度(<)	重度(<)	特重度<)
全生育期	14	9	5	3	6	10	17	22

8.4.3.2　一季稻旱涝灾损精细化评估检验

以一季稻实际气象产量的旱涝灾害减产等级为参照标准(表 8-4),对作物生长模型模拟 1971—2008 年的旱涝结果进行验证(图 8-27)。可以看出,总体模拟效果较好。模拟等级与实际减产等级相同的格点占 64.8%,等级差≤1 的准确率为 88.0%。图 8-28 为作物生长模型模拟淮河流域一季稻旱涝灾损等级准确率的逐年结果。可以看出,82% 以上的年份模拟与实际结果等级差≤1 的格点比例在 80% 以上。个别年份的模拟准确率较低,如 2001 年、2003 年和 1978 年。

在分类准确率方面,即将 RCSODS 模型模拟 1971—2008 年淮河流域一季稻干旱、正常和涝灾格点等级与相应实际旱涝减产等级对比,分别统计干旱、正常和涝灾的模拟准确率。结果显示,干旱、正常和洪涝的模拟准确率分别为 24.5%、75.3% 和 40.5%。说明模型评估流域内不同水分胁迫状况的能力均较高。

图 8-29 为作物生长模型模拟一些典型年份淮河流域一季稻旱涝灾损等级与实际灾损等级的比较。可以看出,大多数年份模型对旱涝模拟评估,在空间分布的走向、范围上均与实际结果较为一致,尤其是典型旱涝年份更为一致。如模拟结果对 2001 年的干旱、2003 年的洪涝以及 2008 年的水分正常年型都有正确反映。

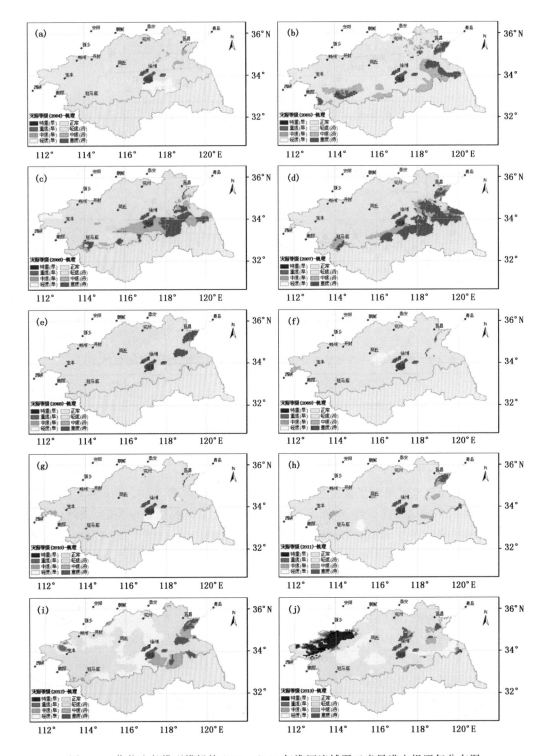

图 8-26　作物生长模型模拟的 2004—2013 年淮河流域夏玉米旱涝灾损逐年分布图

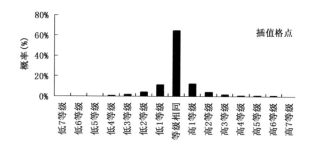

图 8-27 作物生长模型模拟淮河流域一季稻旱涝灾害的总体准确率

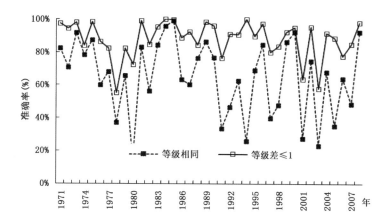

图 8-28 作物生长模型模拟淮河流域一季稻旱涝灾损等级的逐年准确率

8.4.3.3 一季稻旱涝灾损精细化评估结果

利用改进后的 RCSODS 模型模拟淮河流域历年的水稻生长发育过程,根据旱涝指标对全生育期一季稻生长旱涝损失进行评估。图 8-30a 为淮河流域所有网格点干旱灾损指数平均值的历年变化,可反映淮河流域一季稻干旱对产量影响的变化趋势及其年份特征。可以看出,淮河流域一季稻干旱程度随时间有微弱增高的趋势。近些年出现旱灾损失较大的年份主要包括 2001 年、1976 年、1989 年和 1978 年,而 2003 年后干旱灾损指数均低于或者接近于平均值,未出现严重干旱。

图 8-30b 为淮河流域所有网格点一季稻涝灾指数平均的历年变化。可以看出,淮河流域一季稻涝灾程度有随时间有一定的增高趋势,2003—2007 年,连续出现大于平均值的涝灾,近些年涝灾造成损失相对较大的年份主要包括 2003 年、2007 年和 2005 年,但由于水稻是耐涝作物,流域洪涝对一季稻产量影响总体不大。

图 8-31 为 1999—2008 年淮河流域一季稻生长旱涝损失评估状况。可以看出,2001 年为典型的干旱年,仅仅江苏阜宁、射阳局部有涝以及安徽金寨、江苏如东局部水分正常。其余年份仅有零星旱情,2003 年、2005 年、2006 年和 2007 均出现较大范围的洪涝,但一季稻产量损失并不大,其他年份流域以正常水分为主。

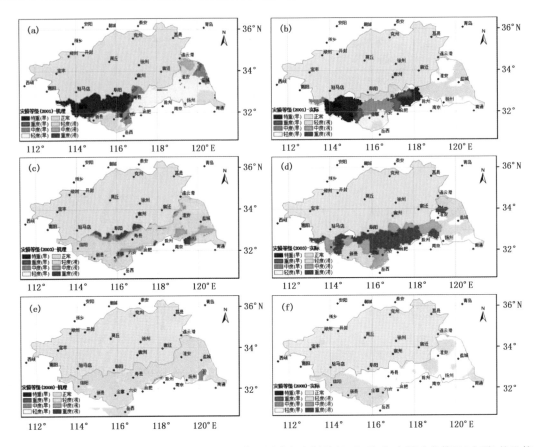

图 8-29　作物生长模型模拟的淮河流域一季稻典型旱涝年实际等级(左列)与实际减产等级(右列)的比较

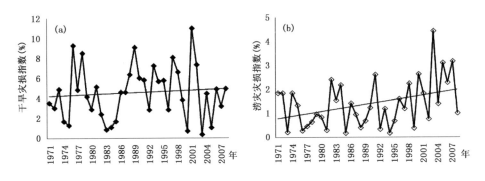

图 8-30　淮河流域所有网格点一季稻干旱灾损指数(a)和涝渍灾损指数(b)平均值的历年变化

8.5　基于生长模型的农作物旱涝灾损时间动态评估

　　利用各地实时作物出苗日期、品种熟性数据,在作物对水分胁迫的敏感生育阶段,利用作物生长模型结合旱涝指标进行旱涝等级评价,并给出生物量损失的定量评估。利用不断更新的实时气象数据驱动作物生长模型,结合旱涝指标,可以开展旱涝灾害损失的时间动态评估,其动态时间尺度为每 10d 一次,评估时长为 20d。

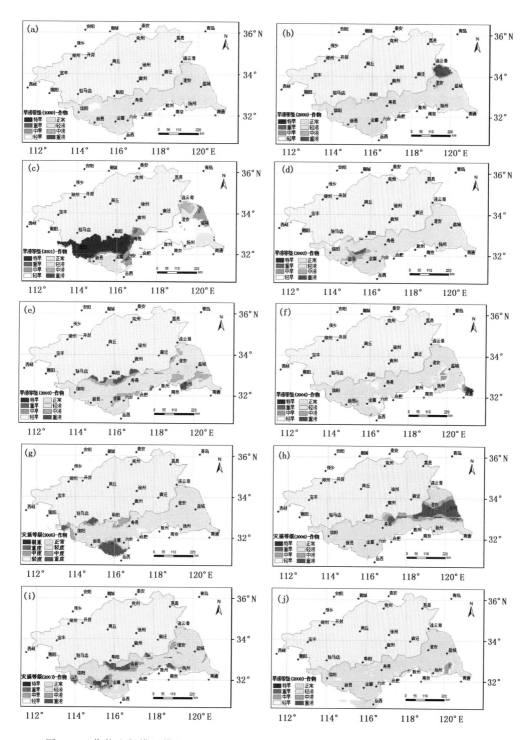

图 8-31　作物生长模型模拟的 1999—2008 年淮河流域一季稻生长旱涝损失逐年分布图

8.5.1　冬小麦旱涝灾损的时间动态评估

图 8-32 为 2000 年 2 月下旬至 6 月上旬淮河流域冬小麦的旱涝损失动态评估。由图 8-32 可见,2 月下旬至 3 月上旬,在冬小麦大田生育前期,Ⅰ区及Ⅱ区北部已发生不同程度的旱灾,从面积上看,以特重灾损范围最大、重度次之、中度范围最小,其他地区麦田水分正常或有涝渍,且以重度涝渍灾为主(图 8-32a),随后,旱灾的范围向南有所蔓延,至 4 月上旬扩展到流域西北部,(图 8-32b—e);4 月中旬,旱灾的范围几乎遍及Ⅰ区、Ⅱ区、Ⅲ区的全部和Ⅳ区的西北部(图 8-32f);其后旱情范围又一度向北有所收窄又向南蔓延,至 5 月下旬至 6 月上旬,旱灾范围达到最大,达流域面积的 70% 左右,且在灾损等级上以特重旱为主,仅在旱灾区域的南沿为重度旱和中度旱(图 8-32g—j)。

图 8-33 为 1998 年 2 月下旬至 6 月上旬淮河流域冬小麦的涝渍灾损动态评估。由图 8-33 可见,2 月下旬至 3 月上旬,Ⅲ区和Ⅳ区除西北部以外的地区均发生涝渍灾害(图 8-33a、b),其后涝渍灾害范围随发育进程逐渐扩展,除了原来已达重度灾损的区域以外,其余区域亦呈由轻度至重度灾损变化之势(图 8-33c—d),4 月上旬至小麦生育后期,涝渍灾害几乎遍及淮河流域除流域北沿局部地区以外的所有地区。且以重度涝渍灾损为主(图 8-33e—j)。

8.5.2　夏玉米旱涝灾损的时间动态评估

图 8-34 为 1997 年淮河流域夏玉米生的旱涝损失动态评估。由图 8-34 可以看出,该夏玉米生长季主要因干旱导致损失。其生长初期(6 月底)流域部分地区出现干旱导致中度损失(图 8-34a);至 7 月份,则只有河南驻马店和商丘至山东兖州两个地区发生干旱,前者干旱损失程度不断降低并范围缩小,而后者在中旬一度上升为重度后又降为轻度(图 8-34b—d)。至 8 月份,除上面两个区域仍持续干旱外,河南宝丰至郑州、开封一带也出现旱灾,并维持在重度损失以上(图 8-34e—g)。9 月份,淮河流域夏玉米旱灾范围不断扩大,最终发展到兖州至宿州一线以西均导致重度损失(图 8-34h—j)。

图 8-35 为 2005 年淮河流域夏玉米的涝渍灾损动态评估。可以看出,当年该区域夏玉米初期遭受干旱灾害而并逐渐发展为涝渍灾害(图 8-35a、b),且涝渍灾害随发育进程有逐渐扩展加重的趋势,但中重度损失主要发生在河南驻马店至安徽宿州一线(图 8-35c—g)。

8.5.3　一季稻旱涝灾损的时间动态评估

图 8-36 为 2001 年淮河流域一季稻全生育期的旱涝灾害损失动态评估。可以看出,2001 年淮河流域一季稻生长季发生了大范围的旱情。大田生育前期至 8 月中旬前,流域一季稻区中、西部已显现大范围的轻旱灾损(图 8-36a—e),其后,旱灾逐步扩展至几乎全流域一季稻区,与此同时,损失程度不断加重,中度至特重度灾损的范围不断增大,由生育前期的河南罗山、息县部分区域,至生育后期,在本流域水稻区的河南新县、潢川、固始至安徽霍邱、寿县一线及以北,均发生了中度至特重度旱灾损失(图 8-36f—j)。

图 8-37 为 2003 年淮河流域一季稻全生育期的涝灾损失动态评估。可以看出,除河南信阳、正阳水分正常外,该一季稻生长季发生了几乎全流域的涝灾损失,以轻度范围最大、中度其次、重度再次。因一季稻涝灾多因降水过多造成,多发生在一季稻生育前期,该一季稻生长季涝灾 7 月上旬已非常明显,但随发育进程变化不大。

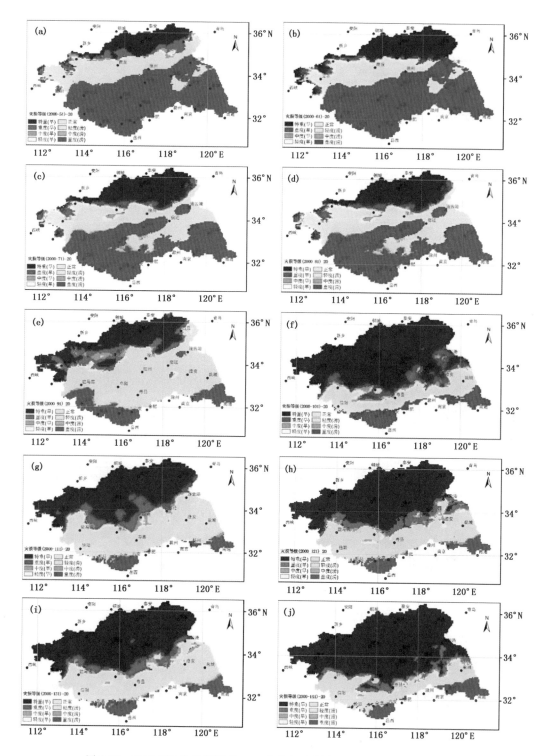

图 8-32　基于作物生长模型的 2000 年淮河流域冬小麦旱涝灾损动态评估

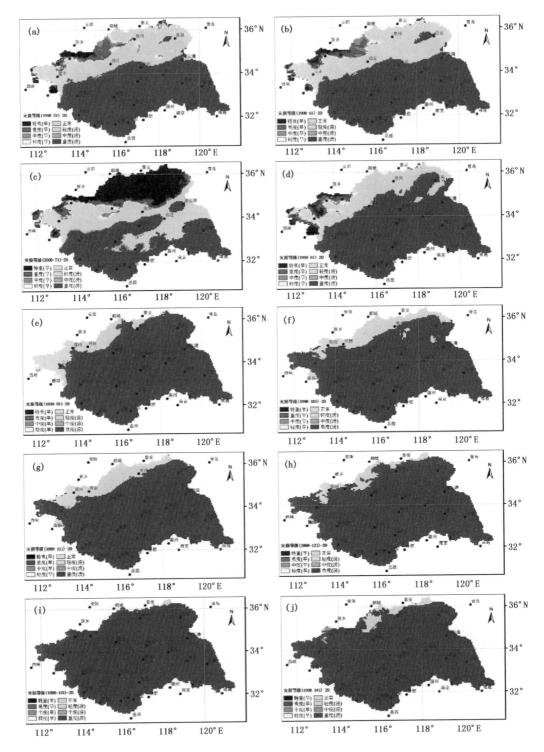

图 8-33　基于作物生长模型的 1998 年淮河流域冬小麦涝渍灾害损失动态评估

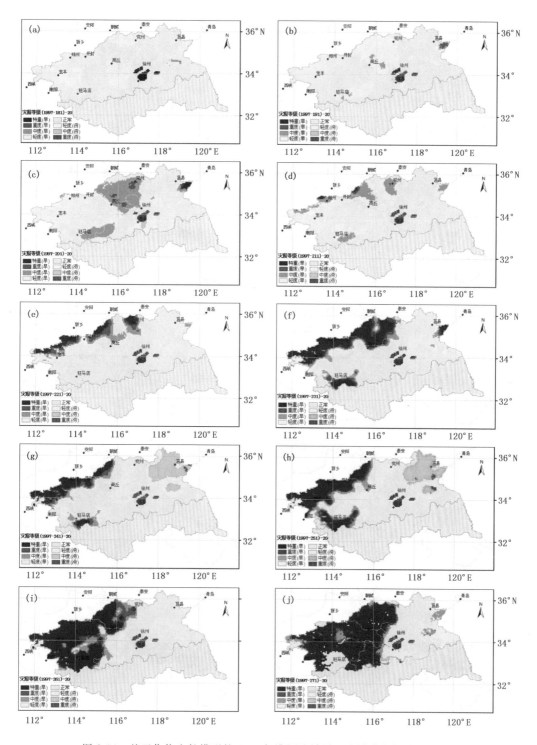

图 8-34　基于作物生长模型的 1997 年淮河流域夏玉米旱涝灾损动态评估

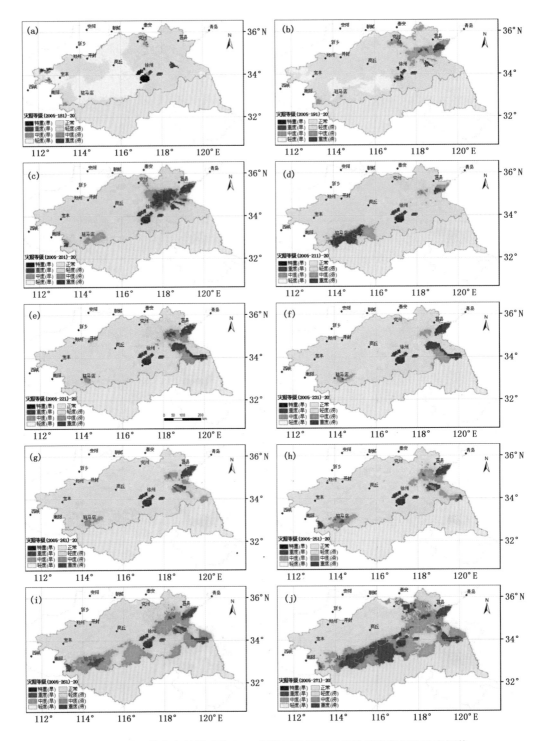

图 8-35　基于作物生长模型的 2005 年淮河流域夏玉米涝渍灾害损失动态评估

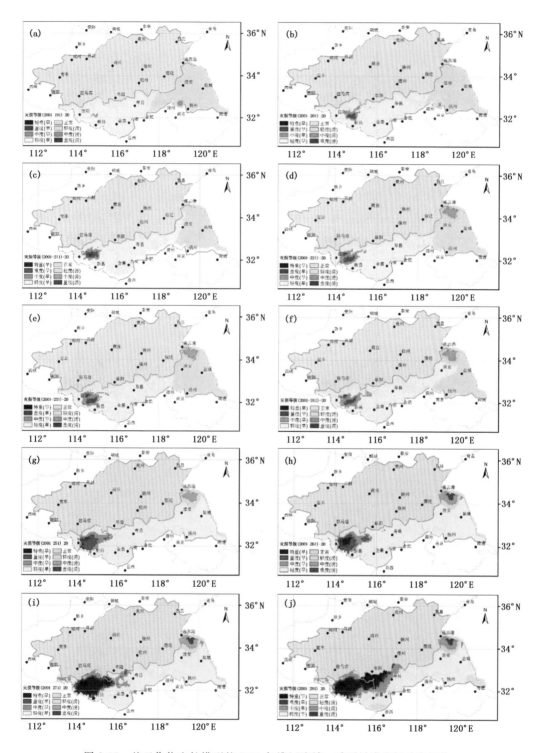

图 8-36 基于作物生长模型的 2001 年淮河流域一季稻旱涝灾损动态评估

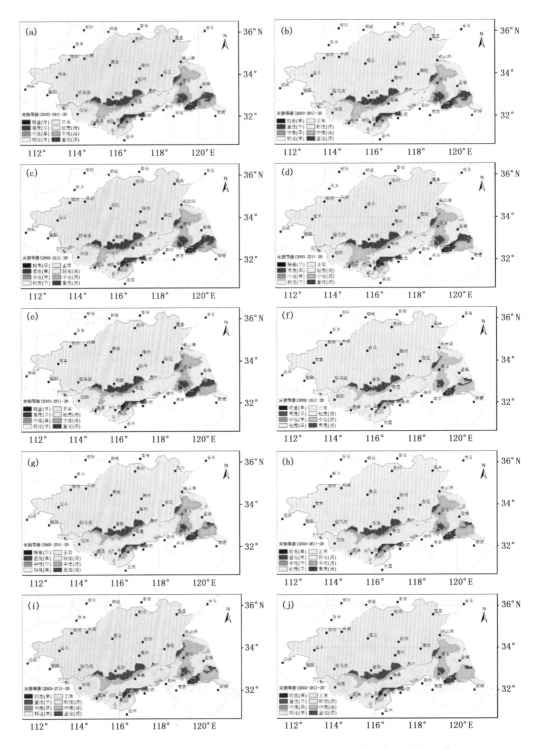

图 8-37　基于作物生长模型的 2003 年淮河流域一季稻涝灾损失动态评估

8.6　本章小结

本章从评估指标的细化、评估结果的高空间分辨率、评估过程的时间动态等方面阐述了农作物旱涝灾害损失的精细化评估方法。

(1)气象要素插值。采用目前国际上广泛应用的针对气候数据曲面拟合插值的专用软件——ANUSPLIN 软件对淮河流域 1971—2013 年的日平均气温、日最高气温、日最低气温、降水、风速、水汽压、相对湿度和日照时数数据进行了 5km×5km 分辨率的格点化和误差分析。结果表明,淮河流域各气象要素整体插值误差较小,精度较高。插值获得的气象要素格网化数据集是灾害损失评估模型区域化的基础数据。

(2)模型参数区域化。数理统计模型区域化包括对灾害强度、作物水分敏感指数和区域旱涝脆弱指数的格点化;作物生长模型的区域化主要包括气象驱动数据、发育参数、生长参数、土壤参数以及初始值的网格化。数理统计模型的灾害强度指数和作物模型的气象驱动数据利用 ANUSPLIN 方法插值获得,其他参数根据各自的性质采用插值、分区等方法确定其空间分布。模型参数的区域化是高空间分辨率的旱涝灾损评估和模拟的基础。

(3)区域评估准确率。数理统计模型和作物生长模型旱涝灾损区域评估准确率(等级差≤1)在 80% 左右,其中等级完全一致的在 50% 左右;两类模型旱涝灾损区域评估的分类准确率冬小麦和夏玉米在 70% 以上,一季稻为 40%～50%。评估准确率涝渍总体高于干旱。多数年份模型评估结果分布与实际灾损率在空间分布上基本一致。

(4)区域精细化评估。评估结果表明,淮河流域冬小麦旱涝灾害损失分布有典型的北旱南涝特点,全流域平均干旱和涝渍灾损有随时间微弱降低趋势,干旱灾损大于涝渍。夏玉米平均干旱灾损也有随时间变化而降低的趋势,涝渍平均灾损的变化趋势为随时间而上升,旱涝危害并存,损失程度大于冬小麦。一季稻旱涝平均灾损均有随时间增加趋势,涝渍灾损大于干旱。一季稻旱涝减产程度总体小于旱作。利用不断更新的实时气象数据驱动作物生长模型,结合旱涝损失指标可以开展旱涝灾损逐日动态评估。

参考文献

干莲君,项瑛,田心茹.2001.江苏旱涝灾害对农作物经济损失评估的探讨[J].气象科学,**21**(1):122-126.

高亮之,金之庆,黄耀,等.1992.水稻栽培计算机模拟优化决策系统(RCSODS)[M].北京:中国农业科技出版社.

高亮之,金之庆,郑国清,等.2000.小麦栽培模拟优化决策系统.(WCSODS)[J].江苏农业学报,**16**(2):65-72.

葛道阔,曹宏鑫,吕淞霖,等.2013.基于干旱胁迫的水稻栽培模拟优化决策系统(RCSODS)的订正与检验[J].江苏农业学报,**29**(6):1193-1198.

葛道阔,曹宏鑫,张利华,等.2013.基于干旱涝渍胁迫的 WCSODS 模型订正与检验[J].江苏农业学报,**29**(3):490-495.

江敏,金之庆.2009.CERES-Rice 模型区域应用中遗传参数升尺度的一种方法[J].中国水稻科学,**23**(2):172-178.

刘布春,王石立,马玉平.2002.国外作物模型区域应用研究进展[J].气象科技,(4):193-203.

刘志红,Li Lingtao,McVicar T R,等.2008.专用气候数据空间插值软件 ANUSPLIN 及其应用[J].气象,**34**(2):92-100.

刘志红,McVicar T R,LingTao Li,等.2006.基于5变量局部薄盘光滑样条函数的蒸发空间插值[J].中国水土保持科学,**4**(6):23-30.

马玉平,王石立,张黎,等.2005.基于升尺度方法的华北冬小麦区域生长模型初步研究Ⅰ:潜在生产水平[J].作物学报,(6):697-705.

钱永兰,吕厚荃,张艳红.2010.基于ANUSPLIN软件的逐日气象要素插值方法应用与评估[J].气象与环境学报,**26**(2):7-15.

单九生,徐星生,樊建勇.基于GIS的BP神经网络洪涝灾害评估模型研究[J].江西农业大学学报,2009,**31**(4):777-780.

王春林,董永春,李春梅,等.2006.基于GIS的广东干旱逐日动态模拟与评估[J].华南农业大学学报,**27**(2):20-24.

魏丽,王保生.1998.江西省区域洪涝灾害模糊综合评判方法的研究[J].中国农业气象,**19**(1):49-52.

徐乃璋,白婉如.2002.水旱灾害对我国农业及社会经济发展的影响[J].灾害学,**17**(1):91-96.

许朗,欧真真.2011.淮河流域农业干旱对粮食产量的影响分析[J].水利经济,**29**(5):56-59.

张浩,马晓群,曹雯,等.2014.淮河流域冬小麦生育期水热资源时空变化及其影响[J].中国农学通报,**30**(18):177-184.

中国农林作物气候区划协作组.1987.中国农林作物气候区划[M].北京:气象出版社.

Bates D,Lindstrom M,Wahba G. 1987. Gcvpack-routines for generalized cross validation[J]. *Communications in Statistics B-Simulation and Computation*,**16**:263-297.

Hutchinson M F. 1991. The application of thin plate splines to continent-wide data assimilation//Jasper J D. Data Assimilation Systems. BMRC Research Report No. 27. Melbourne: Bureau of Meteorology,104-113.

Hutchinson M F. 2004. ANUSPLIN Version 4.3 User Guide. Canberra: The Australia National University, Center for Resource and Environment Studies 2004. http://cres.anu.edu.au/outputs/ anusplin.php.

第 9 章　农作物旱涝灾害损失综合评估方法

　　我国的农业气象灾害损失评估大体始于 20 世纪 80 年代,以人工控制条件、大田试验以及灾害资料统计分析形成的农业气象灾害指标体系为基础,建立各种评估模型,使得农业气象灾害损失评估从定性逐步向定量化发展(陈怀亮等,2009),数理统计方法是基本的评估手段。20世纪 90 年代以后,随着灾害系统理论的逐步深化,农业气象灾害损失评估指标除了考虑自然属性,也关注灾害的社会属性。基于灾害强度、灾害覆盖度、作物对灾害的敏感度、抗灾能力以及社会生产力水平等因素的数理统计评估模型不断发展,取得了较多的研究成果(姜爱军等,1998;魏瑞江等,2000;马晓群等,2005)。目前,关于灾损评估的综合模型多数是指建立在统计分析基础上的经验性模型(不涉及系统内部运行机理)或静态模型(不含时间变量)(余卫东等,2009)。这类评估模型通常是根据建立起的评估指标和灾情之间的关系得到评估结果,往往只适用于统计数据源的特定环境,模型的稳定性与样本数量和代表性相关很大;机理性不够,动态跟踪能力也不强。

　　在数理统计模型研究快速发展的同时,作物生长模拟模型的研究也取得了长足进步,并逐步应用于农业气象灾害损失评估(王石立等,1998;孙宁等,2005;吴玮,2013)。作物生长模拟模型的优势在于从农业生态系统物质能量转换等规律出发,以光、温、水、土壤等条件为环境驱动变量,对作物生育期内光合、呼吸、蒸腾等重要生理生态过程进行动态数值模拟,实时性、动态性很强(马玉平等,2005),提高了农作物灾害损失评估的机理性和动态跟踪能力。目前,虽然利用作物生长模型进行农业气象灾害损失评估仍有不少需要改进和完善的地方,但它为传统的气象灾害损失评估研究提供了新视角,注入了新活力,是一个值得关注的方向。

　　综上所述,目前农作物气象灾害损失评估的主要方法分别为数理统计模型和作物生长模型,二者各有所长,又各有一定的局限性。IPCC 第五次气候变化评估报告指出,在未来气候变暖背景下,中纬度大部分陆地区域和湿润的热带地区强降水强度可能加大,发生频率可能增加,全球降水将呈现"干者愈干、湿者愈湿"的趋势(秦大河等,2014)。气候变化对农业的负面影响更为普遍,在国家尺度和更小的区域,降水变化可能更重要(谢立勇等,2014)。自然灾害损失评估是政府制定防灾减灾规划的重要依据,日趋严峻的气候变化形势也对旱涝灾损评估工作提出了更高的要求,因此有必要对现有的各种评估方法进行深入研究,不断完善,同时需要进行多种方法的综合评估研究,提高评估结果的客观准确性,以取得更好的应用效果。

　　本章详细介绍在利用气象、农业、社会经济和地理资料,完善数理统计评估模型;进行作物生长模型在旱涝胁迫影响层面改进,提高单项模型旱涝评估能力的基础上,尝试开展基于两种方法的农作物旱涝灾害损失综合评估技术研究,使得评估结果能够综合反映二者的优势,得到了客观一致评估结论的方法及其在淮河流域主要农作物旱涝灾害损失评估中的应用。

9.1　农作物旱涝灾损综合评估方法

由于数理统计评估方法和作物生长模拟评估方法在进行农作物旱涝灾害损失评估时所依据的基础理论和实现过程都存在较大差异,不便于方法(模型)的综合,因此采取两类模型评估结果综合的思路,即将同类型灾害(干旱或涝渍)单项模型评估的准确率作为综合的依据,以其作为权重系数,建立淮河流域农作物旱涝灾损综合评估模型,进行集成评估。

9.1.1　综合评估模型的权重系数

数理统计模型和作物生长模型评估结果与实际减产率相比的准确率有分类准确率和等级准确率(见 8.2.3.3 节)。分别用两类模型的分类符合率和等级完全符合率的权重系数建立综合评估模型。评估结果检验表明,综合评估模型的准确率在很大程度上受权重系数类型的影响。即依据分类准确率得到的权重系数,综合结果的分类准确率较高,而依据等级完全符合率得到的权重系数,综合结果的逐年等级准确率较高。考虑到等级准确率实际上是各年份干旱减产、涝渍减产和不减产的混合准确率,因为即使是典型旱、涝年里也含有大量的不减产格点和一些相反类型的格点,而本研究主要是针对旱涝灾害的损失评估,所以能够区分出干旱减产、涝渍减产和不减产的分类准确率更有意义。因此选择分类准确率作为综合模型权重确定的依据。由于评估结果与实际减产率插值格点和色斑格点(见 8.3.2.3 节)比较的评估准确率无明显差异,因此统一采用各单项模型的插值格点准确率作为权重系数的基础。

冬小麦。分类准确率中干旱和涝渍减产的作物生长模型略高于统计模型,不减产的统计模型略高于作物生长模型,以此形成的权重系数基本均在 1∶1 左右(表 9-1)。

表 9-1　淮河流域冬小麦旱涝灾损综合评估模型的权重系数

项目	格点类型	作物生长模型	数理统计模型
	干旱减产	67.5	60.7
准确率(%)	涝渍减产	90.8	79.0
	不减产	50.9	54.3
	干旱减产	0.53	0.47
权重系数	涝渍减产	0.53	0.47
	不减产	0.48	0.52

夏玉米。分类准确率中干旱减产的统计模型略高于作物生长模型,涝渍减产的统计模型显著高于作物生长模型,不减产的作物生长模型高于统计模型,以此形成的权重系数,干旱基本在 1∶1 左右,涝渍为统计模型大于作物生长模型,不减产的为作物生长模型大于统计模型(表 9-2)。

一季稻。分类准确率中干旱减产的统计模型高于作物生长模型,涝渍减产的统计模型显著高于作物生长模型,不减产的作物生长模型高于统计模型,以此形成的权重系数,干旱和涝渍为统计模型大于作物生长模型,不减产的为作物生长模型大于统计模型(表 9-3)。

表 9-2　淮河流域夏玉米旱涝灾损综合评估模型的权重系数

项目	格点类型	作物生长模型	数理统计模型
准确率(%)	干旱减产	74.1	75.6
	涝渍减产	42.4	73.2
	不减产	54.8	40.4
权重系数	干旱减产	0.49	0.51
	涝渍减产	0.37	0.63
	不减产	0.58	0.42

表 9-3　淮河流域一季稻旱涝灾损综合评估模型的权重系数

项目	格点类型	作物生长模型	数理统计模型
准确率(%)	干旱减产	24.5	35.2
	涝渍减产	40.5	72
	不减产	75.3	60.1
权重系数	干旱减产	0.41	0.59
	涝渍减产	0.36	0.64
	不减产	0.56	0.44

9.1.2　综合评估模型的建立

根据表 9-1—表 9-3 列出的权重系数,采用(9-1)式,建立淮河流域冬小麦、夏玉米和一季稻旱涝灾损综合评估模型

$$Z = \begin{cases} \alpha_1 X_1 + \alpha_2 X_2 \\ \beta_1 X_1 + \beta_2 X_2 \\ \gamma_1 X_1 + \gamma_2 X_2 \end{cases} \tag{9-1}$$

式中,Z 为综合评估的旱涝灾损等级,α 为干旱减产权重,β 为涝渍减产权重,γ 为不减产权重,X_1 为作物生长模型评估的旱涝灾损等级,X_2 为统计模型评估的旱涝灾损等级。

由于统计评估模型有干旱和涝渍两个模型,而作物生长模型是用一个模型评估旱涝灾损。因此在综合评估模型具体执行时,需先用缺水率指标依次判断格点旱涝情况,当格点为非旱非涝时,说明此格点未受旱涝灾害影响,故不参与评估;当格点为干旱减产时,作物生长模型评估结果只要不涝(正常或旱),即将两类模型评估结果按干旱减产权重计算(式 9-1),否则取统计评估结果;如果格点为涝渍减产时,作物生长模型只要不旱(正常或涝)即按涝渍减产权重计算(式 9-1),否则取统计评估结果;当格点为旱或涝但模型不减产时,按即按不减产权重计算(式 9-1)。得到的结果四舍五入取整,即为综合评估等级。

9.2　农作物旱涝灾损综合评估结果检验

9.2.1　冬小麦综合评估结果检验

图 9-1 为淮河流域冬小麦旱涝灾损综合模型表现统计模型和作物模型的评估结果与实际减产等级色斑格点和插值格点的各等级符合率的频数分布直方图。由图可见,综合评估结果较之于单项模型提高了完全符合的比例。

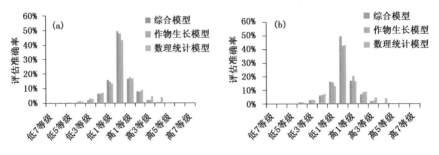

图 9-1　淮河流域冬小麦旱涝灾损各类模型评估的等级符合率比较

(a)插值格点;(b)色斑格点

(1)分类符合率

检验结果表明,淮河流域冬小麦旱涝灾损综合评估结果的分类符合率以涝渍减产符合程度最高,达到 90%,其次为干旱减产,为 60.1%,再次为不减产,为 59%(表 9-4)。与作物模型和统计模型的评估结果相比,综合模型的分类符合率涝渍减产的与作物模型相似,干旱减产的与统计模型相似,不减产的高于作物模型和统计模型(图 9-2)。

表 9-4　淮河流域冬小麦旱涝灾损综合评估分类准确率(%)

格点类型	样本数	模拟类型	准确率	模拟类型	误差1	模拟类型	误差2
涝渍	17570	涝渍拟为涝渍	90.0	涝渍拟为正常	10.0	涝渍拟为干旱	0.0
正常	197038	正常拟为正常	59.0	正常拟为涝渍	5.6	正常拟为干旱	35.3
干旱	87942	干旱拟为干旱	60.1	干旱拟为涝渍	1.1	干旱拟为正常	38.8

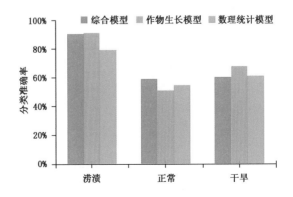

图 9-2　淮河流域冬小麦旱涝灾损各类模型评估的分类准确率比较

（2）等级符合率

检验结果表明,淮河流域冬小麦旱涝灾损综合评估等级符合率的时间分布与统计模型和作物生长模型评估结果类似,也有显著的随时间升高趋势,完全符合率和等级差≤1 的符合率的趋势系数分别为 0.4336（$P<0.01$）和 0.3742（$P<0.05$）（图 9-3）,说明随着单项模型准确率的提高,综合模型的评估结果也得到了一定程度的改善。

从符合率的分布看,完全符合率有 92％的年份在 30％以上,高于作物生长模型,与统计模型持平,有 55％的年份在 50％以上,高于统计模型,与作物生长模型持平;等级差≤1 的符合率有 94％的年份在 60％以上,其中,有 59％的年份在 80％以上,高于两个单项模型（表 9-5）。

以上分析表明,淮河流域冬小麦旱涝灾损综合评估结果较两个单项模型评估结果在完全符合率和基本符合率方面均有所改善。

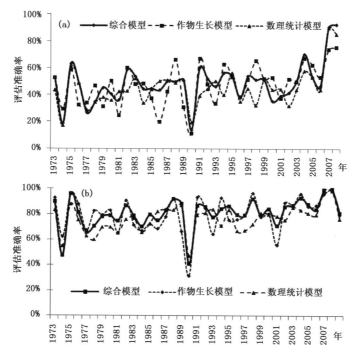

图 9-3　淮河流域冬小麦旱涝灾害损失综合评估完全符合率（a）和等级差≤1 的准确率（b）逐年分布图

表 9-5　淮河流域冬小麦旱涝灾损各类评估模型准确率比较（％）

类型	综合模型	作物生长模型	数理统计模型
完全符合率≥30％的年数比例	92	89	92
完全符合率≥50％的年数比例	55	56	36
基本符合率≥60％的年数比例	94	94	92
基本符合率≥80％的年数比例	59	56	48

9.2.2　夏玉米综合评估结果检验

图 9-4 为淮河流域夏玉米旱涝灾损综合模型表现统计模型和作物生长模型的评估结果与

实际灾损率色斑格点和插值格点等级符合率的频数分布直方图。由图可见,综合评估结果完全符合的比例在作物生长模型和统计模型之间,低一个等级的符合率明显高于两个单项模型,高一个等级的略偏低,色斑格点和插值格点结果相似。

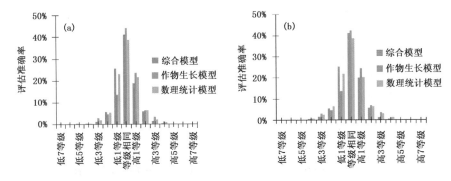

图 9-4　淮河流域夏玉米旱涝灾损各类模型评估的等级符合率比较

(a)插值格点;(b)色斑格点

(1)分类符合率

检验结果表明,淮河流域夏玉米旱涝灾损综合评估的分类符合率以涝渍减产最高,达到80.7%,其次为干旱减产,为76.1%,不减产的符合率为42.9%(表 9-6)。与作物模型和统计模型相比,综合模型的分类符合率涝渍减产比两个单项模型均有提高,其中比作物模型显著提高,干旱减产的与两个单项模型相似,不减产的低于作物模型,略高于统计模型。综合模型总体改善了单项模型对旱涝灾损评估的准确性(图 9-5)。

表 9-6　淮河流域夏玉米综合评估分类准确率(%)

格点类型	样本数	模拟类型	准确率	模拟类型	准确率	模拟类型	准确率
涝渍	40726	涝模拟为涝	**80.7**	涝模拟为正常	19.3	涝模拟为干旱	0.0
正常	129243	正常拟为正常	**42.9**	正常拟为涝	34.8	正常拟为干旱	22.2
干旱	28717	干旱拟为干旱	**76.1**	干旱拟为涝	0.4	干旱拟为正常	23.5

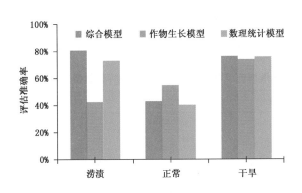

图 9-5　淮河流域夏玉米旱涝灾损各类模型评估的分类准确率比较

(2)等级符合率

检验结果表明,淮河流域夏玉米旱涝灾损综合评估的历年符合率与两个单项模型的评估结果相似,也没有显著的时间变化趋势。从符合率的分布情况看,完全符合率在30%以上的达到 80％以上,但是达到 50％以上的仅有 23％的年份,低于作物生长模型,高于统计模型;等级差≤1 的符合率全部达到 60％以上,其中 76％的年份达到 80％以上,高于两个单项模型。综合评估结果在完全符合率方面的表现和单项模型大体持平,但是显著提高了单项模型的等级差≤1 的符合率(图 9-6、表 9-7)。

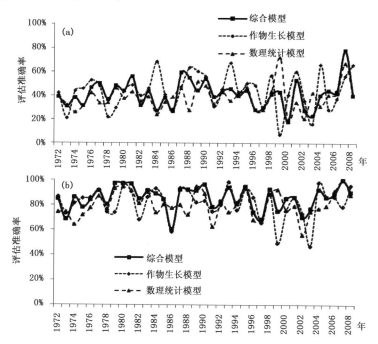

图 9-6　淮河流域夏玉米旱涝灾损综合评估完全符合率(a)和等级差≤1 的准确率(b)逐年分布图

表 9-7　淮河流域夏玉米旱涝灾损各类评估模型准确率比较(％)

类型	综合模型	作物生长模型	数理统计模型
完全符合率≥30％的年数比例	81	81	81
完全符合率≥50％的年数比例	23	40	10
基本符合率≥60％的年数比例	100	92	97
基本符合率≥80％的年数比例	76	71	47

9.2.3　一季稻综合评估结果检验

图 9-7 为淮河流域一季稻旱涝灾损综合模型表现统计模型和作物生长模型的评估结果与实际灾损率色斑格点和插值格点的等级符合率频数分布。由图可见,综合评估结果完全符合的比例略低于两个单项模型,但也在 40％以上,低一个等级的符合率显著高于两个单项模型,高一个等级的与两个单项模型相似,色斑格点和插值格点结果相似。

(1)分类符合率

检验结果表明,淮河流域一季稻旱涝灾损综合评估的分类符合率也是以涝渍减产的符合率最高,达到82.3％,其次为不减产,为 45.6％,干旱减产的准确率为 42.2％(表 9-8)。与作物生长模型和统计模型相比,综合模型涝渍减产符合率比两个单项模型均有提高,其中比作物模

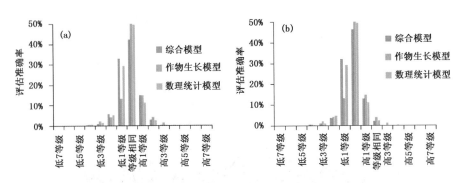

图 9-7　淮河流域一季稻旱涝灾损各类评估模型等级符合率比较

(a)插值格点;(b)色斑格点

型显著提高;干旱减产的符合率虽然没有达到 50%,但是比与两个单项模型也有提高;不减产的符合率低于两个单项模型。综合评估模型总体改善了单项模型对旱涝灾损评估的准确性(图 9-8)。

表 9-8　淮河流域一季稻旱涝灾损综合评估分类准确率(%)

格点类型	样本数	模拟类型	准确率	模拟类型	误差 1	模拟类型	误差 2
涝渍	20674	涝灾模拟为涝灾	82.3	涝灾拟为正常	17.6	涝灾拟为干旱	0.0
正常	63585	正常拟为正常	45.6	正常拟为涝灾	39.1	正常拟为干旱	15.3
干旱	13943	干旱拟为干旱	42.2	干旱拟为涝灾	0.1	干旱拟为正常	57.7

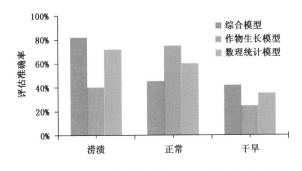

图 9-8　淮河流域一季稻旱涝灾损各类评估模型分类准确率比较

(2)等级准确率

检验结果表明,与两个单项模型评估逐年准确率的时间变化相似,淮河流域一季稻旱涝灾损综合评估结果的等级准确率也没有显著地随时间变化趋势。从符合率的分布情况看,完全符合率在 30% 以上的年份达到 78%,和作物生长模型持平,低于统计模型,完全符合率为 50% 以上的年份有 48%,低于两类单项模型;等级差≤1 的符合率为 60% 以上的年份达到 97%,其中 81% 的年份达到 80% 以上,与统计模型持平,高于作物生长模型。总体来看,综合模型历年评估结果完全符合率方面的表现不如两个单项模型,但等级差≤1 的符合率与较高的统计模型一致(图 9-9、表 9-9)。

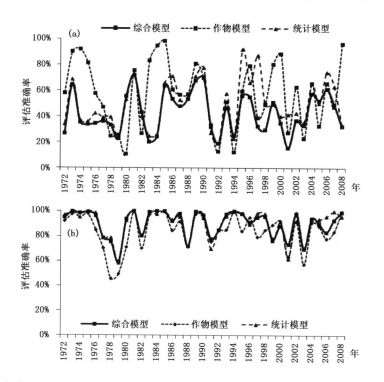

图 9-9　淮河流域一季稻旱涝灾害损失综合评估完全符合率(a)和等级差≤1 的准确率(b)逐年分布图

表 9-9　淮河流域一季稻旱涝灾损各类评估模型准确率比较(%)

类型	综合模型	作物生长模型	数理统计模型
完全符合率≥30%的年数比例	78	78	84
完全符合率≥50%的年数比例	48	79	55
基本符合率≥60%的年数比例	97	92	97
基本符合率≥80%的年数比例	81	76	81

9.3　农作物旱涝灾损综合评估个例分析

选择淮河流域冬小麦、夏玉米和一季稻的典型旱涝年,对几种模型的灾损评估结果进行了对比分析。结果表明,综合模型评估结果在大多数情况下比两个单项模型的评估结果有所改进。比如 1991 年的冬小麦涝渍,数理统计模型评估结果偏轻,作物生长模型评估范围偏大,而综合模型的评估结果与实况吻合较好(图 9-10)。又如 2007 年夏玉米涝灾,数理统计模型没有监测到轻涝危害,作物生长模型评估结果偏重;综合模型评估结果与实况接近(图 9-11)。再如 1995 年冬小麦干旱、2001 年一季稻干旱、2003 年冬小麦涝渍等,综合模型的评估结果都或多或少地改善了单项模型评估的准确度(图 9-12—图 9-14)。

但也有一些年份,综合模型评估的结果不如某个单项模型评估结果,如 2003 年夏玉米涝损评估,统计模型的准确度较高,作物模型评估偏轻,综合以后,评估结果仍然偏轻(图 9-15)。1998 年冬小麦涝渍,作物模型评估评估的符合程度较好,但是统计模型评估结果偏重,最终综

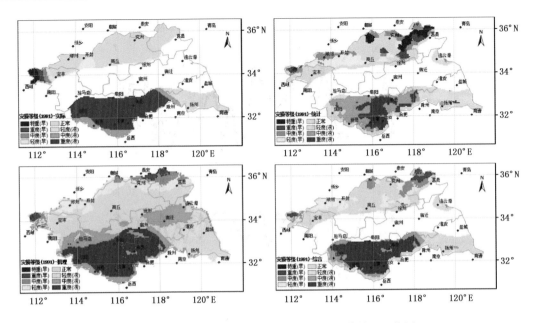

图 9-10　1991年淮河流域冬小麦涝渍灾损评估结果比较图

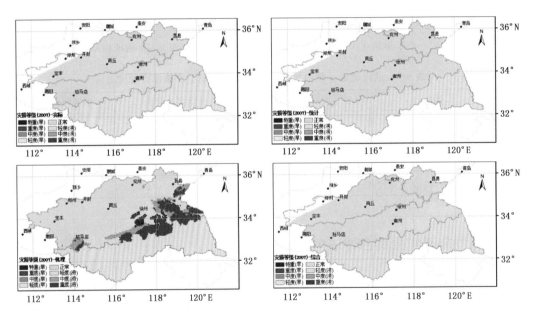

图 9-11　2007年淮河流域夏玉米涝渍灾损评估结果比较图

合模型评估的范围偏大(图 9-16)。

　　以上评估结果分析表明,由于综合评估模型是以数理统计模型和作物生长模型评估的分类符合率为基础合成的,因此评估准确率受到单项模型评估结果的影响。当两个单项模型评估结果都比较好时,综合模型评估的结果就会很好;如果评估结果一方偏重,另一方偏轻,综合起到互补效应,结果也会较好;但是在一方准确率高,另一方准确率不高的情况下,综合模型评估的准确率往往会低于某个准确度较高的单项模型的评估结果。因此,虽然因单项模型评估

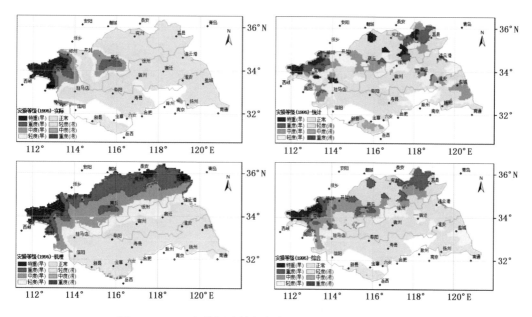

图 9-12　1995 年淮河流域冬小麦干旱灾损评估结果比较图

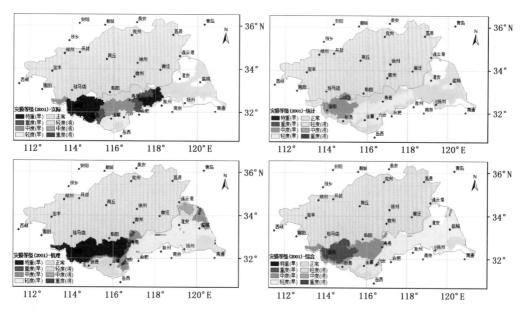

图 9-13　2001 年淮河流域一季稻干旱灾损评估结果比较图

准确率有保证,使得在大多数情况下综合模型的评估结果在一定程度上比单项模型有改进,但是也难免有些年份会不如某个单项模型的评估准确率。在实际应用时需列出多种模型的灾损评估结果,根据灾情实况判断各模型评估结果的可信度。与此同时,还需深入开展模型研究,数理统计模型需要收集更加全面的、精细化程度更高的基础数据,提高模型的准确性和稳定性,作物生长模型需要获取更多的试验数据支持以增强对旱涝影响的模拟能力,从而提高综合评估的基础,此外还要探讨更加科学的模型综合方法,达到优化综合评估模型的目的。

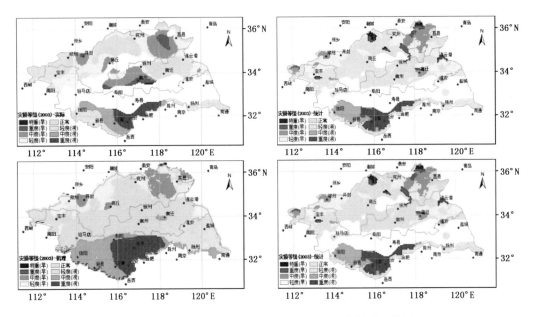

图 9-14 2003 年淮河流域冬小麦涝渍灾损评估结果比较图

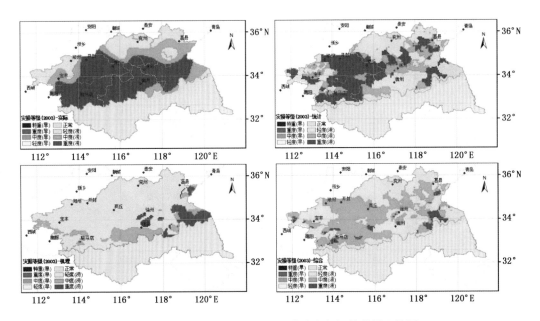

图 9-15 2003 年淮河流域夏玉米涝渍灾损评估结果比较图

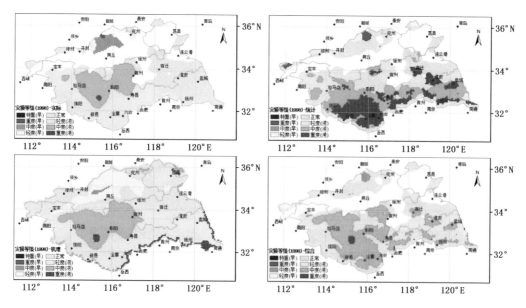

图 9-16 1998 年淮河流域冬小麦涝渍灾损评估结果比较图

9.4 农作物旱涝灾害损失评估的业务应用

9.4.1 农作物旱涝灾害损失评估业务流程

农作物旱涝灾害损失精细化评估研究的目的是业务应用,因此需要建立起评估服务流程以供业务运行。农作物旱涝灾害损失评估业务服务流程包括信息收集处理、灾害损失评估、产品制作、产品分发等四大部分(图 9-17)。

（1）信息收集处理

通过气象观测网和农业气象观测网获得淮河流域气象和农作物实时数据,全面搜集更新的农业、经济、地理等信息,进行数据处理,将接收处理好的数据进入数据库,按规定的目录存储。将实时气象要素采用 ANUSPLIN 软件进行格点化处理,实现评估指标的格点化,其他评估参数根据各自的性质实现区域化。

（2）灾害损失评估

利用淮河流域农作物旱涝灾害损失数理统计模型评估计算机系统,实现灾害强度指数从气象站点模型到格点模型的转换、作物水分敏感指数从区域到格点的转换、基于 GIS 的区域旱涝脆弱指数的计算,直至利用评估模型进行农作物旱涝灾害损失精细化评估。

同样的,利用淮河流域农作物旱涝灾害损失作物生长模型评估计算机系统,实现发育参数的区域化,动态输出作物发育阶段以及生长方面的各种状态变量,根据作物生长模型模拟结果并结合旱涝指标进行农作物旱涝灾害损失精细化评估。

最后采用农作物旱涝灾害损失综合评估模型,实现农作物旱涝灾损的综合评估。三种评估结果同时提供业务服务。

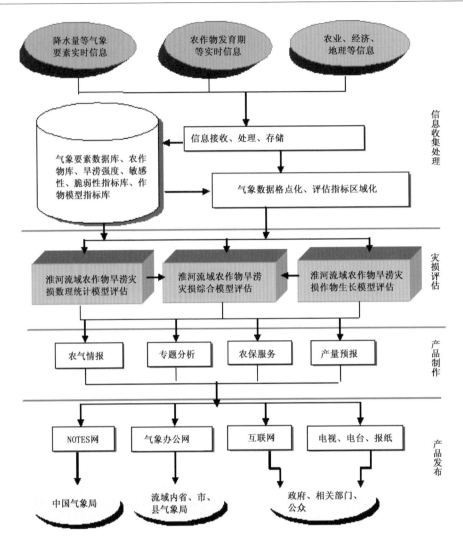

图 9-17　淮河流域农作物旱涝灾害损失评估业务服务流程图

（3）产品制作

农作物旱涝灾害损失评估结果可以用于农业气象旬、月报、农业气象灾害监测评估专题服务和决策服务、农业保险气象服务以及产量预报等多种农业气象业务服务产品。当农业旱涝发生时，及时开展农作物灾害损失评估，评估结果可单独形成灾害评估材料也可应用于其他农业气象业务服务产品进行制作，满足农业、气象和社会上对农作物灾害损失评估的需求。

（4）产品发布

农作物旱涝灾害损失评估业务服务产品主要呈送农业部门、省级或国家级政府部门、气象局各级领导、以网络、电视、广播或报纸等新闻媒体向社会公众发布。

9.4.2　农作物旱涝灾害损失评估业务试应用

采用研制的农作物旱涝灾害损失评估模型对 2011—2013 年的淮河流域农业旱涝灾害损失进行了试评估的业务应用。由于缺乏近几年的分县农作物实产资料，评估结果由河南、安徽和山东省气象部门利用旱涝实况监测资料进行了验证。

9.4.2.1　冬小麦旱涝灾损评估

2010—2011 年度:淮河流域冬小麦生长期间出现了不同程度的旱情,尤其是 2011 年春季,流域内普遍出现较严重的旱情,北部重于南部。山东、河南和安徽等地实况监测资料表明,冬小麦生育期间山东省除了 2 月下旬和 5 月上旬降水异常偏多外,其他时段降水基本为负距平,水分亏缺严重;河南省大部分地区降水距平指数在重旱以上;安徽省淮河流域境内降水距平也达中度到重度干旱,宿州站土壤墒情 4 月中旬后一直处于干旱状态,5 月上旬达到重旱,对处于需水关键期的冬小麦影响较大(图 9-18、图 9-19、图 9-20)。

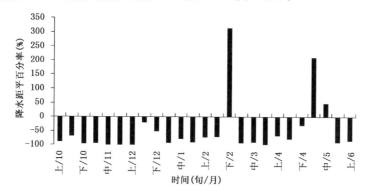

图 9-18　2011 年山东省冬小麦全生育期降水量距平百分率分布(%)

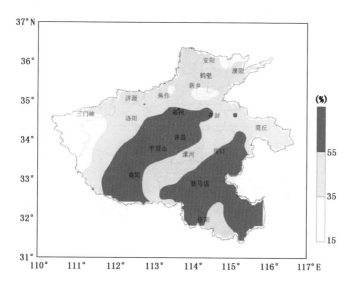

图 9-19　河南省冬小麦全生育期(2010.10.1—2011.5.30)降水负距平百分率分布
(按照冬小麦干旱气象行业标准,降水量负距平百分率:<15 为轻旱,15~35 为中旱,
35~55 为重旱,>55 为特旱;<0 不旱。)

评估结果表明,数理统计模型、作物生长模型和综合模型均监测到流域内干旱灾害损失,北部重于南部,但作物生长模型总体偏重,统计模型总体偏轻,综合模型的评估结果介于二者之间。从分区域的实况对比看,河南中东部地区旱情较重,西部因为灌溉条件好,旱情较轻,以

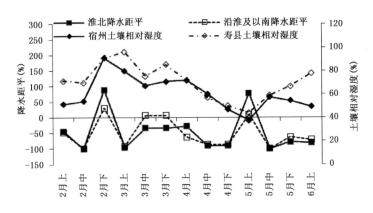

图 9-20 　安徽省淮河流域境内 2011 年冬小麦春季降水距平和土壤相对湿度时间分布

综合模型评估结果最好，统计模型评估结果次之，作物生长模型偏差稍大；山东省综合旱情区域分布情况，以综合模型评估效果最好，统计模型评估结果偏轻，作物生长模型评估结果偏重，安徽的旱情总体轻于河南和山东，验证结果和山东省类似，也是以综合模型评估结果对实况的反映程度较好（图 9-21）。

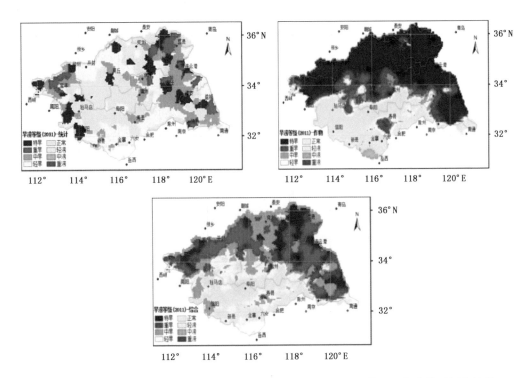

图 9-21 　2011 年淮河流域冬小麦旱涝灾损数理统计模型、作物生长模型和综合模型评估结果

2011—2012 年度：淮河流域冬小麦生长期期间虽然降水略偏少，但是 11 月降水异常偏多，土壤底墒较好，无大范围、全局性的旱情发生。各类模型的验证结果为，河南的为统计模型评估精度最高，综合模型次之，作物生长模型偏差稍大；安徽和山东均以综合模型评估效果较好，统计模型评估结果次之，山东以作物生长模型评估偏差最大（图 9-22）。

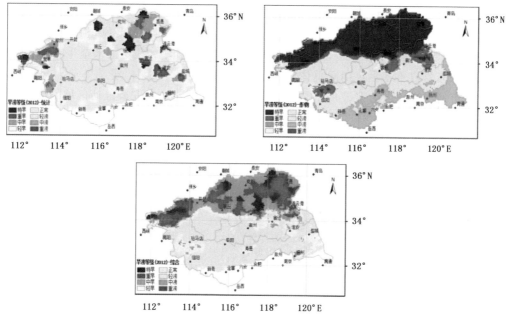

图 9-22　2012 年淮河流域冬小麦旱涝灾损数理统计模型、作物生长模型和综合模型评估结果

　　2012—2013 年度:淮河流域冬小麦生长关键期出现旱情,河南省旱情主要出现在中部和豫东地区,从验证结果总体看来,以统计模型评估精度最高,综合模型次之,作物生长模型偏差稍大。安徽在 4 月初至 5 月下旬初淮北地区出现不同程度的旱情,以综合模型评估的符合程度较好,统计模型评估结果偏轻,作物生长模型评估结果偏重,山东省冬小麦返青拔节期降水量较常年偏少 48%,但是由于前期降水偏多,底墒较好,总体旱情不重,也以综合模型评估效果最好(图 9-23)。

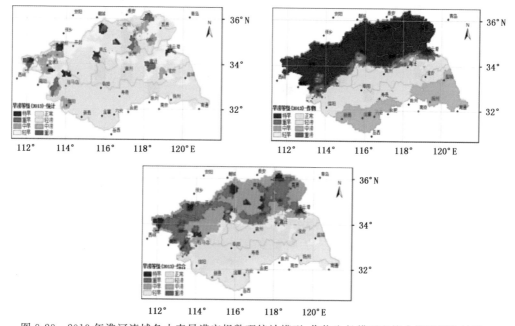

图 9-23　2013 年淮河流域冬小麦旱涝灾损数理统计模型、作物生长模型和综合模型评估结果

9.4.2.2　夏玉米旱涝灾损评估

2011 年淮河流域夏玉米生长期间前期干旱,8 月上旬中后期,受台风"梅花"影响,部分地区遭受暴雨洪涝灾害,河南 9 月上中旬,出现连阴雨天气。河南省夏玉米全生育期北涝南旱(图 9-24);山东省夏玉米生育期间总体水分正常,但是 8 月 7—9 日,受第 9 号台风"梅花"影响,部分县市遭受暴雨洪涝灾害 9 月中旬降水异常偏多(图 9-25);安徽淮河区域的情况和山东相似(图 9-26)。

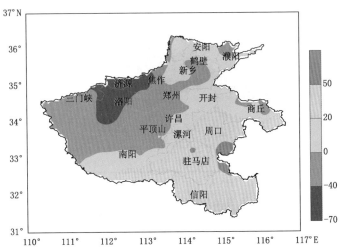

图 9-24　2011 年河南省夏玉米全生育期降水量负距平百分率(%)

(全生育期降水量负距平百分率:<20 为轻旱,20~50 为中旱,50~80 为重旱,>80 为特旱,<0 为偏湿)

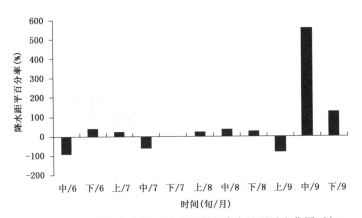

图 9-25　2011 年山东省夏玉米全生育期降水量距平变化图(%)

从淮河流域 2011 年夏玉米旱涝灾损评估结果看,数理统计模型、作物生长模型和综合模型都监测到区域旱涝灾害,与实况对比结果表明,统计模型旱灾评估较实际为重,偏湿影响未能体现出来,作物生长模型局部涝灾影响偏重,综合模型的评估结果反映出轻涝和轻旱的分布,与实况的吻合程度较好(图 9-27)。

2012 年,淮河流域夏玉米生长期间表现为旱涝时空交替发生。总体前旱后涝、西旱东涝。从数理统计模型、作物生长模型和综合模型的评估结果看,均监测到了西旱东涝的灾情。与各省的实况相比,对西部的旱情统计模型评估结果偏重,作物生长模型偏轻;中部为统计模型评

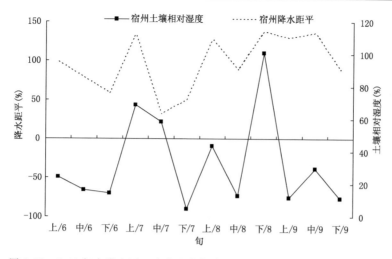

图 9-26 2011 年安徽省夏玉米全生育期降水量距平和土壤相对湿度变化图

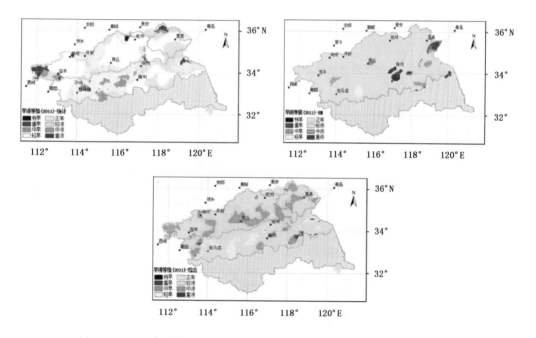

图 9-27 2011 年淮河流域夏玉米旱涝灾损单项模型和综合模型评估结果

估效果较好,作物生长模型评估结果涝灾范围偏大;东北部则为作物模型评估效果好于统计模型,总体均以综合模型的评估效果最好(图 9-28)。

2013 年,淮河流域夏玉米生长期间也是表现为旱涝灾害交替发生。尤其是河南省西北部地区旱情持续时间较长,其中郑州—许昌一带干旱持续到玉米收获期;安徽夏玉米生长前、中期遇高温干旱,后期条件较好,山东省则是 7 月份降水明显偏多,部分地区农田过湿,局部地区夏玉米受涝灾较重,其他时段水分适宜。三个模型评估结果都监测到区域旱涝灾害,旱灾重于涝灾,尤其是西北部地区旱情严重,与实况吻合程度较好。但是作物生长模型对西北一带的干旱评估和中部的涝灾评估均较实际严重,统计模型评估对旱情评估结果较好,但是涝灾程度评估偏轻,综合模型评估结果较好地反映了灾情实况(图 9-29)。

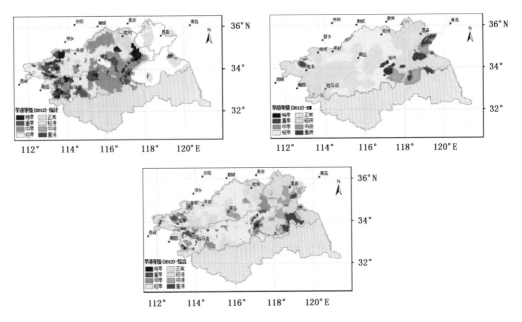

图 9-28 2012 年淮河流域夏玉米旱涝灾损单项模型和综合模型评估结果

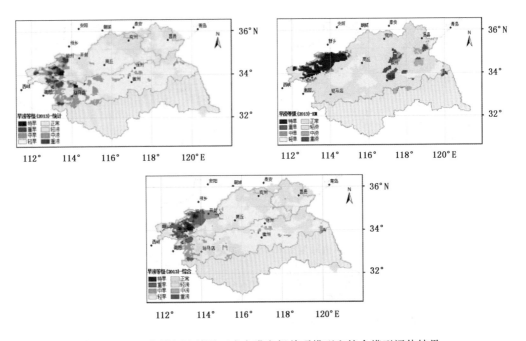

图 9-29 2013 年淮河流域夏玉米灾涝灾损单项模型和综合模型评估结果

9.4.2.3 一季稻旱涝灾损评估

2011 年,从一季稻全生育期气象条件来看,河南省是一个干旱减产年份,安徽为气候基本适宜年景。从模型评估结果看,三个模型中综合模型评估效果均较好(图 9-30)。

2012 年,河南降水严重不足出现干旱,安徽有轻度干旱,两省验证结果均表明数理统计模型和综合模型评估效果较好,作物生长模型评估旱情偏轻(图 9-31)。

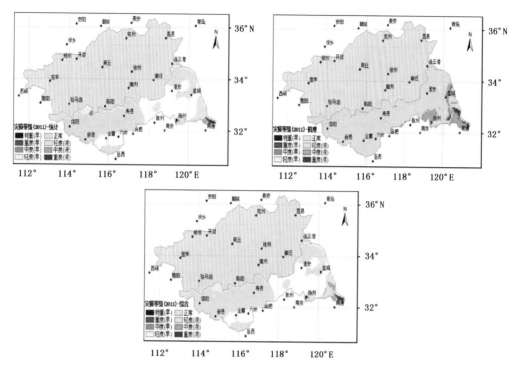

图 9-30　2011 年淮河流域一季稻旱涝灾损单项模型和综合模型评估结果

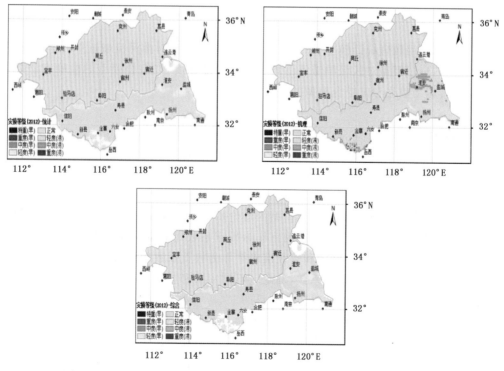

图 9-31　2012 年淮河流域一季稻旱涝灾损单项模型和综合模型评估结果

　　2013年,河南属于高温干旱减产年份,安徽则为旱涝交替。两省对评估结果的验证均表明,统计模型和综合模型评估效果较好,作物生长模型对干旱评价略轻(图9-32)。

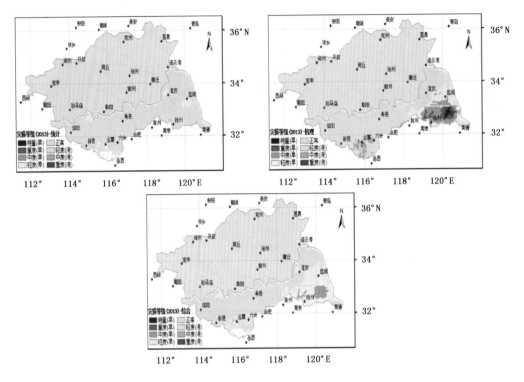

图9-32　2013年淮河流域一季稻旱涝灾损单项模型和综合模型评估结果

　　综上所述,利用数理统计模型、作物生长模型和综合模型对淮河流域近年的旱涝灾害损失评估结果表明,三个模型对区域旱涝评估均有一定的准确度,以综合模型的准确度最高,因此在业务应用时应当首先考虑综合模型的评估结果。

9.5　本章小结

　　本章阐述了基于数理统计模型和作物生长模型的淮河流域农作物旱涝灾损综合评估方法及其应用。

　　(1)针对数理统计模型和作物生长模型的理论基础和实现方法差异较大的特点,采取评估结果综合的思路,依据单项模型评估准确率作为权重系数建立淮河流域农作物旱涝灾害损失综合评估模型。在比较分类准确率和等级准确率作为权重系数的评估效果和应用需求分析的基础上,采用分类准确率作为权重系数,确定了不同灾害和损失情况下的最优集成评估方法,以达到综合过程合理可行、综合效果较佳的目的。

　　(2)综合评估结果表明,依据分类准确率建立综合模型,提高了对干旱和涝渍灾损评估的准确性,但是会对历年等级准确率有所影响,而提高旱涝灾损评估的准确率正是我们的研究目标之所在。在三大作物的综合灾损评估中,以冬小麦综合模型的评估效果最好,不仅干旱、涝渍和不减产的分类准确率都到达60%以上,涝渍准确率更是达到90%;等级准确率较两个单项模型评估结果在完全符合率和等级差≤1 的符合率方面均有所改善;夏玉米综合模型的分类准确率也高于两个单项模型的评估结果,等级准确率的完全符合率和单项模型大体持平,等级差≤1 的符合率则较单项模型有显著改善;一季稻在分类准确率方面较两个单项模型均有提高,但在等级准确率方面没有体现优势。总体来说,综合评估模型的评估结果基本达到了集中二者的优势、改善评估准确率、得到一致的评估结论的目的,但是个别年份单项模型的评估结果好于综合模型的评估结果。还需深入开展数理统计模型和作物生长模型研究,进一步提高单项模型的评估准确率,此外还要探讨更加科学的模型综合方法,达到优化综合评估结果的目的。

　　(3)从信息收集处理、灾害损失评估、产品制作、产品分发等四大部分制定了淮河流域农作物旱涝灾害损失评估业务服务流程,并进行了评估模型的试应用。

参考文献

陈怀亮,张红卫,刘荣花,等.2009.中国农业干旱的监测、预警和灾损评估[J].科技导报,**27**(11):82-92.

姜爱军,郑敏,王永梅.1998.江苏省重要气象灾害综合评估方法的研究[J].气象科学,**18**(2):196-202.

马晓群,陈晓艺.2005.农作物产量灾害损失评估业务化方法研究[J].气象,**31**(7):72-75.

马玉平,王石立,王馥棠.2005.作物模拟模型在农业气象业务应用中的研究初探[J].应用气象学报,**16**(3):293-303.

秦大河,Thomas Stocker,等.2014.IPCC 第五次评估报告第一工作组报告的亮点结论[J].气候变化研究进展,**10**(1):1-6.

孙宁,冯利平.2005.利用冬小麦作物生长模型对产量气候风险的评估[J].农业工程学报,**21**(2):106-110.

王石立.1998.冬小麦生长模式及其在干旱影响评估中的应用[J].应用气象学报,**9**(1):15-23.

魏瑞江,姚树然,王云秀.2000.河北省主要农作物农业气象灾害灾损评估方法[J].中国农业气象,**21**(1):27-31.

吴玮.2013.基于 GECROS 模型的黄淮海地区夏玉米旱涝灾害评估研究[D].南京信息工程大学学位论文.

谢立勇,李悦,徐玉秀,等.2014.气候变化对农业生产与粮食安全影响的新认知[J].气候变化研究进展,**10**(4):235-239.

余卫东,张弘,刘伟昌.2009.我国农业气象灾害评估研究现状和发展方向[J].气象与环境科学,**32**(3):73-77.

第10章　淮河流域农作物旱涝灾损评估计算机软件系统

冬小麦、夏玉米和一季稻为淮河流域最主要的三大作物,种植区域广、面积大,旱涝灾害频发且损失巨大。长期以来,其灾损评估一直是项难题。以往的灾损评估主要以数理统计方法为主,在粮食生产和气象服务中发挥了重要作用。但随着现代农业对气象服务要求的不断提升,尚需要探索一种同时能满足时效性、动态性和精细化的农作物旱涝灾害评估方法。鉴于此,作物生长模型因描述了致灾气象等环境因子作用下的作物生长发育过程,从而可以作为旱涝灾损评估的重要工具。利用试验研究和算法构建建立了适合于淮河流域旱涝评估的冬小麦、夏玉米和一季稻生长模型,并通过区域化方法建立了三大作物旱涝灾害评估计算机软件系统,可以与基于数理统计方法的农作物旱涝损失评估模型及专家经验相结合,应用于农业气象灾害评估业务,为地方政府及有关生产部门提供创新性的农业气象决策服务。本章介绍淮河流域冬小麦和一季稻生长与旱涝灾害损失评估计算机软件系统(W/RDAS－VB2013 v1.0)以及淮河流域夏玉米生长与旱涝评估计算机软件系统(GCGA_HH Maize v1.0)。

10.1　基于作物生长模型的淮河流域冬小麦和一季稻旱涝灾损评估系统

水稻/小麦模拟优化决策系统(R/WCSODS)的开放性和通用性为其在不同层面及不同区域的应用提供了条件,是进行冬小麦和一季稻生长和产量形成定量评价的有效工具(高亮之等,1992)。原模型在开放性设计上,为了便于不同地域的农业专家在读懂程序的基础上结合特定水稻/小麦品种和栽培方式,在必要时对程序做有限的修正,故程序的主要部分采用了Visual Basic 6.0(徐尔贵,等,2001)。由于模型对逆境中小麦和水稻生长发育过程的考虑较为简单和笼统,其模拟结果与真实状况有时存在较大的差异。因此本研究利用淮河流域冬小麦和一季稻多年多点试验观测数据分析了土壤水分变化对冬小麦和一季稻发育进程的影响规律,揭示了土壤水分与冬小麦和一季稻最大光合能力、干物质分配及叶面积消长间的关系并以此为基础提出了干旱和涝渍胁迫订正因子的算法,从而建立了适合于旱涝灾损评估的淮河流域冬小麦和一季稻生长发育的作物生长模型。在此基础上,通过参数分区和驱动变量插值等方法实现了模型的区域化。开展了冬小麦和一季稻旱涝的敏感性分析,定义了旱涝胁迫指数并根据格点模拟结果确定了旱涝灾损指标的分级阈值,最终分别建立了淮河流域冬小麦生长与旱涝灾损评估计算机软件系统(WDAS-VB2013 v1.0)和一季稻生长与旱涝灾损评估计算机软件系统(RDAS-VB2013 v1.0)。二者在结构、功能以及操作流程、运行步骤极为类似,以下以 WDAS-VB2013 v1.0 为例介绍。

10.1.1　WDAS-VB2013 的结构和功能

WDAS-VB2013 是基于 Windows 环境下开发的应用软件系统。作物模拟模型使用中文 Visual Basic 6.0(＋SP6)开发工具,采用面向对象、模块化结构编程,实现了淮河流域冬小麦和一季稻旱涝损失评估。系统可运行在 Windows XP/2000 平台下,为运行 WDAS-VB2013,除需有全套 WDAS-VB2013 软件外,尚需有以下软件支持:VB 6.0,MSDN,Visual FoxPro 6.0 或以上版本,Excel。

WDAS-VB2013 系统包括数据库、参数调整、模型模拟、旱涝评估等主要模块。

数据库模块为作物生长模型准备数据,包括土壤数据、气候数据、小麦品种数据和栽培数据。系统中冬小麦生长模拟模型所需输入数据不同,通过有效地组织和管理这些数据,以提高模型的运行能力。模型模拟模块为适应于淮河流域的旱涝影响冬小麦生长模型(改进的 WC-SODS)。该模块主要控制运行干旱和涝渍(洪涝)影响的作物生长模型,动态输出作物生长方面的各种状态变量。旱涝评估模块根据作物生长模型模拟结果并结合旱涝指标进行冬小麦旱涝损失评估。

10.1.2　WDAS-VB2013 的操作流程

10.1.2.1　WDAS-VB2013 系统站点运行

WDAS-VB2013 系统的站点运行是区域运行的基础。它通过单点模型系统方便地进行参数调整、模型(子模式)验证等。

(1)输入当地的气候与气象数据(图 10-1)。

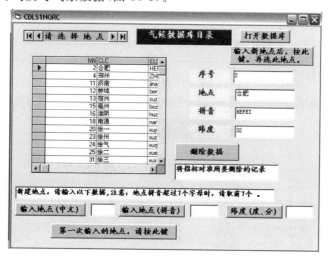

图 10-1　WDAS-VB2013 系统的气候数据库界面

(2)输入当地的小麦品种并对品种的遗传参数(品种参数)进行调整(图 10-2—图 10-5)。

(3)在上述(1)、(2)步骤的基础上,运行评估决策等有关程序。

(4)输入土壤特性与抗旱耐渍能力(图 10-6)。

(5)输入小麦田水分胁迫阶段与土壤质地(图 10-7)。

(6)运行小麦模拟模型系统(图 10-8—图 10-10)。

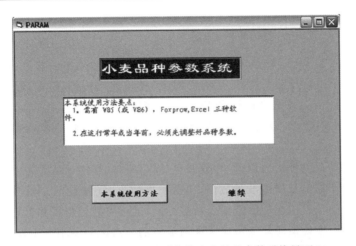

图 10-2　WDAS-VB2013 系统的小麦品种参数系统界面 1

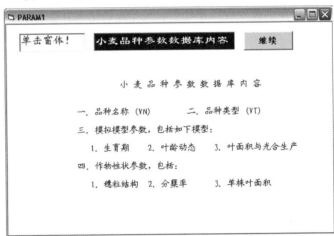

图 10-3　WDAS-VB2013 系统的小麦品种参数界面 2

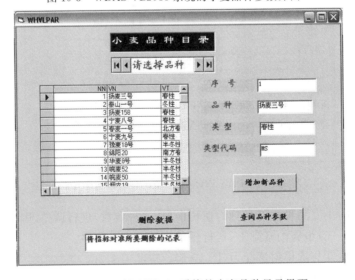

图 10-4　WDAS-VB2013 系统的小麦品种目录界面

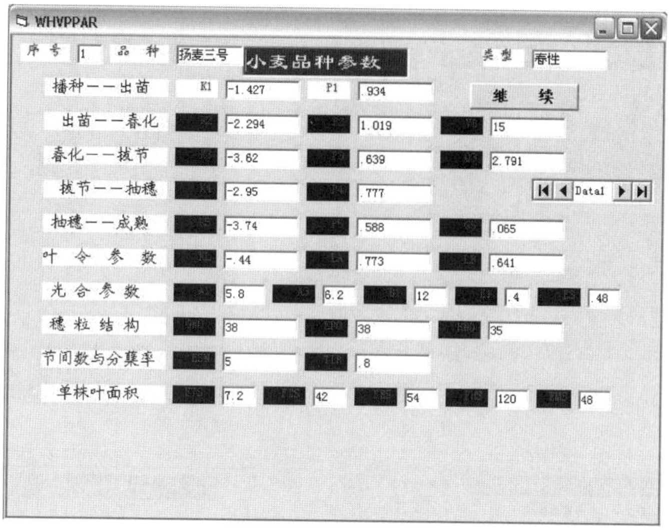

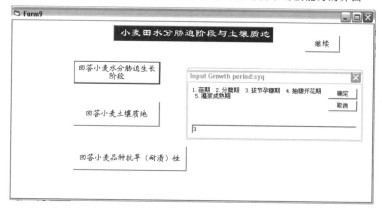

图 10-5　WDAS-VB2013 系统设置小麦品种各类遗传参数值的界面

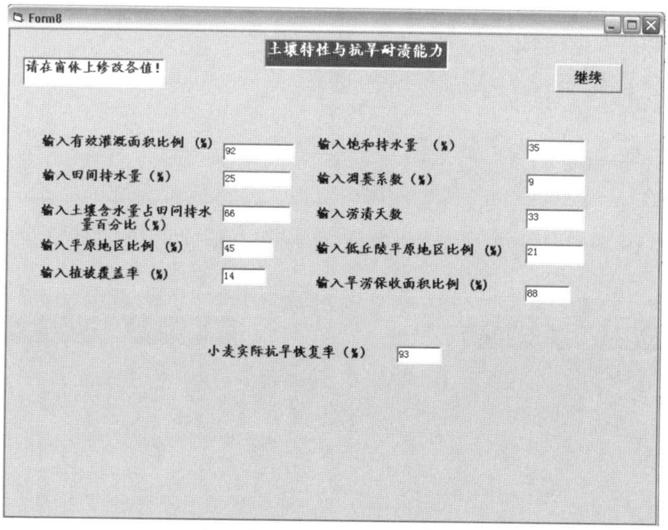

图 10-6　WDAS-VB2013 系统设备土壤特性与抗旱耐渍能力的界面

图 10-7　WDAS-VB2013 系统设备小麦田间水分胁迫阶段、土壤质地和抗旱耐渍性的界面

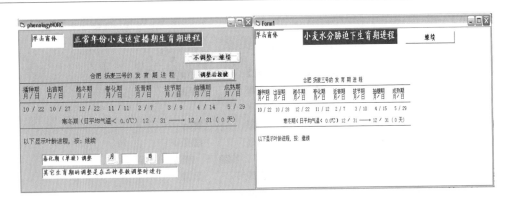

图 10-8　WDAS-VB2013 系统显示正常年份(左)和水分胁迫下(右)小麦生育期进程的界面

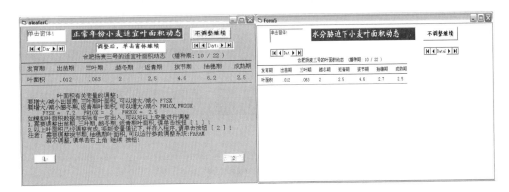

图 10-9　WDAS-VB2013 系统显示正常年份(左)和水分胁迫下(右)小麦叶面积动态的界面

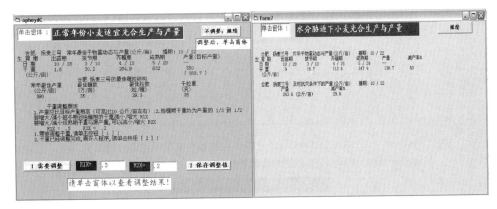

图 10-10　WDAS-VB2013 系统显示正常年份(左)和水分胁迫下(右)小麦光合生产与产量的界面

10.1.2.2　WDAS-VB2013 系统区域运行

WDAS-VB2013 的区域运行包括格点气象数据处理和模型区域运算两部分。

(1)格点气象数据处理:利用 ENVI 4.5 软件系统将原始以二进制形式存贮的逐日格点数据转换为文本格式,并以 WDAS-VB2013 系统默认形式存储。

(2)旱涝灾害损失评估:WDAS-VB2013 系统逐格点读取气象数据,开展模型区域运算,进行灾损评估(图 10-11)。

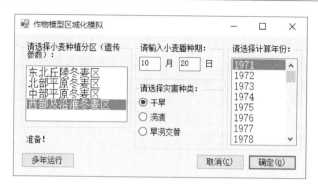

图 10-11　WDAS-VB2013 系统小麦作物模型区域化模拟界面

10.1.3　WDAS-VB2013 的结果输出

WDAS-VB2013 系统通过输入小麦遗传参数、播种期等数据,运行模型后,输出模拟结果 19 个要素,主要包括潜在生产和实际水分条件下的小麦发育期、绿叶干重、茎干重、麦穗干重、地上部干重、LAI、叶龄、抽穗前转移率、抽穗后转移率、经济系数、产量、产量结构、根冠比、根深 以及土壤湿度、土壤温度、蒸腾速率、蒸发速率、水分胁迫系数等。模型评估结果包括旱涝灾损指 数和旱涝灾损等级,前者包括水分亏缺/盈溢指数、地上总干重损失率和产量损失率等要素。

10.2　基于作物生长模型的淮河流域夏玉米旱涝灾损评估软件系统

作物生长模型是进行夏玉米生长定量评价的有效工具之一。但目前模型对逆境中作物生长 发育过程的描述不够,模拟结果与真实值仍存在一定差距。利用淮河流域及其邻近地区多年多 地夏玉米试验观测数据分析了土壤水分变化对夏玉米发育进程的影响规律,探讨了土壤水分与 夏玉米最大光合能力、干物质分配及叶面积增长间的关系,以此为依据建立了适应于淮河流域夏 玉米生长发育的作物生长模型。在此基础上,通过参数分区和驱动变量插值等方法实现了模型 的区域化,开展了夏玉米旱涝的敏感性分析,定义了旱涝胁迫指数并根据格点模拟结果确定了旱 涝损失指标的分级阈值,最终建立了淮河流域夏玉米生长与旱涝评估计算机软件系统(GCGA_ HH Maize v1.0)。

10.2.1　GCGA_HH Maize 的结构和功能

GCGA_HH Maize 为基于 Windows 环境下开发的应用软件系统。其中,作物模拟模型 由 Visual FORTRAN 编写,其余部分使用中文 Visual Basic 6.0(＋SP6)开发工具,采用面向 对象、模块化结构编程。系统可运行在 Windows XP/2000 平台下,需要 Office XP/2000 和 FlexCell 组件支持。

GCGA_HH Maize 系统包括数据管理、模型模拟、旱涝评估等主要模块。数据管理模块 为作物生长模型准备输入数据。系统中夏玉米生长模拟模型所需输入数据较多,包括实时、历 史地面气象数据以及格点控制数据等。只有有效地组织和管理这些数据,才能提高模型的运 行能力。数据管理模块包括各类数据的预处理,如数据质量检查、气象数据插值、历史气候平 均生成,以及各类气象数据转换为夏玉米生长模式所需的格式。数据管理模块流程清楚,操作简便。模型模拟模块为适应于淮河流域的旱涝影响夏玉米生长模型(改进并区域化的 WO-FOST)。该模块主要控制逐格点运行仅考虑干旱影响或旱涝两者影响的作物生长模型,动态输出作物生长方面的各种状态变量。旱涝评估模块根据作物生长模型模拟结果并结合旱涝指标进行夏玉米旱涝损失评估。评估时段包括近 20d 和出苗以来,如果在生长季末,则可进行全生长季的评估。评估内容分为仅干旱、仅涝渍和旱涝同时。

10.2.2　GCGA_HH Maize 的操作流程

(1)设定研究范围(图 10-12)。

图 10-12　GCGA_HH Maize 系统设置模拟空间范围的界面

(2)设定空间分辨率(图 10-13)。

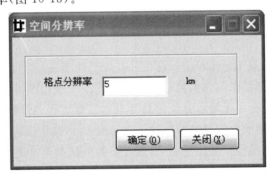

图 10-13　GCGA_HH Maize 系统设定空间分辨率的界面

(3)设定气象数据源(图 10-14)。

图 10-14　GCGA_HH Maize 系统设定气象数据源的界面

（4）格点控制数据生成（图 10-15）。

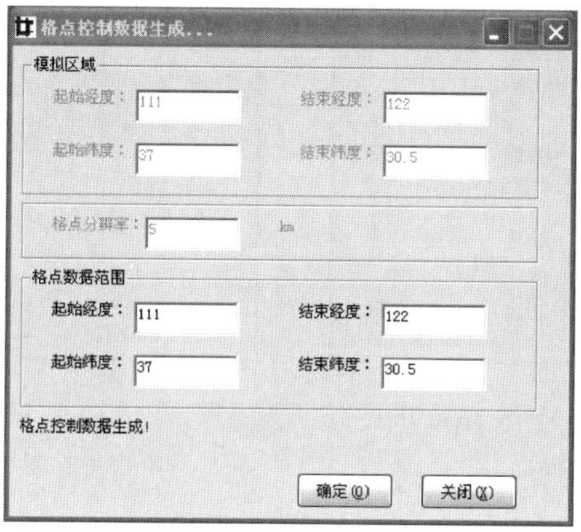

图 10-15　GCGA_HH Maize 系统生成格点控制数据的界面

（5）格点气象数据生成（图 10-16）。

图 10-16　GCGA_HH Maize 系统生成格点气象数据的界面

（6）气候平均数据生成（图 10-17）。

图 10-17　GCGA_HH Maize 系统生成格点气候平均数据的界面

（7）作物生长模型模拟：可以仅干旱影响或旱涝影响等两种作物生长状况（图 10-18）。

图 10-18　GCGA_HH Maize 系统开展　　　　　图 10-19　GCGA_HH Maize 系统开展
模型模拟的界面　　　　　　　　　　　作物生长旱涝灾损评估的界面

（8）旱涝损失评估：作物旱涝评估分为近 20d 和出苗以来两种情况；评估对象分为干旱、涝渍和旱涝等三种情况（图 10-19）。

10.2.3　GCGA_HH Maize 的结果输出

GCGA_HH Maize 系统输出的格点数据以二进制格式存放，每日 1 景。模型模拟结果共 17 个要素，主要包括：发育进程；潜在生产条件下叶干重、茎干重、贮存器官干重、地上总干重、LAI；实际水分条件下叶干重、茎干重、贮存器官干重、地上总干重、LAI、根深、土壤湿度、蒸腾速率、蒸发速率、水分胁迫系数和涝渍导致缺氧胁迫系数。模型评估结果包括旱涝灾损指数和旱涝灾损等级，前者包括水分亏缺/盈溢指数、地上总干重损失率和产量损失率等要素。

10.3　本章小结

淮河流域农作物旱涝灾害损失评估计算机软件系统，浓缩了试验研究和灾害调研的成果，形成了自主知识产权。该系统不仅兼具机理性、开放性和通用性，而且界面友好、针对性强，可在流域、省、市县不同地理范围内应用。随着相关研究深入，如发现农作物一些新的旱涝灾害影响因素，也可引入本系统。

参考文献

高亮之，金之庆，黄耀，等.1992.水稻栽培计算机模拟优化决策系统（RCSODS）[M].北京:中国农业科技出版社.
徐尔贵，等.2001.Visual Basic 6.0 教程[M].北京:电子工业出版社.

第 11 章　淮河流域农业旱涝灾害防御措施和对策

淮河流域地处暖温带和亚热带气候过渡带,气候温和、日照丰富、无霜期长,适合多种农作物生长,主要粮食作物有冬小麦、夏玉米和一季稻等。但是过渡带的气候特征,又使得该区是一个气象灾害多发区,其中旱涝灾害是淮河流域农业生产中的主要气象灾害,严重影响农作物的正常生长。本章将分区简述淮河流域冬小麦、夏玉米和一季稻的生态环境及旱涝灾害特征,并提出有针对性的各作物旱涝灾害适应性对策以及抗灾和灾后补救措施。

11.1　淮河流域冬小麦旱涝灾害防御措施和对策

根据淮河流域地形地貌、气候条件和作物品种等因素,冬小麦的种植区可分为东北丘陵半冬性小麦适宜区(Ⅰ区)、北部平原冬性半冬性小麦适宜区(Ⅱ区)、中部平原半冬性适宜、春性小麦次适宜区(Ⅲ区)以及西部及沿淮半冬性、春性小麦适宜区(Ⅳ区)(见 1.1.6 节)。本节分区叙述冬小麦生态环境和旱涝特征,以及旱涝灾害适应性、抗灾和后补救措施。

11.1.1　冬小麦各种植区生态环境和旱涝特征

11.1.1.1　东北丘陵半冬性小麦适宜区(Ⅰ区)

该区地处淮河流域东北区沂蒙山脉及延伸部分,山区高程为 $200\sim1155m$,丘陵高程一般在 $100m$ 左右,是整个流域的次高地为半冬性小麦适宜区。冬小麦全生育期为 10 月中旬到翌年 6 月上旬,其间降水量多年平均值为 $225mm$,但是农田蒸散量却达到 $474mm$,冬小麦生育期内降水量远远不能满足需求。山丘地区土层瘠薄,林木覆盖率低,土壤侵蚀、水土流失是全区最严重的区域(胡续礼等,2007;叶正伟等,2007),水土流失造成土壤水分的无效丧失,加剧了缺水问题(姚孝友,2006),该区冬小麦生产不得不以灌溉维持,但是由于地势高亢,地表蓄水能力低,灌溉条件差(刘俐,1996),秋旱严重,冬小麦单产水平远低于同纬度的Ⅱ区。

11.1.1.2　北部平原冬性半冬性小麦适宜区(Ⅱ区)

该区地处淮河流域北部平原地区,高程大部分为 $35\sim100m$,属于平原区域。半冬性和冬性小麦品种均适宜,在当前气候变暖背景下,以半冬性品种居多。该区冬小麦全生育期为 10 月中旬到翌年 5 月下旬,其间降水量为 $234mm$,但是蒸散量达到 $480mm$,降水量远不能满足冬小麦水分需求。该区平原面积大,水系支流源长、比降缓、易洪涝并发;土壤类型主要为黄潮土,也是淮河流域的主要土壤类型,除少数黏质和壤质土壤外,多数质地疏松,肥力较差,并存在一定量的风力侵蚀(刘顺生,2012;胡续礼等,2007),秋旱秋涝均易发生,旱多于涝。

11.1.1.3　中部平原半冬性适宜、春性小麦次适宜区(Ⅲ区)

该区地处淮河流域北部平原地区,高程大部分为 $35\sim100m$。为半冬性小麦适宜区,在气候变暖背景下,春性品种有所增加。该区冬小麦全生育期为 10 月中旬到翌年 5 月下旬,其间降水量 314mm,蒸散量达到 516mm,自然降水远不能满足冬小麦水分需求。该区土壤类型主要为砂姜黑土,以安徽淮北平原分布的面积为最大,该土壤有机质含量低,且质地黏重致密,孔隙率较小,透水性能差,有效持水量低,又由于地势低平,多洼地,加上河道排水标准偏低,沟渠少,且不配套,最易发生涝渍灾害;山前平原井灌区采补失调,出现地下水漏斗和海水入侵现象,导致该区旱情严重,秋旱频率高(刘俐,1996;杨志勇等,2013)。

11.1.1.4　西部及沿淮半冬性、春性小麦适宜区(Ⅳ区)

该区地处淮河流域西部及沿淮地区。西部山区为流域的最高地,伏牛桐柏山区一般高程为 200～500m,大别山区高程为 300～1774m;沿淮区高程大部分为＜30m,东部沿海仅 0～5m。该区冬小麦以春性品种为主,近年来,为了应对频发的春霜冻害,半冬性品种种植面积有扩大的趋势。冬小麦生育期为 10 月下旬到次年 5 月下旬。该区山区由于地势的原因,土壤蓄水能力差、地表水资源利用率低,农田水利设施相对落后,但是林木覆盖率较高,因此水土流失程度小于Ⅰ区东北部沂蒙山区(叶正伟,2007)。沿淮区降水丰沛、径流多,但是在冬小麦生育期间却是少水时段,其间降水 345mm,蒸散量为 464mm,水分盈亏仍为负值,春季水分亏缺尤甚,淮河上游和中游均为春旱易发区(田红等,2012;杨志勇等,2013)。同时,由于降水变率大,加之沿淮水系众多,冬小麦生育期间也存在涝渍危害,是整个流域涝灾风险最大的区域。

11.1.2　冬小麦旱灾防御措施和对策

干旱是淮河流域冬小麦生产中的主要气象灾害。由于冬小麦各种植区地理气候条件差异较大,冬小麦旱灾具有不同的特征,其适应性对策侧重点也有所差别。Ⅰ区的重点是大力开展山地土壤的水土保持工作,改造坡耕地,防治坡地水土流失,合理调配当地水源,加速水利工程配套,提高灌溉能力。Ⅱ区和Ⅲ区的重点是调整渠系,加强管理,充分发挥现有水利设施的效益;开发利用地下水资源,以补用水高峰季节地表水供水不足。Ⅳ区的重点是在沿淮地区抓好现有水利工程除险加固和改造扩建,重点完善各级骨干工程及田间工程的配套,进一步提高灌溉用水保证率。在西部山区抓好水土保持工作,防止水土流失;同时发展小型水库,以蓄补引,提高抗旱能力(刘俐,1996)。

11.1.2.1　冬小麦干旱灾害的适应性对策

改善生态环境,实现可持续环境的水土保持。加强对东北沂蒙山区山地土壤的保育,采取坡耕地改造、生物地埂培肥保土、多施有机肥等多项措施增加其保土保肥能力,提高抗侵蚀的内在能力。加强监督管理、保护水体资源,控制新增的水土流失。集约利用生态水土资源,加大生态修复力度;桐柏大别山区、伏牛山区(Ⅳ区)天然植被和人工单一植被区可采取封禁措施,依靠大自然生态能力,恢复群落和生态平衡,同时适当辅以人工水源建设和植被补植;江淮丘陵区通过小流域综合治理,以治促退,确保丘陵中上部植被修复(姚孝友,2006);淮河平原地区主要耕地土壤之一的潮土存在一定量的风力侵蚀,应加强农田防护林网的建设,遏止其进一步恶化发展(胡续礼等,2007)。

加强农田水利基础设施建设。Ⅰ区冬麦区可根据地形地貌,选择合适位置修建水库、山塘等,Ⅱ区、Ⅲ区和Ⅳ区山前平原在充分利用河川径流的同时,积极开发利用地下水资源,在加强现有水利工程配套挖潜的同时,扩大和开发跨流域调水工程,增加沿海地区引淡能力,兴建以灌溉为主的水库和堵港蓄淡工程,以进一步提高抗旱能力(姚孝友,2006),对于一些离江湖湖泊较远的地区,可修建当家塘、机井等,以保证干旱发生时有水可用。

选用抗旱品种。针对旱地环境条件,选用抗旱品种,运用生物机能提高环境资源的利用效率。实践证明,在旱地种植抗旱品种比种植一般品种增产,就小麦生产来说,不同的小麦品种有不同的生态环境要求,一般分蘖力强、根系发达、植株较高、穗下节间较长、叶片较宽、小穗排列较松散的品种,耐旱性都强,单株消耗水分相应较少。因此,要依据品种特性、底墒水的多少和地力肥瘦选配品种(静宁县冬小麦苗情监测站,2010)。

科学进行水肥运筹。大力推广节水灌溉措施,改变漫灌、浇灌等粗放的灌溉方式,实时适量合理灌溉,提高灌溉水利用率。在缺水严重、水源不足或灌溉周期较长的中北部地区,要根据当年的气候年型提前谋划,制订分类灌溉预案。在缺水不严重或有水源的Ⅳ区,要根据苗情进行分类管理。对于群体偏小、长势偏弱的三类苗,应以促为主,在保墒蓄水、提高地温的同时,返青期尽早补足水肥;一、二类苗群体适宜、底肥充足、墒情较好的,也应以蓄墒为主,并分别在拔节期和起身期浇水施肥;旺长田群体过大,有旺长现象和苗头的,要以控为主,蓄墒控苗、促壮苗,拔节后期浇水并追肥(任晓萍,2013)。

实施抗旱节水的耕作措施。①合理布局,轮作倒茬。Ⅰ区、Ⅱ区和Ⅲ区可以通过合理安排倒茬,储蓄水分,实行以冬小麦生产为主,种植抗旱节水作物,选择如豆类、夏玉米等作物为前茬,为后茬冬小麦生产打好基础。②深浅轮耕,蓄水保墒。深耕打破固有的犁底层,加厚活土层,增加透水性。据测定耕层加厚4cm,每公顷蓄水量可增加$1050m^3(70m^3/a)$,深耕又能促进根系下扎,扩大对水、肥的吸收范围,提高水肥利用率。

11.1.2.2　冬小麦旱灾补救措施

秋旱补救措施。①及时调整品种布局。在半冬性和春性小麦均适宜种植的Ⅲ区和Ⅳ区,如因受干旱影响10月底仍不能播种的,应考虑对品种布局进行调整,压缩半冬性品种,扩大适于晚播的春性品种面积,选用适宜的晚茬品种。②适当加大播种量。抗旱造墒播种,必须将播量适当增加。晚播高产田基本苗以(300～375)万株$/hm^2$[(20～25)万株/亩]为宜;中低产田肥力较差,基本苗可以增加到(375～450)万株$/hm^2$[(25～30)万株/亩]。③催芽浅播。由于某些原因而无法进行抗旱造墒的地块,若播期过晚,可实行催芽播种,以加速利用前期积温,达到晚播早出苗的目的(安徽省农科院,2002)。

冬旱补救措施。①抗旱保墒,浇水保苗。对于没浇越冬水、受旱严重、分蘖节处于干土层、次生根长不出来或很短的重旱麦田,要早浇水、早施肥、促早发。②镇压划锄,提墒保墒。镇压可压碎坷垃,沉实土壤,弥封裂缝,减少水分蒸发和避免根系受旱。对没有水浇条件的旱地麦田,进行镇压、划锄,可起到提墒、保墒、增温和减少杂草的作用;对旺长麦田,实行镇压,可抑制地上部生长,控旺转壮。镇压要在小麦返青起身前进行,并结合划锄,先压后锄。锄地时要锄细、锄匀、不压麦苗。③分类管理,促弱控旺。对于三类苗,春季管理以促弱转壮为重点,分两次追肥,第一次在返青期进行,第二次在拔节中期。对于二类苗,在起身期追施一次肥。对于一类苗,春季管理以控促结合、提高分蘖成穗率、促穗大粒多为重点,在小麦拔节期追肥浇水(农家顾问,2012)。

春旱补救措施。①镇压和锄划。在小麦返青后进行镇压和锄划,既可蓄水保墒,又可促进小麦根系下扎,减少水分蒸发,提高抗旱能力,还可促进和调节小麦生长发育,提高穗分化程度,增加分蘖成穗能力,增加亩穗数和穗粒数。②合理灌溉促壮苗。在小麦返青期,掌握"冷尾暖头、夜冻日消、有水即浇、小水为主"的原则,于中午前后抓紧浇水保苗,确保麦苗返青生长有足够的养分,促进春生分蘖和次数根早生快长,促进分蘖成穗,争取较多的亩穗数。灌水不宜过多,同时适量施用化肥;在返青到拔节期适时喷施叶面肥、杀虫杀菌剂、除草剂等,以利保持麦田合理群体,促进苗健苗壮(任晓萍,2013)。

11.1.3　冬小麦涝渍灾害防御措施和对策

涝渍也是淮河流域冬小麦生产中的主要气象灾害之一。从淮河流域冬小麦各种植区地理和气候条件看,流域北部以干旱为主,中南部地区旱涝交替,越往南涝渍灾害越严重。因此冬小麦涝渍灾害的防御Ⅲ区和Ⅳ区是重点。其适应对策主要是从加强水利工程建设、作物布局和抗涝渍品种的选育等方面着手。

11.1.3.1　冬小麦涝渍适应性对策(翟俊等,2011)

加强水利工程建设,特别是要搞好田间排水工程。因地制宜开展以旱涝兼治、以治旱为主的水利工程建设。疏浚河渠,留住地上水,合理利用地下水,整田作埂,实行畦田化;开好田间"三沟"和挖好田外沟,做到沟沟相通,能灌能排,提高防旱涝能力。

遇较大的降雨,能在最短的时间内排除,使田间无积水,并降低田间地下水位,尽量缩短涝渍时间。清理深沟大渠,在前中期高标准挖好田内外沟系,特别注意播种后立即开沟,达到麦种好沟配套,为排水降湿、形成强大的根系创造一个良好的土壤环境。并加强沟系管理,冬前早春清沟理墒,保持沟系通畅,排明水降暗渍。

提高小麦栽培技术。①播种阶段。小麦秋播期间遇到涝渍危害,采取排涝措施后,部分麦田推迟播种的应改半冬性品种为春性品种,加大播种量。②生长发育阶段。小麦大田生长发育阶段遇到涝渍危害,首先要做好清沟沥水,疏通田内三沟和田外沟渠,及时排除地面积水,降低地下水位,结合追肥防治病虫草害。③收获阶段。小麦收获期间遇连阴雨(烂场雨),对小麦的产量和品质造成较大影响。选用早、中熟品种,适期早播,增施有机肥和磷钾肥,促小麦早熟。

对湿害较重的麦田,增施肥料,做到早施巧施接力肥,重施拔节孕穗肥,以肥促苗升级,提高抗湿性。松土以散湿提温,增强土壤通透性,促进根系发育,增加分蘖,培育壮苗。

建立涝渍灾害的预报和预警系统。小麦生产是在自然条件下进行的,与气候因子关系密切。气象部门可通过长、中、短期天气预报,对可能出现的涝渍做出预报,使生产单位早准备,立足主动。

11.1.3.2　冬小麦涝渍灾害补救措施(王玉堂,2009)

及时排除田间积水。根据冬小麦田块积水情况和地势,采用排水机械和挖排水沟等办法,尽快把田间积水和耕层滞水排出去,尽量减少田间积水时间。

及时中耕松土。排水后土壤板结,通气不良,水、气、热状况严重失调,必须及早中耕,以破除板结,散墒通气,防止沤根,同时进行培土,防止倒伏。

及时增施速效肥。涝渍灾害使得麦田土壤养分流失,加上根系吸收能力衰弱,及时追肥对植株恢复生长和增加产量十分重要。在植株恢复生长前,以叶面喷肥为主。植株恢复生长后,再进行根部施肥,以减轻涝灾损失。

及时防治病虫害。涝渍灾害发生后,田间温度高、湿度大,加上作物生长衰弱,抗逆性降低,病虫害发生可能性增加,要及时进行调查和防治,控制病虫害蔓延。

11.2 淮河流域夏玉米旱涝灾害防御措施和对策

根据淮河流域地理条件、年雨量、作物品种等因素,夏玉米的种植区可分为东北丘陵夏玉米降水适宜区(Ⅰ区)、北部平原夏玉米降水适宜区(Ⅱ区)和中部平原夏玉米降水适宜偏多区(Ⅲ区)(见1.1.6节)。夏玉米生长季处于淮河流域雨季,整个生育期的平均降水量通常超过作物需水量,但由于生长季内降水分布极端不均,变率大,需水关键期往往与降水多的时段不重合(张建军,2014),旱涝灾害时有发生。本节分区叙述各区的夏玉米生态环境和旱涝特征,以及旱涝灾害适应性、抗灾和后补救措施。

11.2.1 夏玉米各种植区生态环境和旱涝特征

11.2.1.1 东北丘陵夏玉米降水适宜区(Ⅰ区)

该区地处淮河流域东北区沂蒙山脉及延伸部分(与冬小麦的Ⅰ区的区域相同),山区高程为200～1155m,丘陵高程一般为100m左右。夏玉米生长期间需水量均值为490.1mm,有效降水量均值为560.5mm(王晓东,2013),水分供需总体平衡有盈余,理论上该地区夏玉米全生育期内的降水量能满足其生长对水分的需求。但由于夏季降水变率大,加之山丘地区土层瘠薄,林木覆盖率低,土壤侵蚀、水土流失严重(胡续礼等,2007;叶正伟等,2007),因此夏玉米干旱常常发生。

11.2.1.2 北部平原夏玉米降水适宜区(Ⅱ区)

该区地处淮河流域北部平原地区,西部山区海拔在20m以上,中东部平原海拔为30～60m;该区夏玉米全生育期需水量均值为469.9mm,而有效降水量均值为484.5mm(王晓东,2013),水分供需总体平衡,旱涝多因降水时空分布不均造成,加之该区域的土壤多数质地疏松,肥力较差,并存在一定量的风力侵蚀(刘顺生,2012;胡续礼等,2007),加剧了夏玉米旱涝灾害。

11.2.1.3 中部平原夏玉米降水适宜偏多区(Ⅲ区)

该区地处淮河流域中部平原地区,西部山区海拔在100m以上,中东部平原海拔在40m以下;该区夏玉米全生育期需水量均值为521.0mm,而有效降水量均值为569.7mm,水分供需总体平衡,略有盈余,涝渍风险相对较高。该区土壤类型主要为砂姜黑土,有机质含量低,且质地黏重致密,易旱易涝又由于地势低平,多洼地,加上河道排水标准偏低,沟渠少,且不配套,秋旱夏玉米旱涝频率高(刘俐,1996;杨志勇等,2013)。

11.2.2 夏玉米干旱灾害防御措施和对策

干旱是淮河流域夏玉米生产中的主要气象灾害之一。由于夏玉米各种植区地形地貌、气候条件差异较大,夏玉米干旱特征不同,其适应性对策侧重点也有所差别。处于丘陵山区的Ⅰ区旱灾防御重点是大力开展山地土壤的水土保持工作,改造坡耕地,防治坡地水土流失,合理调配当地水源,加速水利工程配套,提高灌溉能力。平原地区的Ⅱ区和Ⅲ区旱灾防御重点是调整渠系,加强管理,充分发挥现有水利设施的效益;开发利用地下水资源,以补用水高峰季节地表水供水不足。

11.2.2.1　夏玉米旱灾的防御措施(张家运,2012)

选择抗旱良种。依靠优良品种的优点、发挥优良种子的特点,是提升夏玉米抗旱能力的重要策略之一。在选择夏玉米种子品种的时候,需要根据地区气候、土壤以及地势的具体情况,尽量选择在该地区抗逆性强、抗旱、稳产以及高产的夏玉米种子。

适期播种。夏玉米的前茬作物收获后,如果墒情适宜一定要抢墒播种,如果表层墒情不足而底墒较好可以适当深播种,把种子播入湿润的土壤中,并注意浅覆土;覆土后要及时镇压,使土壤紧实,以利于底层水分上升和提高出苗率。如果土壤墒情太差就要采取造墒播种,可以先造墒后播种,有喷灌条件的地区也可以先播种,然后再浇蒙头水。

合理密植。玉米的抗旱性与种植密度有紧密的联系,在其他因子相同的环境中,适宜的密度有利于增强玉米的抗旱能力。密度过低,土壤裸露,土壤水分蒸发量大;密度过高,植株高度增加,茎秆细弱,根系发育相对不发达,吸水能力明显降低。研究表明,在遇到干旱灾害时,密度高的田块减产幅度明显加大。因此,灌溉条件相对薄弱的田块种植密度切忌太高。

中耕松土。中耕松土能明显调节土壤的水分、空气和温度。雨前中耕能使耕作层多蓄水;雨后中耕,能切断表土毛细管,减少水分蒸发,改善土壤的通气状况,促进根系生长,也能提高速效养分含量。中耕松土除了能增强玉米的抗旱性,还能清除杂草,减轻杂草争肥、争水,提高水肥的有效利用率。

合理施肥。夏玉米种植区要根据土壤的实际情况科学合理地施肥,主要是增施有机肥,不仅可以改良土壤结构,促使玉米根系下扎;同时,可以提高土壤的水肥调节能力,改善土壤的蓄水、保水和供水能力,减轻旱灾损失。

秸秆覆盖。用前茬作物的秸秆覆盖在玉米田间。秸秆覆盖使土壤处于遮阴的环境中,可以减轻土壤水分蒸发损失,保持土壤湿度;减缓降雨对地面的冲刷和雨水聚集,降低地面径流,改善土壤水分蓄积能力。秸秆覆盖增强了玉米田间蓄水、保水能力,延长了有效供水的持续时间,提高了玉米的抗旱御灾能力;同时,秸秆覆盖还能对杂草滋生起到明显的抑制作用。

11.2.2.2　夏玉米旱灾的补救对策(马盼盼,2014)

及时灌水,科学施肥。晴热高温天气,土壤失墒快,及时灌溉补墒是应对干旱的有效补救措施。灌溉不仅能及时补充玉米生长所需水分,还能降低田间温度,防止高温热害。同时,结合灌水追施肥料,可提高植株的抗逆性。

辅助授粉,提高结实率。采用人工辅助授粉,在上午10时前,用竹竿等工具轻敲玉米植株上部,促使花粉提早散落,提高结实率,增加籽粒形成数量,减轻高温干旱对粒数的影响。

喷施叶面肥,增加粒重。喷施叶面肥,可直接降低田间温度,降温幅度可达1~3℃,改变农田小气候;同时,叶片补水后,蒸腾作用增强,使冠层温度降低,从而有效降低高温胁迫程度,部分地减少高温引起的呼吸消耗,减免高温热害。叶片补肥后,可增加籽粒灌浆能力,提高粒重,最大程度地减轻热害造成的籽粒损失。

适时晚收,增产增收。灌水后适时晚收,延长籽粒灌浆时间,减轻热害危害,提高粒重增加产量。

11.2.3　夏玉米涝渍灾害防御措施和对策

涝灾也是淮河流域夏玉米生产中的主要气象灾害之一。从淮河流域夏玉米各种植区地理和气候条件看,各区夏玉米全生育的需水量均值均小于有效降水量均值(王晓东,2013),水分供过于求,其中Ⅰ区虽水分盈余最多,但该区域主要是山丘,高程相对较高,水分不易保存,发生涝灾的风险不大。Ⅱ区和Ⅲ区的水分盈余虽小于Ⅰ区,但是大部分为平原,地势低平,涝灾风险较大,其适应对策主要是从加强水利工程建设和作物布局、抗涝渍品种的选育等方面着手。

11.2.3.1　夏玉米涝灾适应性对策(陈洪俭等,2011)

加强农田基础设施建设。防御涝渍最根本的措施是因地制宜地搞好农田排水设施,雨涝发生后积水能够顺畅及时排除。疏通排水沟渠,清沟沥水,降低地下水位,减少耕作层持水量,降低土壤水分。

适期早播,避开芽涝。沿淮夏玉米苗期正处于梅雨季节开始时,雨水增多,而夏玉米种子自萌动发芽至苗期阶段,耐涝渍能力较差,最容易发生芽涝和苗期涝渍。适期早播,使夏玉米最怕涝渍的阶段尽可能处在雨季开始以前,可有效避免或减轻涝渍的危害。

选择耐渍品种。夏玉米品种间耐涝渍能力有很大差别。在沿淮等易涝地区要选择耐涝渍能力较强的品种。安徽省农业科学院和安徽农业大学的研究表明,耐涝渍的品种对涝渍灾害的承受能力较强,减产幅度较小,单产显著高于不耐涝渍的品种。

重施基肥,提高抗涝性。在实行配方施肥和肥力基础好的田块,涝渍灾害后夏玉米恢复生长快,减产幅度小。因此,夏玉米特别是前茬作物秸秆还田的地块要注重基肥的施用,有利于促进苗期早发,提高苗期健壮程度,增强抗涝渍能力。

11.2.3.2　夏玉米涝灾补救措施(罗琴会,2013)

排涝降渍。对于积水的夏玉米田块,要立即组织人力、机力,及时进行排涝。同时,要突击清沟理墒,对于无沟田块要开沟,不配套的要配套齐全,不通的要理通并加大深度,提高标准,以确保沟系畅通,迅速降低田间地下水位,提高土壤的通气性,增强根系活力,促进苗情转化升级。

中耕培土。涝渍危害后田间土壤板结,通透性能差。当田块能下地时,应及时进行中耕松土和培土,破除板结,改善土壤通透性,使植株根部尽快恢复正常的生理活动;同时清除田间杂草,减少杂草与夏玉米争肥、争气、争光。

增施速效氮肥。涝渍发生后玉米往往表现为叶黄秆红,生长发育停滞。及时排除渍水并增施速效氮肥,可以改善夏玉米根系的养分吸收和土壤的养分供应状况,促使夏玉米灾后快速恢复生长,减轻涝灾损失。

补种夏玉米。对受淹时间过长,缺苗严重的田块,灾后应及时重新播种或改种其他作物。

11.3　淮河流域一季稻旱涝灾害防御措施和对策

受水资源影响,淮河流域一季稻主要分布在沿淮地区(见1.1.6节)。本节叙述一季稻生态环境和旱涝特征,以及旱涝灾害适应性以及抗灾和后补救措施。

11.3.1　一季稻种植区生态环境和旱涝特征

淮河流域一季稻全生育期需水量均值和有效降水量均值分别为 724mm 和 750mm,略有盈余。多年平均水分盈亏指数的空间分布呈东西大、中部小的分布特征,其中沿淮中部地区水分盈亏指数小于0,一季稻全生育期总体水分亏缺;东部地区水分略有盈余,水分盈亏指数普遍在0~0.1之间;西南局部地区水分盈余较多,水分盈亏指数大于0.4,是涝灾风险最大的地区。(王晓东,2013)

11.3.2　一季稻干旱灾害防御措施和对策

淮河流域一季稻主要分布在沿淮地区,多数地区一季稻生长季水分供需大体相当,部分地区有盈余,因此干旱多为降水失衡导致的季节性缺水或工程性缺水。其适应对策主要是加强水利工程建设,其次是调整种植方式和抗旱品种的选育等。

11.3.2.1　一季稻旱灾防御和补救措施(陈凤波,2004;安徽省农科院水稻所,2011)

加强农田水利基础设施建设。淮河流域一季稻种植区,水利灌溉设施的修建有利于水分的调度,且有助于高产优质新品种在当地的采用。在修建灌溉设施的基础上使用一些大型或小型的灌溉设备能有效地解决水源相对丰富地区的一季稻干旱问题。

推广旱作技术。水稻旱作是采用常规的水稻品种旱育秧、旱移栽、旱管理,像旱作物一样种植水稻,不需泡田插秧,全生育期以雨水利用为主,辅以人工灌溉,不建立水层,渗漏少,需水量很小,整个生育期需水量仅为常规水种条件下的1/4,对淮河流域部分高地和易旱地区的水稻种植具有重要意义。

采用节水灌溉方法。首先,要满足移栽后的缓苗水,应先湿润灌溉,田面不留水层,待水量充足后再浅水灌溉;其次,要满足孕穗水,因为孕穗期是水稻一生中需水的临界期,对干旱最为敏感,此期如受旱会引起大量颖花败育,从而减少总颖花数和花粉粒发育不全,使其抽穗后不能受精而成为空壳,直接影响产量和质量。

抓紧中耕、及时追肥。天旱时,如田面尚未完全干涸,就要抓紧中耕除草。这样既有利于根系发育,减少蒸发,增强水稻的耐旱力,又可防止田里的杂草争夺水分及养料。另外,高温干旱也影响水稻的吸肥能力,致使水稻生育受抑制,因此应结合中耕灌水,抓紧追施氮肥及复合肥。如苗数不足,灌水后叶片转色不明显,叶色仍偏黄,应增加用肥量,后期应施好穗粒肥。灌水较晚的地块,应先施恢复生长肥,再重施粒肥,以减少颖花退化,促进灌浆结实。

11.3.2.2　一季稻旱灾补救措施(孟庆典,2008;安徽省农科院水稻所,2011)

使用防旱剂。有条件的地区可使用防旱剂,既可减少水分蒸腾,又可促进生长。没条件的地区可以利用青草或稻草等均匀铺在稻行间,既可以减少蒸发,又可以供给稻苗一定养分,以利生长。

及时改种,不留空白田。对于干旱影响严重,近乎绝收田块,要及时调整种植结构,改种或补种绿豆、荞麦等短生育期的旱作物。

加强病虫防治。受旱水稻的生育进程都有不同程度的推迟,生育滞后抵抗力弱,因此应加强病虫监测和防治。

11.3.3　一季稻涝灾防御措施和对策

涝灾也是淮河流域一季稻生产中的主要气象灾害之一,尤其是一些圩区、低洼地区等,涝灾相对较重。造成涝灾的主要原因有:暴雨集中,雨期长,排水不及时;部分地势低洼地区,容易形成积水;排水体系不完善,积水难以排出(吴贵勤,2013)。针对一季稻涝灾形成原因,其适应对策主要是从加强水利工程建设和抗涝渍品种的选育等方面着手。

11.3.3.1　一季稻涝灾适应性对策(致富之友,1999)

加强农田基础设施建设。大力兴修水利,修建防洪工程,迅速提高农田的抗涝能力,这是防止涝害的根本措施。在汛期,要做好一切防汛准备,及时加固和加高围堤,根据水情有计划地进行分洪。内涝及时排除。

合理布局,避开洪涝。加强调查研究,摸清当地洪涝发生规律,合理安排耕作制度,以避开洪涝灾害。淮河流域汛期中稻多处于苗期和分蘖期,要注意将秧田安排在不易被淹的地方异地育秧,保证秧苗不受损失。

选用耐涝性强的品种。据调查,不同品种间耐涝性强弱也不同。要注意选用根系发达,茎秆强韧,株型紧凑的品种,这类品种耐涝性强,涝后恢复生长快,再生能力强。在相同的淹水条件下,粳稻损失最重,糯稻次之,籼稻较轻。在选用耐涝品种的同时,还应根据当地洪涝可能出现的时期、程度,选用早、中、迟熟水稻品种合理搭配,防止品种单一化而招致全面损失。

加强栽培管理,增强抗性。水稻受涝后,在灾前生长是否健壮,对灾后恢复生机和减少产量损失的影响很大。故应在培育壮秧的基础上,促使秧苗早发和健壮生长,使植株本身积累较多的养分,可显著提高水稻的耐涝能力。

11.3.3.2　一季稻涝灾补救措施(鲁祝平等,2007;致富之友,1999)

及时排水。一季稻苗期受涝灾后,应及时排水,使苗尖露出水面。如晴热高温应保留适当水层,使稻株逐渐恢复生机;阴雨天可排干水,在排水过程中利用退水洗苗,发现缺苗要及时补齐。孕穗期受淹,如时间过长,可蓄留再生稻,以弥补损失。

改种补种。对受淹缺苗的田块,要及时补齐。如大部分植株死亡,则应根据生长季和热量条件及时改种大豆、玉米等,以减少损失。

防治病虫。洪涝过后水稻白叶枯病、纹枯病、稻纵卷叶螟和稻飞虱等病虫害往往加重,要及时进行防治,通过合理施肥、及时打药,保穗保粒。

防御后期低温冷害。洪涝灾害过后,补种的作物季节推迟,后期往往易遭受秋季低温冷害的影响。因此要加强水稻后期田间管理,适时追施叶面肥和喷施各种化学催熟剂等,促进作物提早成熟,以避免低温的危害。

11.4　本章小结

本章在概要叙述淮河流域冬小麦、夏玉米和一季稻分农业气候区的生态环境和旱涝特征的基础上,有针对性地提出了适用于各区的旱涝灾害适应性对策和灾后补救措施,为避免或减轻旱涝灾害损失、提高粮食作物产量提供科学依据。可为当地农业生产者和管理者进行农业旱涝灾害防控提供参考。

参考文献

安徽省农科院. 安徽淮北小麦产区应抓紧抗旱保全苗促壮苗[EB/OL]. [2015－4－6]. http://aaas.org.cn/N/2012/1101/3066.html,2012－11－1/.

安徽省农科院水稻所.大旱之后的水稻栽培管理技术及应对措施.[EB/OL].[2015－4－6].http://www.
　　ahas.org.cn/N/2011/0610/3020.html,2011－6－10/.

陈风波,陈传波,丁士军.2004.中国南方水稻干旱的解决途径探讨—对政府部门、科研机构和农户的调查报告
　　[J].水利经济,22(1):49-53.

陈洪俭,王世济,阮龙,等.2011.淮河流域夏玉米渍涝灾害及防御对策[J].安徽农学通报,17(15):86-87.

胡续礼,姜小三,潘剑君,等.2007.GIS支持下淮河流域土壤侵蚀的综合评价[J].土壤,39(3):404-407.

静宁县冬小麦苗情监测站.冬小麦高产栽培预防干旱的技术措施[EB/OL].[2015－4－6].http://www.
　　farmers.org.cn/Article/ShowArticle.asp? ArticleID=61712,2010－7－1/.

刘俐.1996.淮河流域农业干旱区域特征及防旱减灾方向[J].治淮,(7):32-34.

刘顺生.2012.淮河流域水土保持监测分区研究[D].山东农业大学硕士论文.

鲁祝平,程志清,叶庆模,等.2007.水稻涝灾影响及补救措施[J].安徽农学通报,13(16):246.

罗琴会.玉米涝后管理措施[EB/OL].[2015－4－6].http://www.farmers.org.cn/Article/ShowArticle.asp?
　　ArticleID=236352,2013－2－21/.

马盼盼,胡占菊,高岭巍.2014.高温干旱对玉米吐丝、灌浆期的影响及应对措施[J].安徽科技通讯,(6):
　　155-156.

孟庆典.2008.水稻防旱抗旱技术[J].农民致富之友,(8):16.

农家顾问.2012.小麦冬旱如何补救[J].农家顾问,(2):33.

任晓萍.小麦春旱防治技术[EB/OL].[2015－4－6].http://www.farmers.org.cn/Article/ShowArticle.asp?
　　ArticleID=253428,2013－4－1/.

致富之友.1999.水稻涝害的防御和补救[J].致富之友,(11):8.

田红,高超,谢志清,等.2012.淮河流域气候变化影响评估报告[M].北京:气象出版社.

王晓东,马晓群,许莹,等.2013.淮河流域主要农作物全生育期水分盈亏时空变化分析[J].资源科学,35(2):
　　665-672.

王玉堂.作物受涝后的补救措施[N].陕西科技报,2009－7－10(6).

吴贵勤,王晓亮.2013.淮河流域除涝形势及洼地治理规划[J].中国水利,(13):38-41.

杨志勇,袁喆,马静,等.2013.近50年来淮河流域的旱涝演变特征[J].自然灾害学报,22(4):32-40.

姚孝友.2006.淮河流域水土保持与生态环境可持续维护[C]//发展水土保持科技、实现人与自然和谐——中
　　国水土保持学会第三次全国会员代表大会学术论文集:46-49.

叶正伟.2007.基于生态脆弱性的淮河流域水土保持策略研究[J].水土保持通报,27(3):141-145,156.

翟俊,韩继荣,悦金锋.2011.小麦灾害防御技术[J].种子世界,(4):25.

张家运.2012.淮北地区夏玉米高温干旱的发生及防御措施[J].现代农业科技,(12):35,37.

张建军,王晓东.2014.淮河流域夏玉米关键生育期水分盈亏时空变化分析[J].中国农学通报,30(21):
　　100-105.